建筑结构振动台模型试验方法与技术

（第二版）

周 颖 吕西林 著

科 学 出 版 社

北 京

内 容 简 介

本书较系统地阐述了建筑结构振动台模型试验的方法与技术。内容包括建筑结构振动台试验相似关系、建筑结构振动台试验模型材料、抗震结构振动台试验模型设计、隔震及减震结构振动台试验模型设计、建筑结构振动台试验模型边界模拟与施工技术、建筑结构振动台试验方案设计、建筑结构振动台试验准备、建筑结构振动台模型试验数据分析方法等。

本书可供土木工程研究、设计和试验人员参考，也可作为土建类专业的研究生教材。

图书在版编目(CIP)数据

建筑结构振动台模型试验方法与技术/周颖，吕西林著. —2版. —北京：科学出版社，2016.5

ISBN 978-7-03-048107-8

Ⅰ. ①建… Ⅱ. ①周… ②吕… Ⅲ. ①建筑结构－结构振动－振动台－模型试验 Ⅳ. ①TU311.3

中国版本图书馆CIP数据核字(2016)第085801号

责任编辑：余 江 张丽花 / 责任校对：蒋 萍

责任印制：张 伟 / 封面设计：迷底书装

科学出版社 出版

北京东黄城根北街16号

邮政编码：100717

http://www.sciencep.com

北京凌奇印刷有限责任公司 印刷

科学出版社发行 各地新华书店经销

*

2012年6月第 一 版 开本：720×1000 1/16

2016年5月第 二 版 印张：13

2022年10月第八次印刷 字数：262 000

定价：98.00 元

(如有印装质量问题，我社负责调换)

第二版前言

从 20 世纪 90 年代开始，基于性能的抗震设计成为结构抗震研究的主流方向之一，其发展经历了第一代基于性能抗震设计(FEMA 273)、第二代基于性能抗震设计(FEMA 356)、下一代基于性能抗震设计(FEMA 445)等几个发展过程。基于性能的抗震设计是指根据建筑物的用途和重要性，以及地震设防水准确定建筑物的抗震性能目标，按照该目标进行建筑抗震设计，使设计的建筑在未来可能发生的地震作用下具有预期的抗震性能和安全度，从而将建筑的震害损失控制在预期的范围内。然而，如何在地震发生后，使整建筑物乃至整个城市，甚至整个社会具有恢复功能(Resilience)，近几年引起了地震工程界的密切关注与广泛讨论。

我国于 2011 年首次引入可恢复功能结构(Earthquake Resilient Structures)，它是指地震(设防或大震)后不需修复或在部分使用状态下稍许修复即可恢复其使用功能的结构。它将结构抗震设计理念从抗倒塌设计向可修复设计转变，结构体系易于建造和维护，全寿命成本效益高。目前，可恢复功能结构多采用摇摆结构、自复位结构、可更换构件或部件联合而成。对具有强非线性的可恢复功能结构体系，特别是可更换构件或部件的试验检验，成为近年振动台试验研究的重要内容之一。

本书在第一版的基础上，结合国际地震工程学研究动态，对内容进行了修改与补充。主要内容包括：①明确区分了抗震结构振动台试验模型设计方法、隔震及减震结构振动台试验模型设计方法；②新增了铅芯叠层橡胶支座隔震结构模型设计方法及实例；③新增了摩擦摆支座隔震结构模型设计方法及实例；④新增了模型阻尼系数α不同的黏滞阻尼器模型设计方法及实例；⑤新增了黏弹性阻尼器模型设计方法及实例；⑥删除了土-结共同工作结构模型设计；⑦补充了高层隔震结构振动台试验实例。

本书的主要内容源自以下研究项目的部分成果：国家自然科学基金项目(51322803、51261120377)、土木工程防灾国家重点实验室自主研究课题(SLDRCE15-B-08)、上海市曙光计划项目(14SG19)。

由于作者水平所限，书中难免存在疏漏之处，衷心希望读者不吝指正。

作　者

2015 年 12 月

第一版前言

模拟地震振动台试验通过向振动台输入地震波，激励起振动台上结构的反应，从而很好地再现地震过程，因而振动台试验是考察结构地震反应和破坏机理最直接的方法，也是研究与评价结构抗震性能的重要手段之一。国际上第一台计算机控制的、可模拟地震波的振动台出现于20世纪60年代，由美国加州大学伯克利分校建成，尺寸为6m×6m。经过近50年的发展，据不完全统计，目前国内外已建和在建的振动台数量超过百台。应该认识到，在振动台发展逐渐呈现大型化、多台化、综合化趋势的同时，绝大部分振动台由于台面尺寸和设备能力所限，仅能进行缩尺模型的模拟地震振动台试验研究。本书从建筑结构角度，详述振动台模型试验的方法与技术，内容包括建筑结构振动台试验相似关系、模型材料、模型设计、边界模拟与施工技术、方案设计、试验准备、数据分析方法。

本书第一作者在2003年初完成第一个建筑结构模型振动台试验研究，为避免振动台试验像“黑箱效应”一样的不可获知性，撰写了《振动台模型试验研究大纲》，多年来作为同济大学土木工程防灾国家重点实验室的内部参考资料。《振动台模型试验研究大纲》经过近10年的使用与完善，将以下几部分特色内容重新推导整理于本书中。

(1) 在建立振动台模型相似关系时，主要问题是振动台试验物理量繁多，很难全部满足相似关系。本书提出“似量纲分析法”，选用可控相似常数，求出其余相似常数。该方法以可控相似常数为主要矛盾，将振动台试验包含诸多物理量的复杂问题简单化。

(2) 在振动台模型设计时，一个主要问题是不同模型材料很难满足同一相似关系。本书提出把握整体结构层面的相似原则，详细给出钢筋混凝土结构、钢结构、考虑土-结共同工作结构、桁架结构、组合楼板、消能减震结构、隔震结构、砌体结构、预应力结构的模型设计方法。

(3) 在确定振动台试验工况时，地震激励的选择与输入顺序是影响试验结果的一个关键问题。本书提出以主要周期点处地震波反应谱的包络值，与设计反应谱相差不超过20%的方法选择地震波；按主要周期点处多向地震波反应谱的加权求和值大小确定地震波输入顺序。此方法已经过振动台试验验证。

(4) 本书有关振动台试验准备和数据分析的内容，对振动台试验的具体操作，具有现实指导意义。

本书的主要内容源自以下研究项目的部分成果：国家自然科学基金项目(50708071，51078274，51021140006)、“十一五”国家科技支撑计划项目(2006BAJ13B01)、北京市科技计划重大项目(D09050600370000)、土木工程防灾国家重点实验室自主研究课题(SLDRCE09-D-11)、上海市教育委员会科研创新项目重点项目(12ZZ036)、中央高校基本科研业务费专项资金项目。

本书的成果是在同济大学土木工程防灾国家重点实验室振动台试验室中完成的，书中的工程实例来源于国内的几个大型设计研究院和房地产公司，在此对他们多年的支持表示衷心的感谢。也特别感谢同济大学振动台试验室卢文胜教授十年来的帮助与支持。

本书侧重从结构工程角度，阐述振动台模型试验方法与技术。由于作者水平所限，书中难免存在疏漏之处，衷心希望读者不吝指正。

作　者

2012 年 2 月

目 录

第 1 章 引　言

模拟地震振动台试验通过向振动台输入地震波，激励起振动台上结构的反应，从而很好地再现地震过程，因而振动台试验是实验室研究结构地震反应和破坏机理最直接的方法，也是研究与评价结构抗震性能的重要手段之一。

同济大学在 1983 年引入美国 MTS 公司生产的振动台，之后进行了建筑结构、桥梁结构、机械设备、电子设备、核反应堆安全壳、核电设备等多种不同体系的模拟地震振动台试验研究。这些试验按试验要求，可以划分为两类：一类是基础研究性试验；另一类是工程验证性试验。基础研究性试验旨在对一种抗震新方法或新技术进行探索和研究；工程验证性试验则是验证一种结构新体系或设备的抗震性能。本书从建筑结构角度，详述振动台模型试验的方法与技术。这些方法与技术，均适用于建筑结构模型的基础研究性振动台试验和工程验证性振动台试验。

本书主要内容包括建筑结构振动台试验相似关系(第 2 章)、建筑结构振动台试验模型材料(第 3 章)、抗震结构振动台试验模型设计(第 4 章)、隔震及减震结构振动台试验模型设计(第 5 章)、建筑结构振动台试验模型边界模拟与施工技术(第 6 章)、建筑结构振动台试验方案设计(第 7 章)、建筑结构振动台试验准备(第 8 章)、建筑结构振动台模型试验数据分析方法(第 9 章)等。各章节内容与振动台试验过程的逻辑关系如图 1.1 所示。

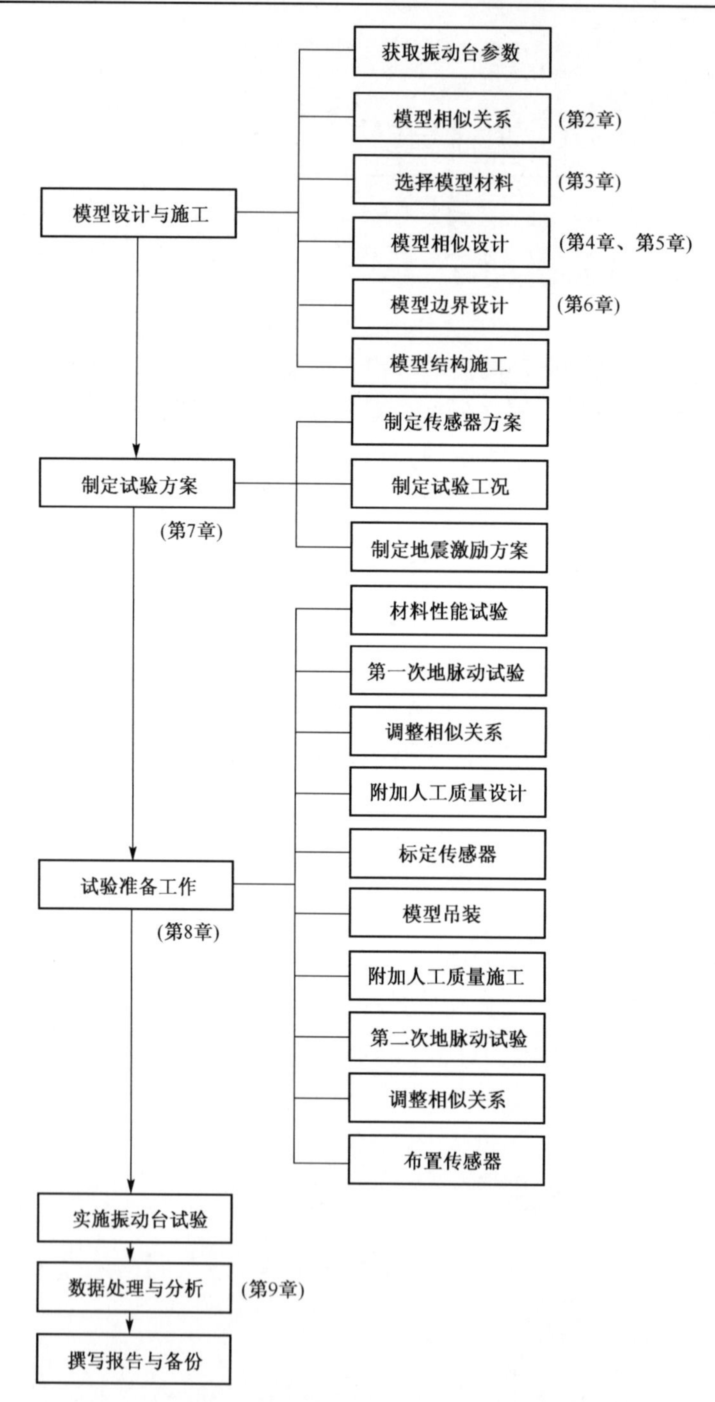

图 1.1　振动台试验过程与各章节内容的逻辑关系图

第2章

建筑结构振动台试验相似关系

严格地讲，结构试验除了在原型结构上所进行的试验外，一般的结构试验都是模型试验，结构抗震试验也可以采用模型试验。模型是根据结构的原型，按照一定的比例制成的缩尺结构，它具有原型的全部或部分特征。对模型进行试验可以得到与原型结构相似的工作情况，从而可以对原型结构的工作性能进行了解和研究。模型试验的核心问题是如何按照相似理论的要求，设计出与原型结构具有相似工作情况的模型结构。本章介绍结构振动台试验中的相似理论与相似设计。

2.1 结构模型相似的概念

结构模型试验旨在设计出与原型结构具有相似工作情况的模型结构，其相似设计中既包含了物理量的相似，又包含了更广泛的物理过程相似。简单地说，结构模型相似主要解决下列一些问题：

(1) 模型的尺寸是否要与原型保持同一比例；

(2) 模型是否要求与原型采用同一材料；

(3) 模型的荷载按什么比例缩小和放大；

(4) 模型的试验结果如何推算至原型。

具体的结构模型相似设计将涉及几何相似、材料相似、荷载相似(动力、静力)、质量相似、刚度相似、时间相似、边界条件相似等。

2.2 结构模型相似关系的建立方法

结构模型与原型之间的相似关系，通过模型结构与原型结构相似常数之间的关系予以反映，即相似条件。模型设计的关键就是要给出各相似常数之间的相似关系。确定相似条件一般有方程式分析法和量纲分析法两种。

1. 方程式分析法

运用方程式分析法确定相似条件，必须在进行模型设计前对所研究的物理过程各物理量之间的函数关系，即对试验结果和试验条件之间的关系提出明确的数学方程式，然后才能根据数学方程式，确定相似条件。用方程式分析法确定相似条件，方法简单、概念明确，许多文献有详细介绍，本书不再详细讨论。

2. 量纲分析法

当待考察问题的规律尚未完全掌握、问题较为复杂没有明确的函数关系式时，常采用量纲分析法确定相似关系。

量纲(也称因次)的概念是在研究物理量的数量关系时产生的，它说明量测物理量时所采用单位的性质。一般来说，选取三个物理量的量纲作为基本量纲，其余物理量的量纲可以作为导出量纲推导得到。例如，在一般结构工程问题中，各物理量的量纲都可由长度、时间、力三个基本量纲导出，此系统称为绝对系统；或由长度、时间、质量三个基本量纲导出，此系统称为质量系统。建筑结构模型试验常用物理量的质量系统量纲见表 2.1。也可以选用其他量纲作为基本量纲，只要基本量纲是相互独立和完整的，各物理量之间的量纲关系实际满足的是一种量纲协调。

表 2.1　建筑结构模型试验常用物理量的质量系统量纲

物理量	物理量符号	相似常数符号	质量系统量纲
长度	l	S_l	$[L]$
时间	t	S_t	$[T]$
质量	m	S_m	$[M]$
位移	d	S_d	$[L]$
应力	σ	S_σ	$[ML^{-1}T^{-2}]$
弹性模量	E	S_E	$[ML^{-1}T^{-2}]$
泊松比	μ	S_μ	[1]
应变	ε	S_ε	[1]
刚度	K	S_K	$[MT^{-2}]$
密度	ρ	S_ρ	$[ML^{-3}]$
力	F	S_F	$[MLT^{-2}]$
弯矩	M_b	S_{M_b}	$[ML^2T^{-2}]$
速度	$\dot{x}$	$S_{\dot{x}}$	$[LT^{-1}]$
加速度	$\ddot{x}$	$S_{\ddot{x}}$	$[LT^{-2}]$
阻尼	c	S_c	$[MT^{-1}]$

量纲分析法需要遵循二个相似定理，即：相似物理现象的π数相等(第一相似定理)；n个物理参数、k个基本量纲可以确定$(n-k)$个π数(第二相似定理)。运用量纲分析法确定相似条件的步骤可以总结为：列出与所研究的物理过程有关的物理参数，根据相似定理使得模型和原型的π数相等，得到模型设计的相似条件；遵循量纲和谐的概念，确定所研究各物理量的相似常数。

可以看出，方程式分析法只是量纲分析法中的一种特殊情况，它以各物理量之间满足的方程式作为π数，各物理量的量纲也一定遵循量纲协调条件。

3. 似量纲分析法

量纲分析法从理论上来说，先要确定相似条件(π数)，然后由可控相似常数，推导其余的相似常数，完成相似设计。在实际设计中，由于π数的取法有着一定的任意性，而且当参与物理过程的物理量较多时，可组成的π数也很多，将线性方程组全部计算出来比较麻烦；另一方面，若要全部满足与这些π数相应的相似条件，将会十分苛刻，有时是不可能达到也不必要达到的。综合上述两点，结合多年研究和试验经验，在结构模型相似常数建立过程中，并不需要明确的求出诸多π数的表达式，可以采用更为实用的设计方法，即先选取可控相似常数，利用一种近似量纲分析法的方法，求出其余的相似常数。因其原理本质仍为量纲分析法，故称为“似量纲分析”，其步骤简述如下。

相似理论求得的π数是独立的无量纲组合，它表示要求已知物理量的量纲与待求物理量的量纲组合为[1]，即已知物理量与未知物理量组合的基本量纲的幂指数之和为零。根据这一原则，很容易由幂指数的线性变换确定各相似常数之间的关系。

例如，一般建筑在地震作用下的结构性能研究中包含下列物理量：

- 几何性能方面，长度 l、位移 D、应变ε；
- 材料性能方面，弹性模量 E、应力σ、泊松比μ、质量密度ρ、质量 m；
- 荷载性能方面，集中力 F、线荷载 p、面荷载 q、力矩 M；
- 动力性能方面，刚度 K、周期 T、频率 f、阻尼 c、速度 $\dot{x}$、加速度 a 等。

在结构振动台试验中，常选用长度、应力、加速度三个物理量的相似常数作为可控相似常数，在质量系统中，它们对应的量纲分别是$[L]$、$[ML^{-1}T^{-2}]$、$[LT^{-2}]$。以求解弯矩相似常数为例，将长度、应力、加速度的质量系统量纲幂指数以列矩阵的形式列于表 2.2；查取表 2.1 中弯矩的质量系统量纲为$[ML^2T^{-2}]$，将其相应幂指数以列矩阵的形式填入表 2.2；进行线性列变换，直至变换后的列矩阵子项均为零。其中，S_l 为模型几何尺寸与原型几何尺寸之比，S_{M_b} 为模型弯矩与原型弯矩之比。

表 2.2　似量纲分析法求解弯矩相似常数表

质量系统量纲 \ 物理量	已知物理量			未知物理量量纲的线性列变换		
	L	σ	a	M_b	$M-\sigma$	$M-\sigma-3L$
$[M]$	0	1	0	1	0	0
$[L]$	1	−1	1	2	3	0
$[T]$	0	−2	−2	−2	0	0

此时的变换系数即为物理量之间相似常数的幂指数，即

$$S_{M_b} \cdot S_{\sigma}^{-1} \cdot S_l^{-3} = 1 \Rightarrow S_{M_b} = S_{\sigma} \cdot S_l^3 \tag{2.1}$$

再以阻尼相似常数为例。查表 2.1 可知，阻尼的质量系统量纲为$[MT^{-1}]$，量纲幂指数按列矩阵的形式列入表 2.3。

表 2.3 似量纲分析法求解阻尼相似常数表

物理量 / 质量系统量纲	已知物理量			未知物理量量纲的线性列变换		
	L	σ	a	c	$2c-2\sigma+a$	$2c-2\sigma+a-3L$
$[M]$	0	1	0	1	0	0
$[L]$	1	−1	1	0	3	0
$[T]$	0	−2	−2	−1	0	0

$$S_c^2 \cdot S_{\sigma}^{-2} \cdot S_a \cdot S_l^{-3} = 1 \Rightarrow S_c = S_{\sigma} \cdot \sqrt{\frac{S_l^3}{S_a}} \tag{2.2}$$

结构振动台试验中的其余相似常数均可由似量纲分析法予以确定。

2.3 结构抗震模型试验的相似常数

结构抗震试验一般可分为结构抗震静力试验和结构抗震动力试验两大类，其中结构抗震静力试验又分为拟静力试验和拟动力试验；结构抗震动力试验分为模拟地震振动台试验和建筑物强震观测试验。结构抗震静力、动力试验模型设计均要满足物理条件相似、几何条件相似和边界条件相似的要求。

1. 结构抗震静力模型相似常数

常见的钢筋混凝土结构静力模型相似常数如表 2.4 所示。在钢筋混凝土结构中，由于混凝土材料本身具有明显的非线性性质以及钢筋和混凝土力学性能之间的差异，要模拟钢筋混凝土结构全部的非线性性能是很不容易的。从应力与弹性模量量纲相同的含义来说，要求物体内任何点的应力相似常数与弹性模量相似常数相等。实际上受力物体内各点的应力大小是不同的，亦即各点的应变大小不同。对于不同的应变，要求弹性模量相似常数不变，这就要求模型与原型的应力-应变关系曲线相似，如图 2.1 所示。要满足这一关系，只有当模型与原型采用相同强度和变形的材料时才有可能，这时就要求满足表 2.4 中“实用模型关系式”的要求。

表 2.4　钢筋混凝土结构静力模型相似常数

物理性能	物理量	相似常数符号	一般模型关系式	实用模型关系式
几何性能	长度	S_l	S_l	S_l
	面积	S_A	S_l^2	S_l^2
	线位移	S_l	S_l	S_l
	角位移	1	1	1
材料性能	应变	1	1	1
	弹性模量	S_E	S_σ	1
	应力	S_σ	S_σ	1
	质量密度	S_ρ	S_σ/S_l	$1/S_l$
	质量	S_m	$S_\sigma \cdot S_l^2$	S_l^2
荷载性能	集中力	S_F	$S_\sigma \cdot S_l^2$	S_l^2
	线荷载	S_q	$S_\sigma \cdot S_l$	S_l
	面荷载	S_p	S_σ	1
	力矩	S_M	$S_\sigma \cdot S_l^3$	S_l^3

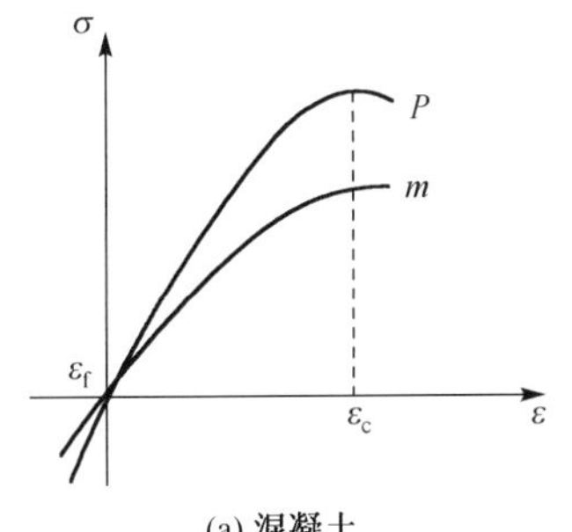

(a) 混凝土

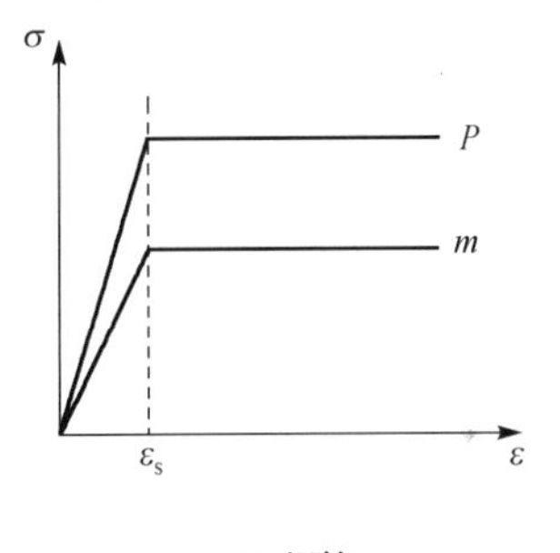

(b) 钢筋

图 2.1　模型与原型应力-应变关系相似图

国外从 20 世纪 50 年代开始就开展了砖石结构模型试验的研究，国内也曾开展过这方面的研究工作。砖石结构静力模型相似常数如表 2.5 所示。由于砖石结构本身是两种材料组成的复合材料结构，因此制作模型时在所有的细节上都要按比例缩小，这无疑给模型制作带来了一定的困难。由于试验要求模型砌体有与原型相似的应力-应变关系，因此，一个实用的途径就是采用与原型相同的材料。

表 2.5　砌体结构模型相似常数

物理性能	物理量	相似常数符号	一般模型关系式	实用模型关系式
几何性能	长度	S_l	S_l	S_l
	面积	S_A	S_l^2	S_l^2
	线位移	S_l	S_l	S_l
	角位移	1	1	1

续表

物理性能	物理量	相似常数符号	一般模型关系式	实用模型关系式
材料性能	应变	1	1	1
	弹性模量	S_E	S_σ	1
	应力	S_σ	S_σ	1
	质量密度	S_ρ	S_σ/S_l	$1/S_l$
	质量	S_m	$S_\sigma \cdot S_l^2$	S_l^2
荷载性能	集中力	S_F	$S_\sigma \cdot S_l^2$	S_l^2
	线荷载	S_q	$S_\sigma \cdot S_l$	S_l
	面荷载	S_p	S_σ	1
	力矩	S_M	$S_\sigma \cdot S_l^3$	S_l^3

2. 结构抗震动力模型相似常数

结合上一节的似量纲分析法，得到的常用结构动力模型相似常数如表 2.6 所示。在实际设计模型时，要全部满足表中的相似条件只有在模型比较大的情况下才能实现。当模型比例较小时，或者不能采用相同材料时，往往难以全部满足表中的相似条件。在这种情况下，一般可以根据试验目的对模型设计的要求有所侧重。

(1)如果试验目的是为了验证一种新的理论，而这种理论适用于某一类型的结构，而不是某一个具体结构，那么这种模型只要求表现这种结构的共同特点，即要求这类结构在主要方面(如几何尺寸和动力性能方面)相似。对这种新理论的检验，可以通过理论结果与模型试验结果相比较进行。此类模型称为弹性模型，主要用于基础研究性试验，其制作材料不必和原型结构材料完全相似，只需模型材料在试验过程中具有完全相同的弹性性质。

(2)如果试验目的是为了检验设计或提供设计依据，例如设计某一比较复杂的结构或新型结构，有时对计算结果没有把握，而必须依靠模型试验来判断和检验，就要求模型与原型严格相似，并能把试验结果正确地应用到该设计中去。此类模型称为强度模型，主要用于工程验证性试验，通常要求模型材料与原型材料一致，高层建筑结构振动台试验多属于此类。

表 2.6　结构动力模型相似常数

物理性能	物理量	相似常数符号	关系式	备注
几何性能	长度	S_l	S_l	控制尺寸
	面积	S_A	S_l^2	
	线位移	S_l	S_l	
	角位移	1	S_σ / S_E	
材料性能	应变	1	S_σ / S_E	
	弹性模量	S_E	$S_E = S_\sigma$	控制材料

续表

物理性能	物理量	相似常数符号	关系式	备注
材料性能	应力	S_σ	S_σ	控制材料
	质量密度	S_ρ	$S_\sigma/(S_a\cdot S_l)$	
	质量	S_m	$S_\sigma\cdot S_l^2/S_a$	
荷载性能	集中力	S_F	$S_\sigma\cdot S_l^2$	
	线荷载	S_q	$S_\sigma\cdot S_l$	
	面荷载	S_p	S_σ	
	力矩	S_M	$S_\sigma\cdot S_l^3$	
动力性能	阻尼	S_c	$S_\sigma\cdot S_l^{1.5}\cdot S_a^{-0.5}$	
	周期	S_T	$S_l^{0.5}\cdot S_a^{-0.5}$	
	频率	S_f	$S_l^{-0.5}\cdot S_a^{0.5}$	
	速度	S_v	$(S_l\cdot S_a)^{0.5}$	
	加速度	S_a	S_a	控制试验
	重力加速度	S_g	1	

在表2.6所列的相似条件中，并没有考虑尺寸效应和加载速率对材料力学性能的影响。国内外研究结果表明：

(1) 随着试件尺寸的减小，材料的强度将逐渐提高；

(2) 随着荷载速率的增加，材料的强度、刚度都相应的增加，特别是强度的增加比较显著。

基于以上两点，在设计模型结构时，模型材料的强度是难以准确知道的。但是，这并不影响结构破坏机理的研究以及结构数学模型识别的研究，只是在用模型试验结果反推原型的性能时需要考虑。

2.4 结构振动台试验的相似关系

在进行结构振动台试验相似设计时，除考虑长度 L 和力 F 这两个基本物理量之外，还需考虑时间 t 这一基本物理量，而且结构的惯性力常常是作用在结构上的主要荷载。

$$m\left(\ddot{x}(t)+\ddot{x}_g(t)\right)+c\dot{x}(t)+kx(t)=0 \tag{2.3}$$

式(2.3)为结构动力学基本方程，可以看出动力问题中要模拟惯性力、阻尼力和恢复力三种力，因而对模型材料的弹性模量、密度的要求很严格。由方程式分析法的要求，动力方程各物理量的相似关系满足方程

$$S_m(S_{\ddot{x}}+S_{\ddot{x}_g})+S_cS_{\dot{x}}+S_kS_x=0 \tag{2.4}$$

根据量纲协调原理，以弹性模量、密度、长度、加速度相似常数表达式(2.4)，有

$$S_\rho S_l^3(S_a+S_a)+S_E\sqrt{\frac{S_l^3}{S_a}}\sqrt{S_l S_a}+S_E S_l^2=0 \tag{2.5}$$

$$\frac{S_E}{S_\rho S_a S_l}=1 \tag{2.6}$$

式(2.6)即为结构振动台试验动力学问题物理量相似常数需满足的相似要求。

振动台试验相似设计的基本方法是：确定式(2.6)中的3个可控相似常数；由式(2.6)求出满足动力试验要求的第4个相似常数；校核按主控相似常数设计模型是否满足试验条件；再由似量纲分析法推广确定其余全部的相似常数。3个可控相似常数的选取依研究问题而异，一般可选用长度、应力、加速度3个物理量的相似常数作为可控相似常数。之后求出密度相似常数对模型质量进行校核；推导频率相似常数对模型频率进行校核。

振动台试验相似设计的基本步骤如下。

1．确定长度相似常数 S_l

在确定长度相似常数 S_l 之前首先要获得振动台性能及试验室的数据资料，以确保原型结构缩尺之后，平面几何尺寸在振动台台面范围之内，立面高度满足试验室制作场地高度要求以及模型吊装行车的高度要求。所以，长度相似系数 S_l 通常作为可控相似常数的首选。

较大的振动台试验模型施工方便，尺寸效应的影响也会相对较小，因此，期望模型制作得尽可能大，即长度相似系数尽可能取大值。长度相似常数一经确定，除非特殊情况，一般不再予以变动。特殊情况例如，当模型平面尺寸稍大于台面尺寸时，可采用刚性底座挑出振动台的方式；当模型高度超过行车起吊高度时，可采用在振动台上制作和养护模型的方式等。

2．选定模型材料，确定应力相似常数 S_σ

根据已选模型的主要材料，例如选定钢筋混凝土部分由微粒混凝土、镀锌铁丝和镀锌铁丝网来模拟。模型设计微粒混凝土与原型钢筋混凝土之间的强度关系通常为1/3～1/5，试验室都可以实现，即应力相似常数 S_σ 一般也可作为可控相似常数，事先予以确定。

3．确定加速度相似常数 S_a

加速度相似常数 S_a 在模型设计中的重要性不言而喻，它决定着模型结构是否能够反映原型结构在各种烈度下的真实地震反应，考虑到振动台噪声、台面承载力及行车起吊能力、原型结构最大水准下的地面加速度峰值等因素，加速度相似

关系 S_a 的范围通常为 1～3。值得注意的是，对于大跨、长悬臂等结构，竖向地震作用不可忽略，此时的加速度放大系数宜尽可能设置为 1，以免造成结果失真。

4. 确定第 4 个相似常数 S_ρ

根据动力模型相似要求式(2.6)和前 3 个相似常数，确定第 4 个相似常数 S_ρ，并有

$$S_m = S_\rho S_l^3, \quad m^m = S_m m^p \tag{2.7}$$

即由式(2.7)得到模型的估算质量值 m^m，其中 m^m 为模型结构质量，m^p 为原型结构质量，上角标“p”为原型结构的物理量，“m”为模型结构的物理量。

建筑结构振动台试验模型可以采用全相似模型、人工质量模型、忽略重力模型和混合相似模型。实际中结构振动台试验的整体模型根据试验要求和试验条件，多采用考虑人工质量的混合相似模型。即除微粒混凝土模型结构本身的质量外，为了得到一种低强度高密度的模型材料，还要对模型施加附加质量，它适用于对质量在结构空间分布的准确模拟要求不高的情况。

由上述分析可知，估算质量 m^m 中包括模型质量和附加质量两部分，其中附加质量将在振动台上布置。因此要求附加质量后的模型质量 m^m 与刚性底座质量之和，要控制在振动台试验时的允许质量范围内；未附加质量的模型质量与刚性底座质量之和，应控制在吊车的起重能力范围以内。简单写为

$$m_{\text{刚性底座}} + m^m_{\text{未附加质量模型}} \leqslant m_{\text{吊车吊挂}} \tag{2.8}$$

$$m_{\text{刚性底座}} + m^m = m_{\text{刚性底座}} + (m^m_{\text{未附加质量模型}} + m^m_{\text{附加质量}}) \leqslant m_{\text{振动台承载}} \tag{2.9}$$

若上述要求不能满足，则需反复调整应力相似常数 S_σ、加速度相似关系 S_a，并重复本步工作，直至基本满足为止。

5. 对频率相似常数 S_f 的要求

根据量纲协调，有

$$S_f = \sqrt{\frac{S_a}{S_l}}, \quad f^m = S_f f^p \tag{2.10}$$

其中，f^m 为模型结构频率，f^p 为原型结构频率。

校核模型结构频率，一般来说，至少要校核计算得到的原型结构的前几阶主要频率，保证其落在振动台的工作频率范围内。若不能满足，则需按本节 2～5 步重新进行调整。

6. 似量纲分析法确定其余相似常数

采用 2.2 节中的似量纲分析法和参考表 2.6，推求建筑结构振动台试验研究中其余物理量的相似常数。

综上所述，振动台模型试验相似设计的流程图如图 2.2 所示。

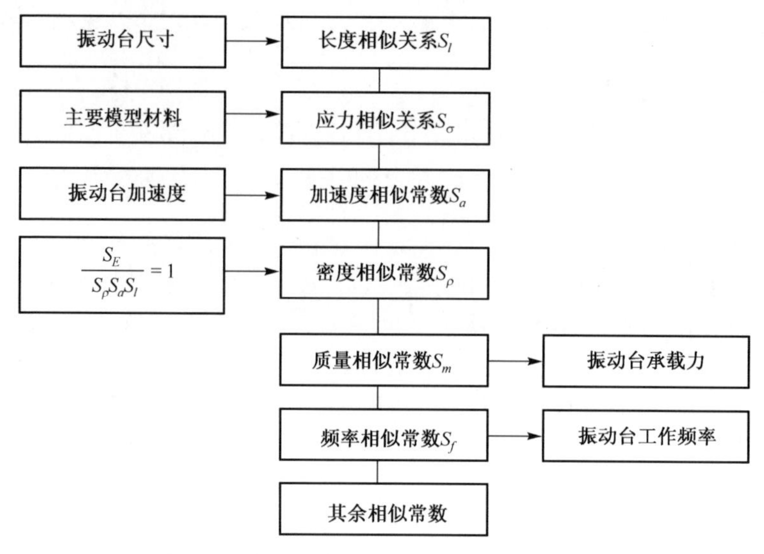

图 2.2　振动台模型试验相似设计流程图

同济大学振动台试验设备主要性能参数见附录 A，与同济大学振动台相应的某高层建筑振动台模型试验设计相似常数实例详见表 2.7。

表 2.7　某高层建筑振动台模型试验设计相似常数

物理性能	物理参数	设计相似常数	备　注
几何性能	长度	1/30	控制尺寸
材料性能	应变	1.00	控制材料
	弹性模量	0.20	
	应力	0.20	
	质量密度	2.40	
	质量	8.89×10^{-5}	
荷载性能	集中力	2.22×10^{-4}	
	线荷载	6.67×10^{-3}	
	面荷载	0.20	
	力矩	7.41×10^{-6}	
动力性能	周期	0.12	
	频率	8.33	
	加速度	2.50	控制试验
	重力加速度	1.00	
模型高度		9.093m	含底板
模型质量		23.747t	含配重、底板

第 3 章
建筑结构振动台试验模型材料

3.1 模型试验材料要求

适用于制作建筑结构模型的材料很多，但没有绝对理想的材料。因此，正确了解材料的性质及其对试验结果的影响，对于顺利完成模型试验具有非常重要的意义。模型试验对模型材料的要求如下：

(1) 保证相似要求。即要求模型设计满足相似条件，以致模型试验结果可按相似常数相等条件推算到原型结构上去。

(2) 保证量测要求。即要求模型材料在试验时能产生足够大的变形，使量测仪表有足够的读数。因此，应选择模型材料的弹性模量适当低些，但也不能过低以至于因仪器防护、仪器安装装置或重量等因素而影响试验结果。

(3) 保证材料性能稳定。不受温度、湿度的变化影响而发生较大变化。一般模型结构尺寸小，对环境变化很敏感，其产生的影响要大于它对原型结构的影响，因此材料性能稳定是很重要的。

(4) 保证材料徐变小。一切用化学合成方法生产的材料都有徐变，由于徐变是时间、温度和应力的函数，故徐变对试验结果影响很大，而真正的弹性变形不应该包括徐变。

(5) 保证加工制作方便。选用的模型材料应易于加工和制作，这对于缩短模型制作周期、降低模型试验费用是较为重要的。

3.2 常用的结构振动台试验模型材料

1. 微粒混凝土

微粒混凝土可用于小比例缩尺强度模型，也称为模型混凝土，是由粗细骨料、水泥和水组成。由于强度模型的成功与否在很大程度上取决于模型材料和原结构材料间的相似程度，而影响微粒混凝土力学性能的主要因素是骨料体积含量、级配和水灰比，因而微粒混凝土按试验条件相似，主要条件要求作配比设计。在设计时首先基本满足弹性模量和强度条件，骨料粒径依模型几何尺寸而定，一般不大于截面最小尺寸的 1/3。

2. 水泥砂浆

水泥砂浆可以用来模拟混凝土，但基本性能无疑与含有大骨料的混凝土存在差别，所以水泥砂浆主要是用来制作钢筋混凝土板壳等薄壁结构的模型，采用的钢筋是各种细直径的钢丝及铁丝等。

3. 细石混凝土

细石混凝土可以用来制作模型以研究钢筋混凝土结构的弹塑性工作或极限能力，小尺寸的混凝土与实际尺寸的混凝土结构虽然有差别(如收缩和骨料粒径的影响等)，但这些差别在很多情况下是可以忽略的。非弹性工作时的相似条件一般不容易满足，而小尺寸混凝土结构的力学性能的离散性也较大，因此混凝土结构模型的比例不宜用得太小。目前模型的最小尺寸(如板厚)可做到 3～5mm，而要求的骨料最大粒径不应超过该尺寸的 1/3，这些条件在选择模型材料和确定模型比例时应该予以考虑。

4. 镀锌铁丝

镀锌铁丝是采用优质低碳钢，经过拉拔成型、酸洗除锈、高温退火、热镀锌、冷却等工艺流程加工而成。镀锌铁丝具有良好的韧性和弹性，可以作为振动台试验模型材料来模拟钢筋。常用于振动台试验模型的镀锌铁丝规格见表 3.1，常用的镀锌铁丝网片的规格有 16#～22#@12.5 或 16#～22#@25。

表 3.1　常用模拟原型结构钢筋的材料规格

材料	规格	直径/mm	面积/mm^2
镀锌铁丝	22#	0.71	0.40
	20#	0.90	0.64
	18#	1.20	1.13
	16#	1.60	2.01
	14#	2.11	3.49
	12#	2.77	6.02
	10#	3.50	9.62
	8#	4.00	12.56
钢筋	ϕ6	6.00	28.26
	ϕ8	8.00	50.24

5. 钢筋

一般情况下可按几何相似要求选用细直径的钢筋，但在结构振动台试验模型中，由于模型比例很小，钢筋直径不可能按缩尺比例缩小。根据作者研究梯队多年实践结果，采用强度等效的原则进行模型钢筋的选取，具体内容详见本书第 4 章。

常用于模拟原型结构钢筋的材料规格见表 3.1。

6. 紫铜

紫铜就是铜单质，紫铜为呈紫红色光泽的金属，密度为 8.92g/cm^3。熔点为 1083.4±0.2℃，沸点为 2567℃。常见化合价+1 和+2(+3 价铜仅在少数不稳定的化合物中出现)。电离能为 7.726eV。铜材是人类发现最早的金属之一，也是最好的纯金属之一，稍硬、极坚韧、耐磨损，还有很好的延展性，导热和导电性能较好。紫铜在干燥的空气里很稳定，可以用来作为模拟钢结构建筑模型的主要材料。常用于振动台试验模型的紫铜板厚度有 0.6mm、0.7mm、0.8mm、0.9mm、1.0mm、1.2mm、1.5mm、2.0mm。

7. 钢

钢是含碳量在 0.04%～2.3%的铁碳合金，通常将其与铁合称为钢铁，为了保证其韧性和塑性，含碳量一般不超过 1.7%。钢的主要元素除铁、碳外，还有硅、锰、硫、磷等，指含碳量小于 2%的铁碳合金。钢材根据成分不同，又可分为碳素钢和合金钢；根据性能和用途不同，又可分为结构钢、工具钢和特殊性能钢。有时可以直接采用钢材来制作高层(耸)钢结构振动台试验模型。

常用于振动台试验的金属材料力学性能见表 3.2。

表 3.2　常用振动台试验的金属材料力学性能

材　　料	屈服强度/MPa	极限强度/MPa	弹性模量/MPa	延伸率
镀锌铁丝	280～330	375～460	2.0×10^5	～26
紫铜	190	195	1.1×10^5	～30
钢	210～360	235～400	2.0×10^5	～25
白铁皮	275～305	350～400	2.0×10^5	～20
铝合金	170		3.3×10^4	

8. 有机玻璃

有机玻璃的化学名称叫聚甲基丙烯酸甲酯，是由甲基丙烯酸酯聚合成的高分子化合物。有机玻璃具有高度透明性、机械强度高、重量轻、易于加工等特点，可以作为振动台试验弹性模型的主要材料。有机玻璃的弹性模量约为 2600MPa。

第 4 章

抗震结构振动台试验模型设计

对于大比例的振动台试验整体模型，可以直接采用与原型结构相同的材料制作模型，其设计方法参照有关设计规范直接采用。然而，对于模型比例较小的情况，由于技术和经济等多方面的原因，一般很难做到模型与实物完全相似，这就要求抓住主要影响因素，简化和减少一些次要的相似要求。比如钢筋(或型钢)混凝土结构的整体强度模型还只能做到不完全相似的程度，这是因为：从量纲分析角度讲，构件截面的应力、混凝土的强度、钢筋的强度应该具有相同的相似常数(S_σ一般只有 1/3～1/5)，然而即使是混凝土的强度能够满足这样的相似关系，也很难找到截面和强度分别满足几何相似关系和材料相似关系的材料来模拟钢筋，这时不同材料结构模型设计均需把握构件层次上的相似原则。

4.1 钢筋混凝土结构模型设计

钢筋混凝土结构模型设计的基本原则是：把握构件层面的相似原则，对正截面承载能力的控制，依据抗弯能力等效的原则；对斜截面承载能力的模拟，按照抗剪能力等效的原则。原型结构、模型结构的弯矩和剪力分别表示如下：

原型结构

$$M^p = f_y^p A_s^p h_0^p, \quad V^p = f_{yv}^p \frac{A_{sv}^p}{s^p} h_0^p$$

模型结构

$$M^m = f_y^m A_s^m h_0^m, \quad V^m = f_{yv}^m \frac{A_{sv}^m}{s^m} h_0^m \tag{4.1}$$

根据弯矩相似常数和剪力相似常数，分别计算得到模型结构的配筋面积如下：

弯矩相似常数

$$S_M = \frac{M^m}{M^p} = \frac{f_y^m A_s^m h_0^m}{f_y^p A_s^p h_0^p} = \frac{A_s^m}{A_s^p} \cdot S_l \cdot S_{f_y}$$

$$\Rightarrow A_s^m = A_s^p \cdot \frac{S_M}{S_l \cdot S_{f_y}} = A_s^p \cdot \frac{S_\sigma \cdot S_l^2}{S_{f_y}} = \frac{S_\sigma}{S_{f_y}} \cdot S_l^2 \cdot A_s^p \tag{4.2}$$

剪力相似常数

$$S_V = \frac{V^m}{V^p} = \frac{f_{yv}^m \dfrac{A_{sv}^m}{s^m} h_0^m}{f_{yv}^p \dfrac{A_{sv}^p}{s^p} h_0^p} = \frac{A_{sv}^m}{A_{sv}^p} \cdot S_{f_{yv}} \cdot \frac{S_l}{S_s}$$

$$\Rightarrow A_{sv}^m = A_{sv}^p \cdot \frac{S_V \cdot S_s}{S_{f_{yv}} \cdot S_l} = A_{sv}^p \cdot \frac{S_\sigma \cdot S_l \cdot S_s}{S_{f_{yv}}} = \frac{S_\sigma}{S_{f_{yv}}} \cdot (S_l \cdot S_s) \cdot A_{sv}^p \tag{4.3}$$

这样，可以分别根据原型结构的配筋面积计算出模型结构的配筋面积，并在其中考虑了混凝土强度和钢筋强度之间采用了不同的相似系数的影响，使模型设计更加合理。

4.2　钢结构模型设计

在钢结构体系模型设计中，通常可选用钢材或紫铜作为模型材料。此类模型设计的关键问题是，模型尺寸按相似理论进行了缩尺，但结构材料性能并未变化(如采用钢材)或是变化很小(如采用紫铜)。为考虑材料变化不大而模型应力需相似的情况，提出考虑按钢结构构件刚度等效原则进行设计。

原型结构的抗弯刚度为 $E^p I^p$，按相似理论设计抗弯刚度为 $E_D^m I_D^m$，实际模型结构的抗弯刚度为 $E^m I^m$；原型结构的抗拉(压)刚度为 $E^p A^p$，按相似理论设计抗拉(压)刚度为 $E_D^m A_D^m$，实际模型结构的抗拉(压)刚度为 $E^m A^m$，按刚度等效及相似设计则有

$$\frac{E^m I^m}{E^p I^p} = \frac{E_D^m I_D^m}{E^p I^p} = S_E \cdot S_l^4 \tag{4.4}$$

$$\frac{E^m A^m}{E^p A^p} = \frac{E_D^m A_D^m}{E^p A^p} = S_E \cdot S_l^2 \tag{4.5}$$

如模型材料选用钢材来模拟原型钢结构，即在式(4.4)和式(4.5)中，$E^m = E^p$，得

$$\frac{I^m}{I^p} = S_E \cdot S_l^4 \tag{4.6}$$

$$\frac{A^m}{A^p} = S_E \cdot S_l^2 \tag{4.7}$$

以圆钢管为例，原型结构钢管直径以 D^p 表示，内外径比以 α^p 表示；模型结构钢管直径以 D^m 表示，内外径比以 α^m 表示。则式(4.6)和式(4.7)可写作

$$\frac{(D^m)^4\cdot[1-(\alpha^m)^4]}{(D^p)^4\cdot[1-(\alpha^p)^4]}=S_E\cdot S_l^4 \tag{4.8}$$

$$\frac{(D^m)^2\cdot[1-(\alpha^m)^2]}{(D^p)^2\cdot[1-(\alpha^p)^2]}=S_E\cdot S_l^2 \tag{4.9}$$

由式(4.8)和式(4.9)可以得到模型结构圆管外径及内外径比为

$$D^m=\sqrt{\frac{(1+S_E)+(\alpha^p)^2(1-S_E)}{2}}\cdot S_l\cdot D^p \tag{4.10}$$

$$\alpha^m=\sqrt{\frac{(1-S_E)+(\alpha^p)^2(1+S_E)}{(1+S_E)+(\alpha^p)^2(1-S_E)}} \tag{4.11}$$

由式(4.10)和式(4.11)得到模型结构的钢管直径和内外径比，并在其中考虑了应力相似设计对模型构件的影响。模型圆管杆件的其余参数为

面积

$$A^m=\frac{\pi}{4}(D^m)^2\cdot[1-(\alpha^m)^2]=S_E\cdot S_l^2\cdot A^p \tag{4.12}$$

惯性矩

$$I^m=\frac{\pi}{64}(D^m)^4\cdot[1-(\alpha^m)^4]=S_E\cdot S_l^4\cdot I^p \tag{4.13}$$

回转半径

$$i^m=\sqrt{\frac{I^m}{A^m}}=\sqrt{\frac{S_E\cdot S_l^4\cdot I^p}{S_E\cdot S_l^2\cdot A^p}}=S_l\cdot i^p \tag{4.14}$$

长细比

$$\lambda^m=\frac{l^m}{i^m}=\frac{S_l\cdot l^p}{S_l\cdot i^p}=\lambda^p \tag{4.15}$$

抵抗矩

$$\begin{aligned}W^m&=\frac{\pi}{32}(D^m)^3\cdot[1-(\alpha^m)^4]=\frac{2}{D^m}\cdot I^m\\&=\sqrt{\frac{2}{(1+S_E)+(\alpha^p)^2(1-S_E)}}S_E\cdot S_l^3\cdot W^p\\&=\kappa\cdot S_E\cdot S_l^3\cdot W^p\end{aligned} \tag{4.16}$$

其中，κ 为参数，$\kappa=\sqrt{\dfrac{2}{(1+S_E)+(\alpha^p)^2(1-S_E)}}$。

从式(4.10)～式(4.16)中可以看出，与经典相似理论相比，考虑应力相似影响后的截面设计，将对模型结构的外径、内外径比、面积、惯性矩、抵抗矩参数产生影响，而不影响其回转半径和长细比。以压弯构件强度计算为例，对原型结构，有

$$\frac{N^p}{A^p}\pm\frac{M_x^p}{\gamma_x W_x^p}\pm\frac{M_y^p}{\gamma_y W_y^p}\leqslant f \tag{4.17}$$

对模型结构，结合相似设计和上述公式有

$$\begin{aligned}\frac{N^a}{A^a}\pm\frac{M_x^a}{\gamma_x W_x^a}\pm\frac{M_y^a}{\gamma_y W_y^a}&=\frac{S_E\cdot S_l^2\cdot N^p}{S_E\cdot S_l^2\cdot A^p}\pm\frac{S_E\cdot S_l^3\cdot M_x^p}{\gamma_x\cdot\kappa\cdot S_E\cdot S_l^3\cdot W_x^p}\pm\frac{S_E\cdot S_l^3\cdot M_y^p}{\gamma_y\cdot\kappa\cdot S_E\cdot S_l^3\cdot W_y^p}\\&=\frac{N^p}{A^p}\pm\frac{1}{\kappa}\cdot\frac{M_x^p}{\gamma_x W_x^p}\pm\frac{1}{\kappa}\cdot\frac{M_y^p}{\gamma_y W_y^p}\end{aligned} \tag{4.18}$$

事实上，结构中参数 κ 很接近 1，结合式(4.17)和式(4.18)，有

$$\frac{N^p}{A^p}\pm\frac{M_x^p}{\gamma_x W_x^p}\pm\frac{M_y^p}{\gamma_y W_y^p}\approx\frac{N^a}{A^a}\pm\frac{M_x^a}{\gamma_x W_x^a}\pm\frac{M_y^a}{\gamma_y W_y^a}\leqslant f \tag{4.19}$$

式(4.19)说明，按刚度等效原则考虑材料相同而应力相似的模型设计，可以实现对原型结构的强度验算。构件整体稳定性的验算同理可证。

4.3　桁架结构模型设计

桁架结构的相似，主要以桁架杆件轴力等效为原则，原型结构、模型结构的轴力分别如下：

原型结构

$$N^p=f_y^p A_{tr}^p$$

模型结构

$$N^m=f_y^m A_{tr}^m \tag{4.20}$$

根据轴力相似常数的定义，有

轴力相似常数

$$S_N=\frac{N^m}{N^p}=\frac{f_y^m A_{tr}^m}{f_y^p A_{tr}^p}=\frac{A_{tr}^m}{A_{tr}^p}\cdot S_{f_y}$$

$$A_{tr}^m = A_{tr}^p \cdot \frac{S_N}{S_{f_y}} = A_{tr}^p \cdot \frac{S_\sigma \cdot S_l^2}{S_{f_y}} = \frac{S_\sigma}{S_{f_y}} \cdot S_l^2 \cdot A_{tr}^p \tag{4.21}$$

这样，可以根据原型桁架构件的截面面积计算出模型桁架构件的截面面积，并在其中考虑了混凝土强度和桁架杆材强度之间采用了不同相似系数的影响。对计算出的桁架构件可进一步进行压杆稳定验算，假定模型和原型遵循相同的压杆稳定方程式，原则上也可以根据方程式分析法导出相似关系。

4.4 组合楼板模型设计

组合楼板的相似主要思想以抗弯等效为原则，将压型钢板等效成混凝土板进行配筋计算，具体做法如下。

首先，取单位宽度楼板，将原型结构的压型钢板等效为原型结构的配筋(忽略保护层厚度的影响)，有

$$f_{y1} A_{s1} h_0 = f_{y2} A_{sl} h_0 \Rightarrow A_{s1} = \frac{f_{y2}}{f_{y1}} \cdot A_{sl} \tag{4.22}$$

其中 f_{y1}、f_{y2} 分别为钢筋和压型钢板的屈服强度，A_{sl}、A_{s1}、A_{s2} 分别为压型钢板面积、压型钢板等效钢筋面积和原结构配筋面积，则等效后原型结构的配筋面积为

$$A_s = A_{s1} + A_{s2} \tag{4.23}$$

然后，根据弯矩相似常数计算得到模型结构混凝土楼板的配筋面积如下：

$$S_M = \frac{M^m}{M^p} = \frac{f_y^m A_s^m h_0^m}{f_y^p A_s^p h_0^p} = \frac{A_s^m}{A_s^p} \cdot S_l \cdot S_{f_y}$$

$$\Rightarrow A_s^m = A_s^p \cdot \frac{S_M}{S_l \cdot S_{f_y}} = A_s^p \cdot \frac{S_\sigma \cdot S_l^2}{S_{f_y}} = \frac{S_\sigma}{S_{f_y}} \cdot S_l^2 \cdot A_s^p \tag{4.24}$$

4.5 砌体结构模型设计

砌体结构本身是两种材料组成的复合材料，因此模型设计时在所有细节上都要按比例缩小，无疑给模型设计和制作带来了一定的困难。因此，一个实用的途径是采用与原型相同的材料，在砌体结构模型相似设计时，采用本书表 2.5 的相似关系。

4.6 预应力结构模型设计

对于施加预应力结构的模型设计，按施加的预应力等效的原则来确定模型预应力值。如原型结构、模型结构的预应力分别简化表示为

原型结构

$$F^p = \sigma_s^p \cdot A^p$$

模型结构

$$F^m = \sigma_s^m \cdot A^m \tag{4.25}$$

其中 F 为施加预应力；σ_s 为预应力筋控制应力；A 为预应力筋截面积。

根据预应力相似常数的定义，有

预应力相似常数

$$S_F = \frac{F^m}{F^p} = \frac{\sigma_s^m \cdot A^m}{\sigma_s^p \cdot A^p} = S_{\sigma_s} \cdot \frac{A^m}{A^p}$$

因而有

$$A^m = \frac{S_E}{S_{\sigma_s}} \cdot S_l^2 \cdot A^p \tag{4.26}$$

这样，可以分别根据原型结构的预应力筋面积计算出模型结构的预应力筋面积，并在其中考虑了混凝土强度和预应力筋强度之间采用不同相似系数的影响，使模型设计更加合理。

第5章 隔震及减震结构振动台试验模型设计

隔震及减震结构的相似设计，不同于传统模型结构设计。一方面，在隔震及减震结构中，隔震支座和减震元件明显的非线性特征，增大了减隔震元件模型设计难度；另一方面，隔震支座和减震元件的存在，改变了整体结构的抗震性能，在整体结构相似设计中，需充分考虑减隔震模型元件与模型结构的匹配关系。

本章推导了常见的减隔震结构及元件的相似设计方法，包括铅芯叠层橡胶支座隔震结构模型设计、摩擦摆支座隔震结构模型设计、黏滞阻尼器模型设计、黏弹性阻尼器模型设计，并以实例阐明了设计方法。

5.1 铅芯叠层橡胶支座隔震结构模型设计

隔震结构振动台模型设计不同于普通的结构模型设计，重点在于对隔震层的相似。隔震支座如何实现由实际结构到模型结构的等效、隔震后模型的周期如何估算以及隔震层各构件如何实现可靠连接等都是在模型设计中需要重点把握的几个问题。

模型结构底部通常会设计一个方便吊装及固定的刚性大底座。对于传统结构，刚性底座直接通过螺栓固定到振动台台面，试验中对结构反应的结果影响不大。而对于隔震结构，上部结构与底座相连并通过隔震支座与振动台台面相连，即隔震层以上不仅包括了相似设计后的上部模型，还包括大质量的底座。为了更准确地设计等效后的隔震层参数，需对部分相似常数进行修正。

另外，考虑到隔震支座与上部及下部结构的有效连接，需设计与隔震支座连接板相对应的预埋件；为保证隔震支座整体在同一水平面上，受力均匀，还需在隔震支座下设置高度调节装置。

1. 铅芯叠层橡胶支座隔震结构模型设计

在相似设计中，需将刚性底座的质量加入上部结构的质量中，对部分相似常数进行修正。

隔震层以上总质量

$$m_{总} = m^m + m_{底座} \tag{5.1}$$

质量相似常数

$$S_m^i = m_{总} / m^p \tag{5.2}$$

屈服力相似常数

$$S_F^i = S_m^i \cdot S_a \tag{5.3}$$

刚度相似常数

$$S_k^i = S_m^i \cdot S_a / S_l \tag{5.4}$$

将各隔震支座的参数求和得到原型结构隔震层水平刚度及屈服力，然后依据上述相似关系经过推导得到模型结构隔震层力学参数，由此进行模型隔震支座数量及参数设计。

模型总等效水平刚度

$$\sum K_{eq}^m = \sum K_{eq}^p \cdot S_k^i \tag{5.5}$$

模型总屈服前刚度

$$\sum K_u^m = \sum K_u^p \cdot S_k^i \tag{5.6}$$

模型总屈服后刚度

$$\sum K_d^m = \sum K_d^p \cdot S_k^i \tag{5.7}$$

模型总屈服力

$$\sum Q_d^m = \sum Q_d^p \cdot S_F^i \tag{5.8}$$

对于隔震层上部模型结构，应根据本书相应章节进行模型设计。

2. 实例

【例题 5-1】　某酒店建筑总高度为 58.3m(不计入隔震层)，地下 1 层、隔震层 1 层、地上 16 层，采用框架-核心筒结构体系及铅芯叠层橡胶支座基础隔震技术。隔震结构的三维模型图及隔震层的布置如图 5.1、图 5.2 所示，原型结构隔震层设置的橡胶支座的信息见表 5.1，上部结构经初步相似设计后，确定相似关系见表 5.2。

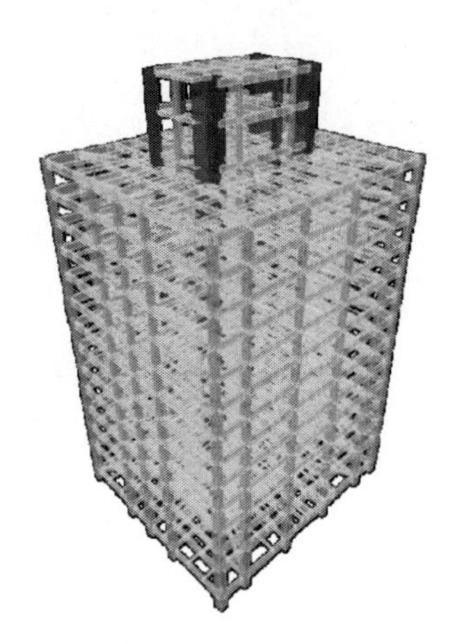

图 5.1　隔震结构三维模型图

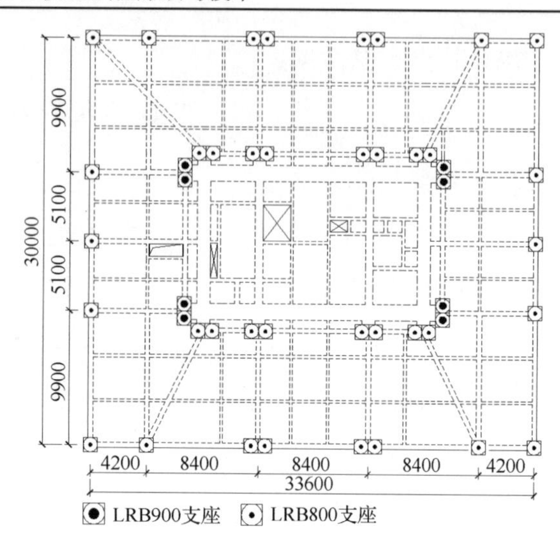

图 5.2　隔震层布置

表 5.1　隔震层设置铅芯叠层橡胶支座信息

支座型号	数量	屈服力/kN	屈服前刚度/(kN/mm)	屈服后刚度/(kN/mm)	等效刚度 $\gamma=100\%$(kN/mm)
LRB800	38	110	17.55	1.34	2
LRB900	8	140	18.85	1.45	2.3

表 5.2　振动台模型试验设计相似常数(上部结构)

物理特性	物理量	关系式	相似常数
几何性能	长度 l	S_l	6.67×10^{-2}
材料特性	应变 ε	$S_\varepsilon=1.0$	1.00
	应力 σ	$S_\sigma=S_E$	0.20
	弹模 E	S_E	0.20
	密度 ρ	S_ρ	2.00
	质量 m	$S_m=S_\rho\cdot S_l^3$	5.93×10^{-4}
荷载特性	集中力 F	$S_F=S_E\cdot S_l^2$	8.89×10^{-4}
	线荷载 p	$S_p=S_E\cdot S_l$	1.33×10^{-2}
	面荷载 q	$S_q=S_E$	0.20
	力矩 M	$S_M=S_E\cdot S_l^3$	5.93×10^{-5}
动力特性	时间 t	$S_t=(S_l/S_a)^{1/2}$	0.21
	频率 f	$S_f=(S_a/S_l)^{1/2}$	4.74
	加速度 a	S_a	1.50

解　(1)隔震支座数量确定

假定模拟地震振动台试验在同济大学四平路校区试验室进行，振动台参数详见附录 A。考虑模型隔震支座最小尺寸限制、模型塔楼面积及安装条件限制，不能实现隔震支座一一对应的等效，故将 46 个橡胶隔震支座等效为 6 个模型支座，对称布置在底座之下，如图 5.3 所示。

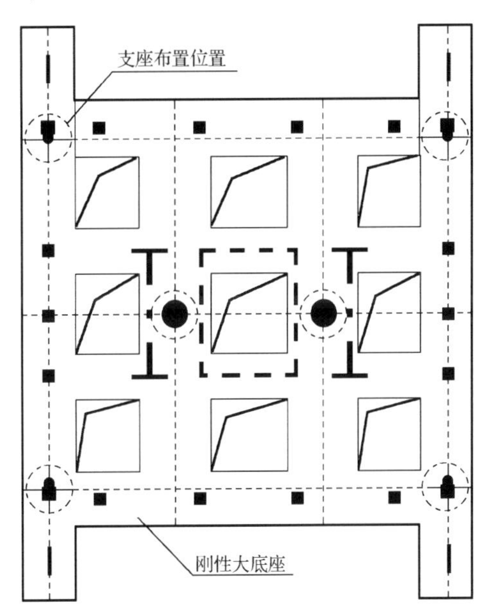

图 5.3　模型结构支座平面布置图

(2) 修正后的相似常数

原型结构总质量：$m^p = 19845\text{t}$，经相似后模型结构总质量：$m^m = 11.77\text{t}$。因刚性底座质量：$m_{底座} = 4\text{t}$，故模型结构隔震层以上总质量为：$m_{总} = 15.77\text{t}$。由此求得修正后各相似常数。

质量相似常数

$$S_m^i = m_{总} / m^p = 15.77 / 19845 = 7.95 \times 10^{-4}$$

屈服力相似常数

$$S_F^i = S_m^i \cdot S_a = 7.95 \times 10^{-4} \times 1.5 = 1.19 \times 10^{-3}$$

刚度相似常数

$$S_k^i = S_m^i \cdot S_a / S_l = 7.95 \times 10^{-4} \times 1.5 / (1/15) = 1.79 \times 10^{-2}$$

(3) 模型结构隔震层总刚度计算

由表 5.1 提供的支座数量及力学参数，可以得到原型结构隔震层的力学参数。

总等效水平刚度

$$\sum K_{eq}^p = 38 \times 2 + 8 \times 2.3 = 94.4(\text{kN/mm})$$

总屈服前刚度

$$\sum K_u^p = 38 \times 17.55 + 8 \times 18.85 = 817.7(\text{kN/mm})$$

总屈服后刚度

$$\sum K_d^p = 38 \times 1.34 + 8 \times 1.45 = 62.52(\text{kN/mm})$$

总屈服力

$$\sum Q_d^p = 38 \times 110 + 8 \times 140 = 5300(\text{kN})$$

由修正后的隔震层刚度和荷载相似比分别为：S_k^i=1.79×10^{-2}，S_F^i=1.19×10^{-3}，可计算得到模型隔震层力学参数。

总等效水平刚度

$$\sum K_{eq}^m = 94.4 \times 1.79 \times 10^{-2} = 1.69(\text{kN/mm})$$

总屈服前刚度

$$\sum K_u^m = 817.7 \times 1.79 \times 10^{-2} = 14.64(\text{kN/mm})$$

总屈服后刚度

$$\sum K_d^m = 62.52 \times 1.79 \times 10^{-2} = 1.12(\text{kN/mm})$$

总屈服力

$$\sum Q_d^m = 5300 \times 1.19 \times 10^{-3} = 6.31(\text{kN})$$

根据抗震规范 12.2.4 条可知，隔震层水平总刚度可由各个隔震支座的刚度叠加得到，故将上述隔震层的参数除以隔震支座的数量，即可得出试验用的每个隔震支座的参数，以此为依据可进行隔震支座的参数设计，之后进行专门生产加工。

5.2　摩擦摆支座隔震结构模型设计

1. 摩擦摆支座力学模型

摩擦摆支座的水平力 F 可表示为恢复力和摩擦力之和，当摩擦摆的转角很小时，有

$$F = \frac{W}{R} d + \mu W \,\text{sgn}(\dot{\theta}) \tag{5.9}$$

其中，R 为滑动面的半径；θ 为滑块相对于平衡位置滑动的角度；d 为滑块的相对水平位移；W 为支座承受上部结构的竖向压力；μ 为滑动摩擦系数；$\text{sgn}(\dot{\theta})$ 为符

号函数，$\dot{\theta}>0$ 时，$\text{sgn}(\dot{\theta})=1$，$\dot{\theta}<0$ 时，$\text{sgn}(\dot{\theta})=-1$。

由式(5.9)得到摩擦摆支座的理论滞回曲线模型，如图 5.4 所示。

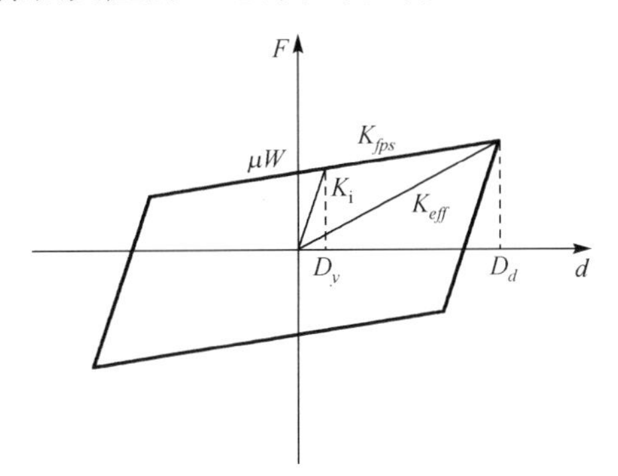

图 5.4　摩擦摆支座的滞回模型图

在支座的设计中，几个关键参数的物理意义为：K_i 为初始刚度，$K_i=\mu W/D_y$；D_y 为屈服位移；K_{fps} 为摩擦摆支座的摆动刚度，$K_{fps}=W/R$。因此，摩擦摆支座的自振周期可表示为

$$T_0=2\pi\sqrt{R/g} \tag{5.10}$$

利用等效线性化的方法得到支座的等效线性刚度和等效黏滞阻尼比，其表达式为

$$K_{eff}=\frac{F}{D_d}=\frac{W}{R}+\frac{\mu W}{D_d} \tag{5.11}$$

$$\zeta_{eff}=\frac{2}{\pi}\frac{\mu}{\mu+D_d/R} \tag{5.12}$$

式中，K_{eff} 和 ζ_{eff} 分别为摩擦摆隔震支座的等效刚度和等效阻尼比；D_d 为支座的设计位移。

假设摩擦摆隔震支座上部结构的刚度为 K_u，串联了隔震支座刚度后，隔震系统的等效刚度 K_e 为

$$K_e=\frac{K_u K_{eff}}{K_u+K_{eff}} \tag{5.13}$$

对于隔震结构，一般 $K_u>>K_{eff}$，因此可以得到 $K_e\approx K_{eff}$，摩擦摆隔震结构的等效自振周期为

$$T=2\pi\sqrt{\frac{W}{gK_{eff}}}=2\pi\sqrt{\frac{D_d R}{g(D_d+\mu R)}} \tag{5.14}$$

2. 摩擦摆支座隔震结构模型设计

与铅芯叠层橡胶支座的设计相同，摩擦摆隔震支座相似设计时，需要考虑底座质量对相似常数进行修正，须视所有的摩擦摆为一个整体，从总刚度入手，最后得到单个模型摩擦摆隔震支座参数。具体相似常数修正和刚度计算的方法同 5.1 节。

摩擦摆支座隔震结构模型设计的关键是保证模型结构与原型结构具有相同的水平向减震系数，也就需要保证隔震前后结构周期均满足相似关系，即

$$T^m = S_T \cdot T^p \tag{5.15}$$

还需要保证刚度满足相似关系，即

$$K^m = S_K^i \cdot K^p \tag{5.16}$$

根据式(5.15)、式(5.16)计算得到的模型摩擦摆支座整体的刚度、周期，由式(5.10)～式(5.14)可确定单个模型摩擦摆支座的参数，根据此参数可设计模型结构的隔震支座，并进行隔震层位移复核。

对于隔震层上部模型结构，应根据本书相应章节进行模型设计。

3. 实例

【例题 5-2】 重新设计例题 5-1 中的隔震支座为摩擦摆支座，隔震支座在柱下及剪力墙下的 30 个位置对称布置，共使用 30 个摩擦摆支座，具体支座性能参数见表 5.3。

表 5.3　摩擦摆支座原型参数

物理量	单位	量值
半径 R^p	mm	2350
滑动位移 D_y^p	mm	3
设计位移 D_d^p	mm	1000
动摩擦系数 μ^p	1	6%
上部质量 m^p	t	19845

解　(1)隔震支座数量确定

假定模拟地震振动台试验在同济大学四平路校区试验室进行，振动台参数详见附录 A。考虑模型隔震支座最小尺寸限制、模型塔楼面积及安装条件限制，不能实现隔震支座一一对应的等效，故将 30 个摩擦摆隔震支座等效为 6 个摩擦摆模型隔震支座，参考原型结构隔震支座的布置情况，将 4 个支座布置于结构的四个角部，2 个布置于核心筒下，如图 5.5 所示。

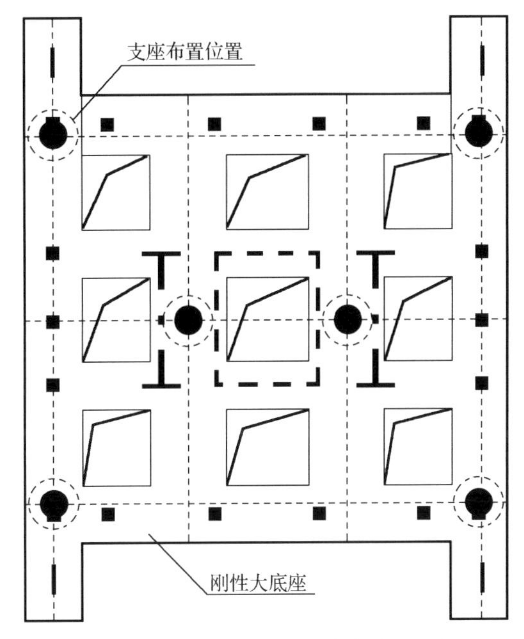

图 5.5　模型结构隔震支座布置图

(2) 隔震层各相似常数计算

由例题 5-1 可知

周期相似常数

$$S_T = (S_l / S_a)^{0.5} = 0.211$$

刚度相似常数

$$S_k^i = S_m^i \cdot S_a / S_l = 7.95\times10^{-4}\times1.5/(1/15) = 1.79\times10^{-2}$$

竖向力相似常数

$$S_W^i = S_m^i \cdot S_g = 7.95\times10^{-4}\times1.0 = 7.95\times10^{-4}$$

(3) 模型结构隔震层周期和总刚度计算

原型结构的周期：

摩擦摆自振周期　$T_0^p = 2\pi\sqrt{R^p / g} = 3.077(\text{s})$

隔震层等效自振周期　$T^p = 2\pi\sqrt{D_d^p R^p / (\mu^p R^p + D_d^p) g} = 2.880(\text{s})$

相似后模型结构的周期：

摩擦摆自振周期　$T_0^m = S_T \cdot T_0^p = 0.211\times3.077 = 0.649(\text{s})$

隔震层等效自振周期　$T^m = S_T \cdot T^p = 0.211\times2.880 = 0.608(\text{s})$

原型结构总刚度：

总初始刚度　$\sum K^p = \mu^p W^p / D_y^p = 6\% \times 9.8 \times 19845 / 3 = 3889.620(\text{kN/mm})$

总摆动刚度　$\sum K_{fps}^p = W^p / R^p = 9.8 \times 19845 / 2350 = 82.758(\text{kN/mm})$

总等效刚度　$\sum K_{eff}^p = \mu^p W^p / D_d^p + W^p / R^p$

$$= 6\% \times 9.8 \times 19845 / 1000 + 9.8 \times 19845 / 2350$$

$$= 94.427(\text{kN/mm})$$

相似后模型结构总刚度：

总初始刚度　$\sum K^m = S_K^i \cdot \sum K^p = 1.79 \times 10^{-2} \times 3889.620 = 69.502(\text{kN/mm})$

总摆动刚度　$\sum K_{fps}^m = S_K^i \cdot \sum K_{fps}^p = 1.79 \times 10^{-2} \times 82.758 = 1.479(\text{kN/mm})$

总等效刚度　$\sum K_{eff}^m = S_K^i \cdot \sum K_{eff}^p = 1.79 \times 10^{-2} \times 94.427 = 1.687(\text{kN/mm})$

(4) 单个摩擦摆模型支座的刚度和竖向荷载计算

将上述隔震层的参数除以隔震支座的数量，即可得出试验用的每个隔震支座的刚度参数。

单个摩擦摆支座的刚度：

初始刚度　$K^m = \sum K^m / 6 = 11.584(\text{kN/mm})$

刚度　$K_{fps}^m = \sum K_{fps}^m / 6 = 0.246(\text{kN/mm})$

等效刚度　$K_{eff}^m = \sum K_{eff}^m / 6 = 0.281(\text{kN/mm})$

单个摩擦摆支座的竖向荷载　$W^m = S_W \cdot m^p \cdot g / 6 = 25.741(\text{kN})$

单个摩擦摆支座的刚度、周期及竖向荷载汇总见表 5.4。

表 5.4　摩擦摆模型支座的刚度、周期、竖向荷载

物理量	单位	量值
初始刚度 K^m	kN/mm	11.584
刚度 K_{fps}^m	kN/mm	0.246
等效刚度 K_{eff}^m	kN/mm	0.281
自振周期 T_0^m	s	0.649
等效周期 T^m	s	0.608
竖向荷载 W^m	kN	25.741

(5) 单个摩擦摆模型支座参数的确定

根据模型摩擦摆支座的刚度、周期、荷载，由式(5.10)～式(5.14)可确定单个模型摩擦摆支座的具体参数，见表 5.5。

表 5.5　摩擦摆模型支座参数

物理量	单位	量值
半径 R^m	mm	104
滑动位移 D_y^m	mm	0.13

续表

物理量	单位	量值
设计位移 D_d^m	mm	44
动摩擦系数 μ^m	1	6%
竖向荷载 W^m	kN	25.741

5.3　黏滞阻尼器模型设计

黏滞阻尼器模型设计的方法主要有两种：原型与模型之间阻尼指数α不变的设计方法；原型与模型之间阻尼指数α改变的设计方法。前者采用基于阻尼力等效原则；后者采用基于耗能能力等效原则。

5.3.1　阻尼指数α不变的黏滞阻尼器模型设计

1. 阻尼指数α不变

对于黏滞阻尼器的相似设计，当模型结构的阻尼指数α^m与原型结构的阻尼指数α^p相同时，可按阻尼器提供的阻尼力等效的原则来确定模型阻尼器参数。原型结构、模型结构的阻尼力分别为

原型结构　$$F_d^p = C_d^p \cdot (v^p)^{\alpha^p}$$

模型结构　$$F_d^m = C_d^m \cdot (v^m)^{\alpha^m} \tag{5.17}$$

其中，F_d为阻尼力；v为阻尼器活塞相对运动速度；C_d为黏滞阻尼系数；α为常数指数。

根据阻尼力相似常数的定义，有

阻尼力相似常数

$$S_{F_d} = \frac{F_d^m}{F_d^p} = \frac{C_d^m \cdot (v^m)^{\alpha^m}}{C_d^p \cdot (v^p)^{\alpha^p}} = \frac{C_d^m}{C_d^p} \cdot \frac{(v^m)^{\alpha^m}}{(v^p)^{\alpha^p}} \tag{5.18}$$

使$\alpha^m = \alpha^p = \alpha$，则

$$C_d^m = \frac{S_{F_d}}{S_V{}^{\alpha}} \cdot C_d^p = \frac{S_E \cdot S_l^2}{(S_l \cdot S_a)^{0.5\alpha}} = (S_E \cdot S_l^{2-0.5\alpha} \cdot S_a^{-0.5\alpha}) \cdot C_d^p \tag{5.19}$$

故可以根据式(5.19)，确定黏滞阻尼器模型的参数。

2. 实例

【例题 5-3】　某结构为高位连体结构，由 T2、T3S、T4S、T5 四座高 235m、60 层的塔楼组成。在塔楼顶部，长 300m 的连廊将塔楼通过隔震支座和黏滞阻尼器连为一体。结构的三维模型图及黏滞阻尼器的布置如图 5.6、图 5.7 所示。

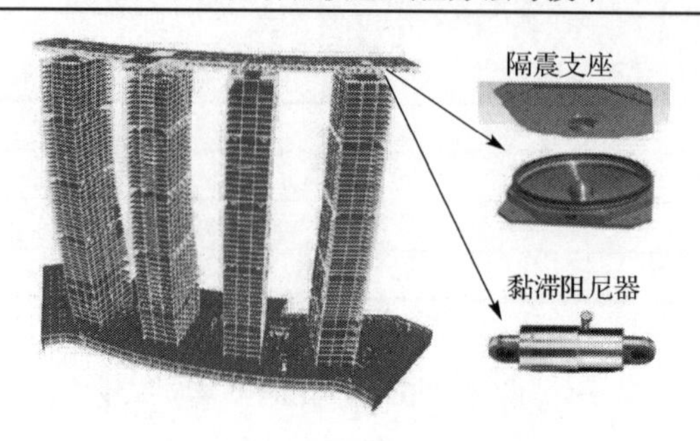

图 5.6　结构的三维模型图

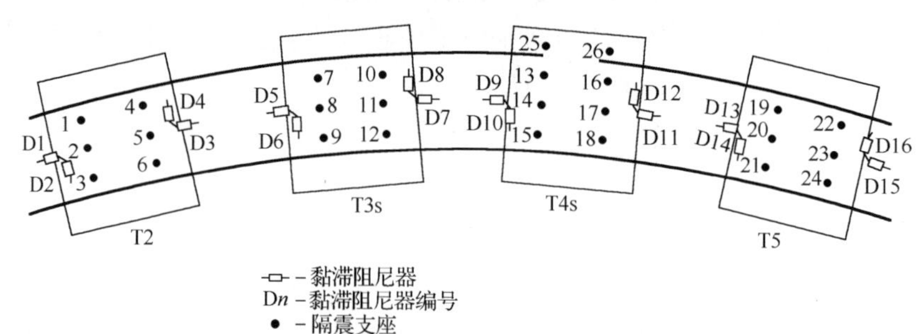

图 5.7　黏滞阻尼器的布置图

原型结构共有 16 个黏滞阻尼器，其参数如表 5.6 所示。原型结构经过初步设计后，得到的相似常数如表 5.7 所示。模型阻尼器的阻尼指数与原型阻尼器的阻尼指数相同，均为 0.3。根据上述的条件，对模型阻尼器进行相似设计。

表 5.6　黏滞阻尼器原型参数

物理量	单位	量值
阻尼系数 C_α^p	$\mathrm{kN\cdot(s/m)^\alpha}$	5000
阻尼指数 α^p	1	0.3
最大出力 F_d^p	kN	2500
个数	1	16

表 5.7　振动台模型试验设计相似常数

物理特性	物理量	关系式	相似常数
几何性能	长度 l	S_l	1/25
材料特性	应变 ε	$S_\varepsilon=1.0$	1.00
	应力 σ	$S_\sigma=S_E$	0.20
	弹模 E	S_E	0.20
	密度 ρ	S_ρ	2.50
	质量 m	$S_m=S_\rho\cdot S_l^3$	1.60×10^{-4}

续表

物理特性	物理量	关系式	相似常数
荷载特性	集中力 F	$S_F = S_E \cdot S_l^2$	3.20×10^{-4}
	线荷载 p	$S_p = S_E \cdot S_l$	8.00×10^{-3}
	面荷载 q	$S_q = S_E$	0.20
	力矩 M	$S_M = S_E \cdot S_l^3$	1.28×10^{-5}
动力特性	速度 v	$S_v = (S_l \cdot S_a)^{0.5}$	0.283
	周期 T	$S_T = (S_l / S_a)^{0.5}$	0.141
	频率 f	$S_f = (S_a / S_l)^{1/2}$	7.07
	加速度 a	S_a	2.00

解　(1)黏滞阻尼器数量的确定

按照一一对应的关系对黏滞阻尼器进行相似设计。模型结构的黏滞阻尼器个数为 16 个。

(2)相似常数计算

由表 5.7 可得

阻尼力相似常数

$$S_{F_d} = \frac{F_d^m}{F_d^p} = 3.2 \times 10^{-4}$$

速度相似常数

$$S_v = (S_l \cdot S_a)^{0.5} = (1/25 \cdot 2)^{0.5} = 0.283$$

(3)模型阻尼器参数的确定

$\alpha^m = \alpha^p = \alpha = 0.3$，由式(5.17)～式(5.19)得

模型结构阻尼指数

$$C_d^m = \frac{S_{F_d}}{(S_v)^\alpha} \cdot C_d^p = \frac{3.2 \times 10^{-4}}{0.283^{0.3}} \times 5000 = 2.337(\text{kN} \cdot (\text{s}/\text{m})^{0.3})$$

模型结构最大出力

$$F_d^m = S_F \cdot F_d^p = 3.2 \times 10^{-4} \times 2500 = 0.8(\text{kN})$$

模型黏滞阻尼器的参数如表 5.8 所示。

表 5.8　模型黏滞阻尼器参数

物理量	单位	量值
阻尼系数 C_α^m	$\text{kN} \cdot (\text{s}/\text{m})^\alpha$	2.337
阻尼指数 α^m	1	0.3
最大出力 F_d^m	kN	0.8
个数	1	16

5.3.2 阻尼指数α改变的黏滞阻尼器模型设计

1. 黏滞阻尼器力学模型及基于耗能能力的最大出力推导

当模型阻尼指数α不同于原型结构时，应从阻尼器的工作原理入手，采用基于耗能能力等效的方法进行黏滞阻尼器的相似设计。

黏滞阻尼器是速度相关型阻尼器，其分析计算模型可以采用简化的 Maxwell 模型表达：

$$F_d(t)=C_\alpha\left|\dot{u}\right|^\alpha \operatorname{sgn}(\dot{u}) \tag{5.20}$$

式中，$F_d(t)$为阻尼力；α为速度指数；C_α为对应于不同速度指数α值的零频率时的阻尼系数；$\dot{u}$为阻尼器伸缩速度；$\operatorname{sgn}(\dot{u})$为符号函数，满足

$$\operatorname{sgn}(\dot{u})=\begin{cases}1 & \dot{u}>0\\ -1 & \dot{u}<0\end{cases} \tag{5.21}$$

假设阻尼器受到简谐波作用，即伸缩位移满足下式

$$u(t)=u_0\sin(\omega t) \tag{5.22}$$

则其在一个循环周期$\left(T=\dfrac{2\pi}{\omega}\right)$内所做的功$W_d$(阻尼器消耗的能量)为

$$\begin{aligned}W_d&=\int_0^T C_\alpha u_0^{1+\alpha}\omega^{1+\alpha}\operatorname{sgn}(\dot{u})\left|\cos(\omega t)\right|^\alpha\cos(\omega t)\mathrm{d}t\\&=C_\alpha u_0^{1+\alpha}\omega^\alpha\int_0^{2\pi}\operatorname{sgn}(\dot{u})\left|\cos x\right|^\alpha\cos x\mathrm{d}x\end{aligned} \tag{5.23}$$

由式(5.22)知，黏滞阻尼器的速度为

$$\dot{u}(t)=u_0\omega\cos(\omega t) \tag{5.24}$$

该式表明$x=\omega t$在$(\pi/2,\pi)$及$(\pi,3\pi/2)$时，$\dot{u}(t)$小于零，结合式(5.21)、式(5.23)进一步简化为

$$\begin{aligned}W_d&=C_\alpha u_0^{1+\alpha}\omega^\alpha\left[\int_0^{\pi/2}\left|\cos x\right|^\alpha\cos x\mathrm{d}x-\int_{\pi/2}^{\pi}\left|\cos x\right|^\alpha\cos x\mathrm{d}x\right.\\&\quad\left.-\int_{\pi}^{3\pi/2}\left|\cos x\right|^\alpha\cos x\mathrm{d}x+\int_{3\pi/2}^{2\pi}\left|\cos x\right|^\alpha\cos x\mathrm{d}x\right]\\&=2C_\alpha u_0^{1+\alpha}\omega^\alpha\left[\int_0^{\pi/2}\left|\cos x\right|^\alpha\cos x\mathrm{d}x+\int_0^{\pi/2}\left|\sin x\right|^\alpha\sin x\mathrm{d}x\right]\\&=2C_\alpha u_0^{1+\alpha}\omega^\alpha\left(\int_0^{\pi/2}\cos^{\alpha+1}x\mathrm{d}x+\int_0^{\pi/2}\sin^{\alpha+1}x\mathrm{d}x\right)\end{aligned} \tag{5.25}$$

上式可利用伽马函数 Γ 和 Γ 函数的倍元公式进一步简化为

$$W_d = 2^{\alpha+2} C_\alpha u_0^{1+\alpha} \omega^\alpha \frac{\Gamma^2\left(\frac{\alpha}{2}+1\right)}{\Gamma(\alpha+2)} \tag{5.26}$$

由式(5.20)和式(5.24)可得

$$F_d(t) = C_\alpha u_0^\alpha \omega^\alpha \left|\cos(\omega t)\right|^\alpha \operatorname{sgn}(\dot{u}) \tag{5.27}$$

黏滞阻尼器提供的最大出力为

$$F_d(t)_{\max} = C_\alpha u_0^\alpha \omega^\alpha \tag{5.28}$$

则式(5.26)简化为

$$W_d = 2^{\alpha+2} u_0 F_d(t)_{\max} \frac{\Gamma^2\left(\frac{\alpha}{2}+1\right)}{\Gamma(\alpha+2)} \tag{5.29}$$

对于原型结构

$$W_d^p = 2^{\alpha^p+2} u_0^p F_d^p(t)_{\max} \frac{\Gamma^2\left(\frac{\alpha^p}{2}+1\right)}{\Gamma(\alpha^p+2)}$$

对于模型结构

$$W_d^m = 2^{\alpha^m+2} u_0^m F_d^m(t)_{\max} \frac{\Gamma^2\left(\frac{\alpha^m}{2}+1\right)}{\Gamma(\alpha^m+2)} \tag{5.30}$$

$$\begin{aligned} F_d^m(t)_{\max} &= \frac{W_d^m}{2^{\alpha^m+2} u_0^m \dfrac{\Gamma^2\left(\frac{\alpha^m}{2}+1\right)}{\Gamma(\alpha^m+2)}} = \frac{S_{W_d} \cdot W_d^p}{2^{\alpha^m+2} u_0^m \dfrac{\Gamma^2\left(\frac{\alpha^m}{2}+1\right)}{\Gamma(\alpha^m+2)}} \\ &= \frac{S_{W_d} \cdot 2^{\alpha^p+2} u_0^p F_d^p(t)_{\max} \dfrac{\Gamma^2\left(\frac{\alpha^p}{2}+1\right)}{\Gamma(\alpha^p+2)}}{2^{\alpha^m+2} u_0^m \dfrac{\Gamma^2\left(\frac{\alpha^m}{2}+1\right)}{\Gamma(\alpha^m+2)}} = \frac{S_{W_d}}{S_l} \frac{2^{\alpha^p+2} \dfrac{\Gamma^2\left(\frac{\alpha^p}{2}+1\right)}{\Gamma(\alpha^p+2)}}{2^{\alpha^m+2} \dfrac{\Gamma^2\left(\frac{\alpha^m}{2}+1\right)}{\Gamma(\alpha^m+2)}} F_d^p(t)_{\max} \end{aligned} \tag{5.31}$$

2. 阻尼指数α改变的黏滞阻尼器模型设计

根据量纲平衡原则确定耗能相似常数和速度相似常数，如下：

耗能相似常数　$$S_{W_d}=S_F\cdot S_l$$

速度相似常数　$$S_v=(S_l\cdot S_a)^{0.5} \tag{5.32}$$

模型黏滞阻尼器的速度指数α^m决定于实际工程的具体情况；最大出力可根据式(5.33)确定；阻尼系数C_α^m可根据黏滞阻尼器的计算分析模型由式(5.34)确定。

$$F_d^m(t)_{\max}=\frac{S_{W_d}}{S_l}\frac{2^{\alpha^p+2}\dfrac{\Gamma^2\left(\dfrac{\alpha^p}{2}+1\right)}{\Gamma(\alpha^p+2)}}{2^{\alpha^m+2}\dfrac{\Gamma^2\left(\dfrac{\alpha^m}{2}+1\right)}{\Gamma(\alpha^m+2)}}F_d^p(t)_{\max} \tag{5.33}$$

$$C_\alpha^m=\frac{F_d^m(t)_{\max}}{\left|\dot{u}_{\max}^m\right|^{\alpha^m}} \tag{5.34}$$

其中

$$\left|\dot{u}_{\max}^m\right|=S_v\cdot\left|\dot{u}_{\max}^p\right|=S_v\cdot\sqrt[\alpha^p]{F_d^p(t)_{\max}/C_\alpha^p}$$

3. 实例

【例题 5-4】 根据振动台试验的实际需要，改变模型阻尼器的相似常数，取$\alpha^m=1$，其余条件均与例题 5-3 相同。据此重新设计例题 5-3 中模型阻尼器。

解　(1)黏滞阻尼器数量确定

按照一一对应的关系对黏滞阻尼器进行相似设计。模型结构的黏滞阻尼器个数为 16 个。

(2)相似常数计算

耗能相似常数

$$S_{W_d}=S_F\cdot S_l=3.2\times10^{-4}\times(1/25)=1.28\times10^{-5}$$

速度相似常数

$$S_v=(S_l\cdot S_a)^{0.5}=(1/25\cdot2)^{0.5}=0.283$$

(3)模型阻尼器参数确定

模型阻尼器的最大出力

$$F_d^m(t)_{\max} = \frac{S_{W_d}}{S_l} \frac{2^{\alpha^p+2} \dfrac{\Gamma^2\left(\dfrac{\alpha^p}{2}+1\right)}{\Gamma(\alpha^p+2)}}{2^{\alpha^m+2} \dfrac{\Gamma^2\left(\dfrac{\alpha^m}{2}+1\right)}{\Gamma(\alpha^m+2)}} F_d^p(t)_{\max} = \frac{1.28\times10^{-5}}{1/25} \times \frac{2^{2.3}\times\dfrac{\Gamma^2(1.15)}{\Gamma(2.3)}}{2^3\times\dfrac{\Gamma^2(1.5)}{\Gamma(3)}} \times 2500$$

$$= 0.936(\text{kN})$$

模型阻尼器的阻尼指数

$$\left|\dot{u}_{\max}^p\right| = \sqrt[\alpha^p]{F_d^p(t)_{\max} / C_\alpha^p} = \sqrt[0.3]{2500/5000} = 0.0992(\text{m/s})$$

$$\left|\dot{u}_{\max}^m\right| = S_v \cdot \left|\dot{u}_{\max}^p\right| = 0.283\times0.0992 = 0.028(\text{m/s})$$

$$C_\alpha^m = \frac{F_d^m(t)_{\max}}{\left|\dot{u}_{\max}^m\right|^{\alpha^m}} = \frac{0.936}{0.028} = 33.43(\text{kN}\cdot(\text{s/m})^1)$$

模型黏滞阻尼器的参数汇总如表 5.9 所示。

表 5.9　模型黏滞阻尼器参数

物理量	单位	量值
阻尼系数 C_α^m	$\text{kN}\cdot(\text{s/m})^1$	33.43
速度指数 α^m	1	1
最大出力 F_d^m	kN	0.936
个数	1	16

5.4　黏弹性阻尼器模型设计

1. 黏弹性阻尼器力学模型

黏弹性材料的物理意义使用 Kelvin 模型来表征，即由一个弹簧和一个黏壶并联而成，分别表征其黏性和弹性部分，其力-位移关系为

$$F_d = K_1 u + \frac{\eta K_1}{\omega}\dot{u} \tag{5.35}$$

其中，F_d 为阻尼力；u 为阻尼器位移；K_1 为储能刚度；η 为损耗因子。

黏弹性阻尼器典型的力-位移滞回曲线如图 5.8 所示。其中：u_0 为阻尼器的最大位移；F_0 为阻尼器的最大阻尼力；F_1 为最大位移 u_0 处的阻尼力；F_2 为零位移处的阻尼力。

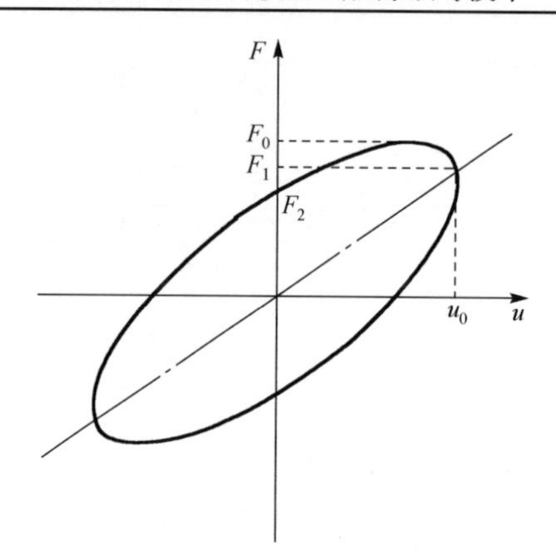

图 5.8　黏弹性阻尼器典型滞回曲线

黏弹性材料的储能剪切模量 G'、耗能剪切模量 G''和损耗因子η分别如下所示：

$$G' = \frac{F_1 h}{nAu_0} \tag{5.36}$$

$$G'' = \frac{F_2}{F_1} G' \tag{5.37}$$

$$\eta = \frac{G''}{G'} \tag{5.38}$$

其中，n 为黏弹性材料层数；A 和 h 分别为黏弹性材料层的剪切面积和厚度。

黏弹性阻尼器常用的特征参数有储能刚度 K_1、等效刚度 K_2、每圈耗能 W_d 和等效阻尼 C_e，计算式如下：

$$K_1 = \frac{F_1}{u_0} = \frac{nG'A}{h} \tag{5.39}$$

$$K_2 = \frac{F_0}{u_0} \tag{5.40}$$

$$W_d = \frac{n\pi G'' A u_0^2}{h} \tag{5.41}$$

$$C_e = \frac{W_d}{\pi \omega u_0^2} \tag{5.42}$$

2. 黏弹性阻尼器模型设计

带黏弹性阻尼器结构振动台试验中，模型阻尼器和原型阻尼器应采用相同的黏弹性材料，即它们的储能剪切模量、耗能剪切模量和损耗因子均相同，因此只需要确定模型阻尼器的尺寸，其各项力学参数即可通过相关公式计算得到。

不同尺寸的黏弹性阻尼器滞回曲线的力和位移需要满足一定的相似关系，即

$$S_u = \frac{u^m}{u^p} = \frac{u_0^m}{u_0^p} = \frac{h^m}{h^p} \tag{5.43}$$

$$S_{F_d} = \frac{F_d^m}{F_d^p} = \frac{K_1^m u^m}{K_1^p u^p} = \frac{n^m G' A^m u_0^m / h^m}{n^p G' A^p u_0^p / h^p} = \frac{n^m G' A^m \gamma_0^m}{n^p G' A^p \gamma_0^p} \tag{5.44}$$

其中，γ_0 为阻尼器的最大应变。

根据试验目的的不同，带黏弹性阻尼器结构振动台试验可分为两类。

(1) 第一类是为评估某实际工程的带黏弹性阻尼器结构减震性能而设计的，该类试验需要模型阻尼器能够表征原型阻尼器在结构中的作用，因此依据模型阻尼器与原型阻尼器应变相等，且提供的阻尼力等效这一原则确定阻尼器的尺寸。

由于黏弹性阻尼器的力学性能受其应变幅值的影响，因此需要保证模型阻尼器的应变等于原型阻尼器的应变，即

$$S_\gamma = \frac{\gamma^m}{\gamma^p} = \frac{u^m / h^m}{u^p / h^p} = \frac{u^m / u^p}{h^m / h^p} = \frac{S_l}{S_h} = 1 \tag{5.45}$$

因此，黏弹性材料每层厚度的相似常数等于结构长度的相似常数，即 $S_h = S_l$。据此即可确定模型阻尼器黏弹性材料层的厚度：

$$h^m = S_l \cdot h^p \tag{5.46}$$

阻尼力等效原则指的是阻尼力的相似常数等于结构的力相似常数，即 $S_{F_d} = S_F$。根据式 (5.44) 和式 (5.45) 可得

$$S_{F_d} = \frac{n^m G' A^m \gamma_0^m}{n^p G' A^p \gamma_0^p} = \frac{n^m A^m}{n^p A^p} = S_F \tag{5.47}$$

因此，模型阻尼器黏弹性材料层的剪切面积为

$$A^m = \frac{n^p A^p S_F}{n^m} \tag{5.48}$$

这样确定的模型阻尼器，能够保证黏弹性阻尼器的刚度和耗能相似关系与结构相匹配。

(2) 第二类是为考查某种黏弹性阻尼器的耗能特征和减震效果而设计的。该类试验没有特定的原型结构，可以根据式 (5.43) 和式 (5.44)，依据原型阻尼器 (可以是任一特定尺寸阻尼器) 的试验滞回曲线，获得不同尺寸的模型阻尼器滞回曲线与力学参数，并进行不同尺寸阻尼器下的动力时程分析，最后根据分析结果综合考查阻尼器的减震效果和最大应变，来确定合适的用于振动台试验当中的模型阻尼器尺寸。具体步骤参考本节实例。

3. 实例

【例题 5-5】　为综合评价如图 5.9 所示的某新型黏弹性阻尼器的抗震性能，拟将其安装在一座三层钢框架结构 (图 5.10) 中，进行振动台试验。

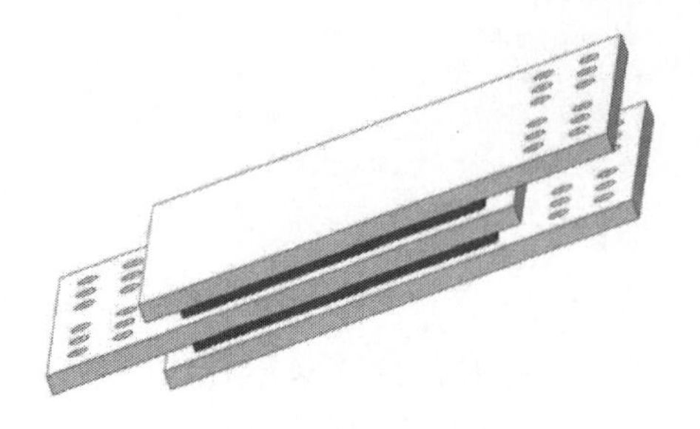

图 5.9　某新型黏弹性阻尼器构造图

图 5.10　三层钢框架结构

解　(1)进行原型阻尼器性能试验

原型阻尼器剪切面积为 $100\times100\text{mm}^2$、厚度为 5mm，其尺寸如图 5.11 所示。对其进行轴向剪切的性能试验(图 5.12)，获取其滞回曲线如图 5.13 所示。

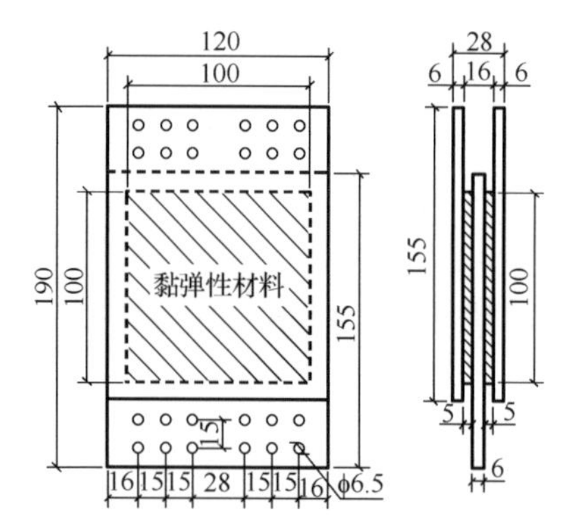

图 5.11　原型阻尼器尺寸

图 5.12　性能试验加载装置

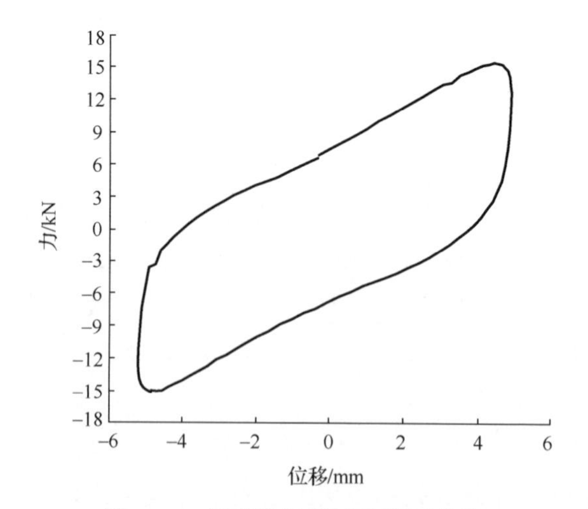

图 5.13　原型阻尼器试验滞回曲线

(2) 获取不同尺寸阻尼器滞回曲线及力学参数

根据式(5.43)和式(5.44)，将原型阻尼器的试验滞回曲线转换为剪切面积为 50×50mm²～80×80mm²、厚度分别为 5mm 和 10mm 的一系列阻尼器的滞回曲线，并使用 Bouc-Wen 力学模型(式(5.49))对其进行参数识别，所得滞回曲线及其参数识别如图 5.14 所示。Bouc-Wen 模型参数如表 5.10 所示。

$$\begin{cases} R = \alpha kx + (1-\alpha)kz \\ \dot{z} = A\dot{x} - \beta|\dot{x}||z|^{n-1} z - \gamma \dot{x}|z|^n \end{cases} \tag{5.49}$$

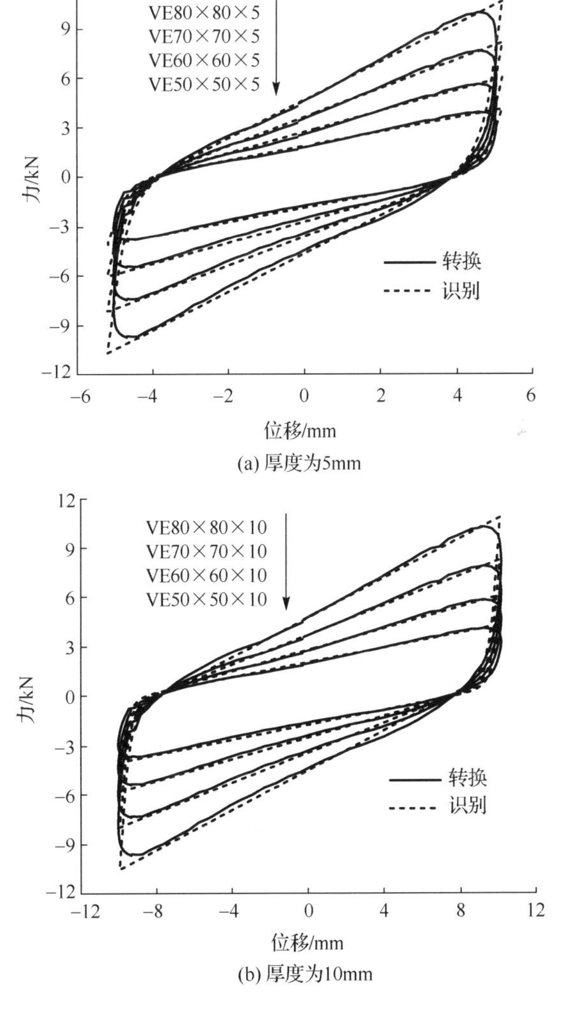

(a) 厚度为5mm

(b) 厚度为10mm

图 5.14　不同尺寸阻尼器转换所得滞回曲线及其参数识别

表 5.10　不同尺寸阻尼器的 Bouc-Wen 模型参数

尺寸	A	β	γ	n	k	α
VE50×50×5	1	1.3	1.3	0.8	6.6	0.065
VE60×60×5	1	1.3	1.3	0.8	9.6	0.066
VE70×70×5	1	1.3	1.3	0.8	12.8	0.068
VE80×80×5	1	1.3	1.3	0.8	16.5	0.070
VE50×50×10	1	1.3	1.3	0.8	6.4	0.035
VE60×60×10	1	1.3	1.3	0.8	9.0	0.036
VE70×70×10	1	1.3	1.3	0.8	12.1	0.037
VE80×80×10	1	1.3	1.3	0.8	15.7	0.038

(3)动力时程分析

利用 OpenSees 软件分别进行 0.1g、0.2g、0.3g 和 0.4g 下的 3 条地震波(El Centro 波、Taft 波和上海人工波)作用下添加不同尺寸阻尼器结构和不添加阻尼器结构的动力时程分析。

(4)综合评价并确定模型阻尼器尺寸

通过综合考查阻尼器的减震效果和最大应变，最终选择的模型阻尼器尺寸为 VE60×60×10。使用该尺寸的阻尼器，顶点加速度的减震效果达 18%～45%，一层层间位移的减震效果达 73%～88%，符合试验期望。同时计算所得最大应变为 260%，而其极限应变值为 350%，阻尼器极限应变大于可能达到的最大应变的 1.2 倍，满足规范要求。

第6章 建筑结构振动台试验模型边界模拟与施工技术

6.1 边界模拟基本原则

在建筑结构设计时，通常将结构的±0.000或地下室底板作为整个结构的嵌固端。因而，在进行建筑结构的振动台试验边界模拟时，假定模型结构的嵌固端与原型结构的嵌固端一致，从该位置开始设计和制作模型。同时，为保证模型结构与振动台在整个试验过程中的连接，需要在模型结构底部制作一个刚性较大的底座。

底座设计时应考虑的因素有以下四点。

1. 平面尺寸

底座的平面尺寸宜落在振动台台面平面尺寸范围内，且留有与振动台台面螺栓孔相应的安装孔位置。若跨度较大的模型结构底座需有部分外挑到振动台台面尺寸范围外，则外挑长度不宜太长。

2. 验算内容

底座结构验算时，一方面需考虑模型结构在自重、未施加附加质量下起吊时，底座的抗弯、抗剪、抗冲切能力；另一方面需考虑模型结构在振动台试验输入地震波时，底座的锚固能力和整体刚度等。

3. 吊点

底座吊点设计时，宜考虑模型起吊的抗倾覆、强度及刚度要求，并要保证吊点合力中心尽量与模型质量中心一致。

4. 安装孔

底座安装孔设计时，需考虑其可以将模型结构刚性固定在振动台上，且安装孔在经历较大振动时，不发生滑移、变形或开裂。底座上的螺栓可以确保模型与振动台之间连接在试验过程中的安全性和试验的准确性，其数量视模型规模、底座结构布置等因素而定，其间距要满足振动台孔距模数。

6.2 底座结构类型及设计要点

振动台试验模型底座结构形式通常有钢筋混凝土板式底座、钢筋混凝土梁板式底座、钢梁-钢筋混凝土板组合式底座等。

1. 钢筋混凝土板式底座

当模型结构整体较轻但底层平面形式复杂时，可采用 300～400mm 厚钢筋混凝土板制成的底座。这种底座重量较大(与同济振动台尺寸相应的板式底座重一般约为 6t)，但可以保证主要复杂构件底端锚固的可靠性。

2. 钢筋混凝土梁板式底座

当模型结构整体较重而底层平面形式较规则时，可以选用由钢筋混凝土底梁和板构成的底座(与同济振动台尺寸相应的梁板式底座重一般约为 5t)。

设置钢筋混凝土底梁主要是为了满足模型吊装阶段的需要，其设计要求有：

(1)平面布置上要保证模型底层的主要承重构件均落在底梁上，底梁宜布置成双向主次梁结构保证传力和受力的合理性；

(2)截面高跨比宜取为 1/10～1/12，截面高度一般限定为 350～400mm；

(3)截面宽度宜在满足钢筋混凝土梁宽高比(1/2～1/4)的基础上，兼顾模型底层构件的位置来确定；

(4)底梁及底板的混凝土强度等级可为 C30；

(5)底梁所受荷载应将模型结构重量以及底梁及底板的重量全部计算在内，并乘以 3～5 的放大系数，作为底梁配筋的计算荷载，同时，确定模型的起吊点，按平衡原理对底梁进行配筋，配筋计算要符合混凝土结构设计规范的规定；

(6)底板厚度一般取 70～100mm，ϕ6@100 双层双向配筋。

某钢筋混凝土梁板式底座结构平面布置图见图 6.1。

3. 钢梁-钢筋混凝土板组合式底座

当模型结构整体较重时，为满足相似关系和起吊条件的要求，可以选择钢梁和钢筋混凝土板构成的底座(与同济振动台尺寸相应的组合式底座重一般只有 3t)。组合式底座应按组合结构进行设计，钢梁要符合钢结构设计规范的要求，钢筋混凝土板仍可取为 70～100mm，ϕ6@100 双层双向配筋，混凝土强度等级 C30。

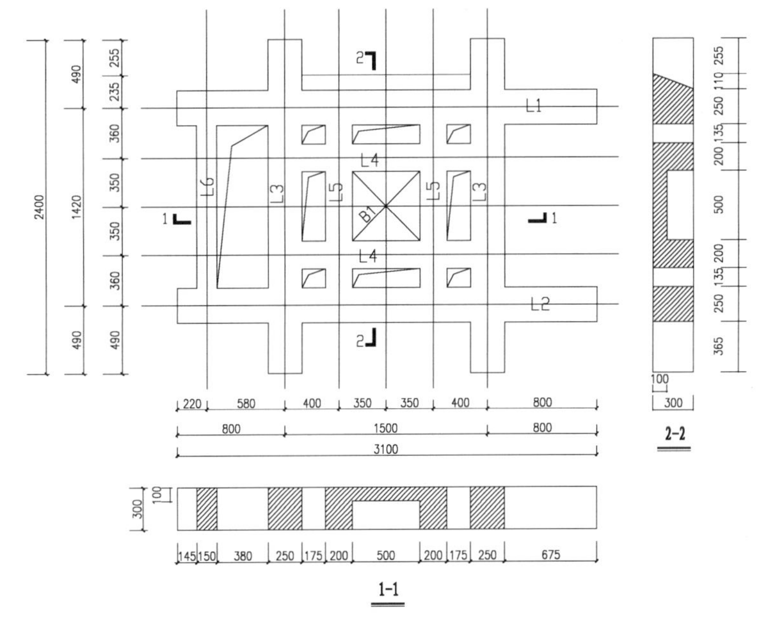

图 6.1　某钢筋混凝土梁板式底座结构平面布置图

6.3　模型施工技术与质量控制

1. 内模成型外模滑升技术

模型制作外模可采用木模或塑料板模整体滑升（一次滑升 2～3 层），内模一般采用泡沫塑料，这是因为泡沫塑料易成型、易拆模，即使局部不能拆除，对模型刚度的影响也很小。

在模型施工之前，首先将内模切割成一定形状，形成构件所需的空间，绑扎模型构件铁丝，如遇配有型钢的构件，则在其相应位置上放置模拟型钢的材料（如紫铜）。保证其可靠连接后进行微粒混凝土的浇筑，边浇筑边振捣密实，每一次浇筑一层，待浇筑层达到一定强度后再安置上面一层的模板及铁丝等。重复以上步骤，直到模型全部浇筑完成，模型制作示意图如图 6.2 所示。

同时注意，每滑升一次模板，用浇筑模型的微粒混凝土制作尺寸为 70.7mm×70.7mm×70.7mm、100mm×100mm×300mm 的梁板、柱（或墙）试块各三块，分别用于抗压强度和弹性模量的材性试验，以便在试验实施前更为准确地确定模型材料强度，确保相似设计的合理性。

图 6.2　模型制作示意图

2. 施工质量控制技术

模型结构施工质量和精度，对振动台试验的成败具有决定性作用。应严格对模型材料制作、紫铜类构件制作和安装、模板制作、模型施工等各个环节进行质量控制。

第 7 章

建筑结构振动台试验方案设计

试验方案是整个振动台模型试验的指南，它通常依据试验目的而定。在制定试验方案时，除了阐明试验目的和初步设计相似关系外，还应包括模型安装位置及方向、传感器类型及数量、试验工况、地震激励选择及输入顺序等内容。

7.1 模型安装位置及方向

首先要明确模型结构最终试验时在振动台上的安装位置及方向。

安装原则是尽量使结构质心位于振动台中心，且宜限定在距台面中心一定半径的范围内；尽量使结构的弱轴方向与振动台的强轴重合，以对模型结构最不利情况进行试验(图 7.1)。这里要特别说明，在试验输入和数据处理时，要注意不能将振动台方向和模型方向混淆。

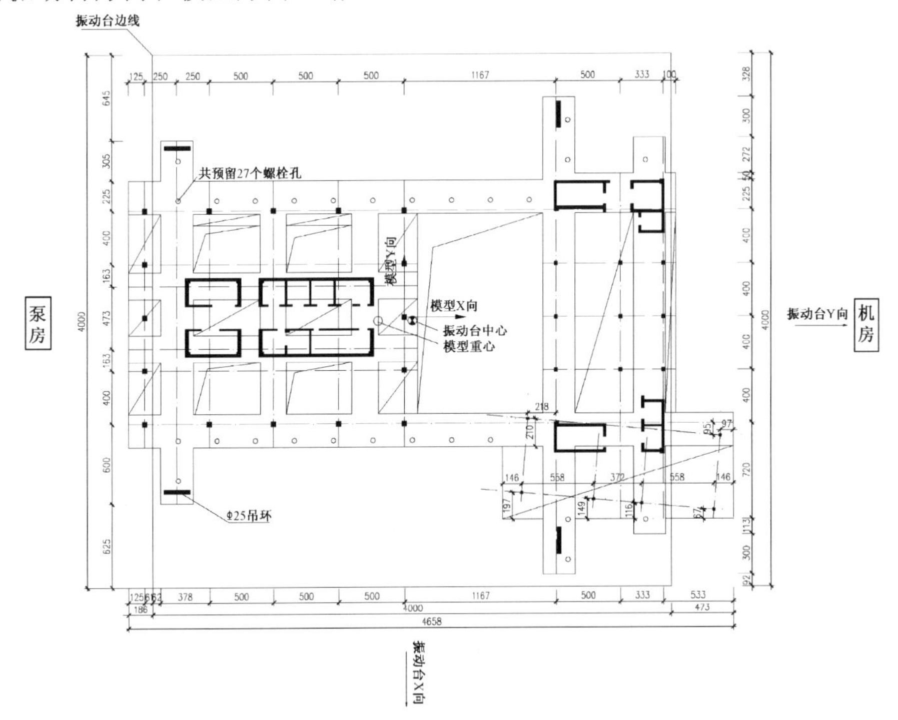

图 7.1　模型结构在振动台上安装位置示意图

7.2　传感器布置原则

在振动台试验之前，需在模型结构上布置一定数量的传感器，以获取振动台试验反应数据。传感器布置的基本原则包括但不限于以下内容。

(1) 按试验目的布置传感器。这是振动台试验的关键环节之一，旨在从宏观上把握传感器的布置方案。例如，进行考察结构扭转效应的试验时，平面上需沿模型同一方向布置至少 2 个加速度传感器，传感器宜尽量布置得靠近平面边界，以测定扭转角；进行考察多塔楼的抗震性能试验时，需在不同塔楼的相应位置布置传感器，以考察不同塔楼相互振动的差别等。

(2) 按计算假定布置传感器。在结构计算中，一般假定楼层质量集中于各层楼面处，给出结构位移、剪力、倾覆力矩等宏观参数沿高度的分布。因此，在进行振动台试验时，拾取结构宏观参数分布的传感器，宜尽量布置得靠近各楼层质心位置。

(3) 按预期试验结果布置传感器。在预期给出模型宏观反应沿高度的分布时，则传感器应沿模型高度均匀布置，且平面布置位置应基本一致；在预期给出模型关键构件的反应时，则传感器宜在局部进行布置。

7.3　传感器类型

各种传感器的布置是整个试验方案设计的重点，一方面要力求能反映出试验重点；另一方面也要兼顾后处理数据的有效和方便。振动台试验中常用到的传感器有加速度传感器、位移传感器、应变片、速度传感器等。

1. 加速度传感器

压电式加速度传感器(图 7.2)是利用晶体的压电效应制成的，其特点是稳定性高、机械强度高且能在很宽的温度范围内使用。需要注意压电式加速度传感器为单方向传感器。

图 7.2　压电式加速度传感器

2. 位移传感器

拉线式位移传感器(图 7.3)可用来测量测点相对于拉线式位移计支架固定点的位移。通常把拉线式位移传感器安装在振动台外台架的不动点上，这时所测到的位移为测点相对于地面的位移。

激光位移传感器(图 7.4)是采用激光三角原理或回波分析原理，进行非接触位置、位移测量的精密传感器。其基本原理为由传感器探头发射出激光，通过特殊的透镜被汇聚成一个直径极小的光束，此光束被测量表面漫反射到一个分辨率极高的探测器上，通过探测器所感应到光束位置的不同，可精确测量被测物体位置的变化。

图 7.3　拉线式位移传感器

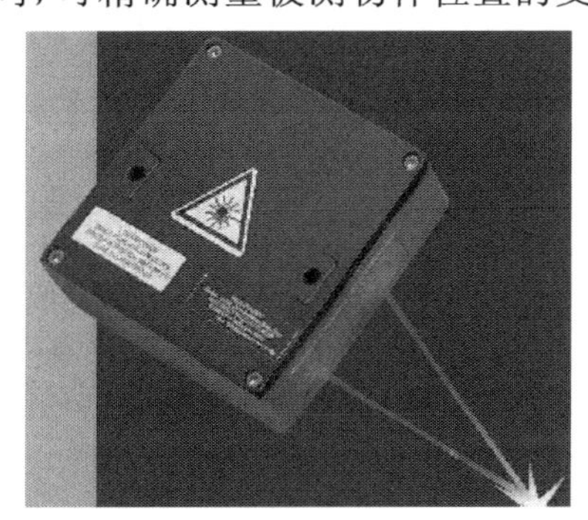

图 7.4　激光位移传感器

3. 应变片

电阻应变片(图 7.5)是利用金属丝导体的应变电阻效应来测量构件的应变。

4. 速度传感器

磁电式速度传感器(图 7.6)是根据电磁感应原理制成的，其特点是灵敏度高、性能稳定、输出阻抗低、频率响应范围有一定宽度。

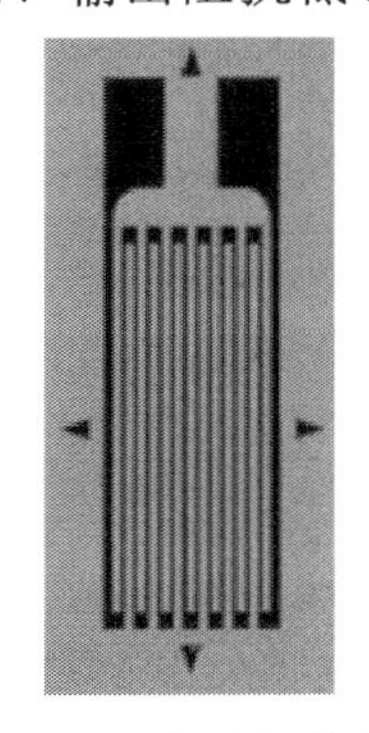

图 7.5　电阻应变片

图 7.6　磁电式速度传感器

传感器数量应根据振动台通道数确定。加速度传感器除特殊部位需适当增加测点外，为保证试验最终图线的真实和圆滑，通常结合模型结构总层数沿楼层高度方向，每隔一定标准层布置测点，测点处的加速度传感器沿 X、Y 向(二向试验时)或 X、Y、Z 向(三向试验时)分别布置；位移传感器的个数不多，通常布置在 X、Y 方向上的最主要楼层处或结构位移反应最大部位，其得到的数据可与加速度积分的位移相互校验；应变片则宜贴在一些应力较大较复杂的重要部位。注意，在传感器布置时，已与试验通道进行了一一对应。考虑到数据处理时的方便性，试验方案中对传感器编号顺序宜与布置传感器的施工顺序一致。

7.4　试验工况设计

振动台试验工况设计包括主要试验阶段、地震激励选择、地震激励输入顺序等内容。振动台试验一般根据试验考察目的、国家建筑抗震规范、地方规程等的要求，划分为设防烈度相应的多遇地震、基本烈度地震、罕遇地震等几个主要试验阶段。在制订试验工况时，主要需考虑以下内容：

(1)在地震激励各阶段开始和完毕时，可以以白噪声扫频获得结构自振频率、阻尼比、振型等动力特性。

(2)在地震激励各阶段中，可以按规范、规程等要求选择 2 条天然地震波和 1 条人工波作为地震动输入。地震激励的选择及输入顺序的确定方法详见 7.5 节。

(3)对于双向或三向地震激励输入，不同方向间的输入峰值加速度关系宜满足规范要求，设定为 1(水平 1)：0.85(水平 2)：0.65(竖向)。幅值的大小按照 $a_g^m = S_a \cdot a_g^p$ 来确定，其中 a_g^p 为与原型结构设防烈度水准相对应的地面峰值加速度。

(4)在地震激励输入时，同一地震波可以输入两组，第一组 X 方向为主向(水平 1)、第二组 Y 方向为主向(水平 1)，作用到模型结构上。

一个位于设防 8 度区结构的振动台试验工况设计实例详见表 7.1。

表 7.1　振动台试验工况实例($S_a = 3.0$)

试验工况序号	试验工况编号	烈度	地震激励	地震输入值(g)				备　注
				X方向		Y方向		
				设定值	实际值	设定值	实际值	
1	W1	第一次白噪声		0.05		0.05		双向白噪声
2	F8TXY	8度多遇	Taft	0.21		0.18		双向地震动
3	F8TYX			0.18		0.21		
4	F8EXY		El Centro	0.21		0.18		双向地震动
5	F8EYX			0.18		0.21		
6	F8G3X		GSM3	0.21		—		单向地震动
7	F8G3Y			—		0.21		

续表

试验工况序号	试验工况编号	烈度	地震激励	地震输入值(*g*)				备　注
				X 方向		*Y* 方向		
				设定值	实际值	设定值	实际值	
8	W2	第二次白噪声		0.05		0.05		双向白噪声
9	B8TXY	8度基本	Taft	0.60		0.51		双向地震动
10	B8TYX			0.51		0.60		
11	B8EXY		El Centro	0.60		0.51		双向地震动
12	B8EYX			0.51		0.60		
13	B8G3X		GSM3	0.60		—		单向地震动
14	B8G3Y			—		0.60		
15	W3	第三次白噪声		0.05		0.05		双向白噪声
16	R8TXY	8度罕遇	Taft	1.20		1.02		双向地震动
17	R8TYX			1.02		1.20		
18	R8EXY		El Centro	1.20		1.02		双向地震动
19	R8EYX			1.02		1.20		
20	R8G3X		GSM3	1.20		—		单向地震动
21	R8G3Y			—		1.20		
22	W4	第四次白噪声		0.05		0.05		双向白噪声
以下试验工况根据试验情况确定是否实施								
23	R9TXY	9度罕遇	Taft	1.86		1.58		双向地震动
24	R9TYX			1.58		1.86		
25	R9EXY		El Centro	1.86		1.58		双向地震动
26	R9EYX			1.58		1.86		
27	R9G3X		GSM3	1.86		—		单向地震动
28	R9G3Y			—		1.86		
29	W5	第五次白噪声		0.05		0.05		双向白噪声

7.5　地震激励选择及输入顺序

振动台试验是根据相似理论将缩尺模型固定在振动台上，进行一系列地震动输入的试验过程。对表现出非线性行为的模型来说，振动台试验过程是一个损伤累积和不可逆的过程。一方面地震波不可能选得很多，如何在选择小样本输入的情况下评估结构的抗震性能成为关键问题；另一方面振动台地震动输入要遵循激励结构反应由小到大的顺序，如果结构响应大的地震波输入先于结构响应小的地震波，那么结构响应小的地震波输入将无法激励起模型反应，对评价结构的抗震性将会带来误差。

本书提出以主要周期点处地震波反应谱的包络值，与设计反应谱相差是否不超过 20%的方法选择地震波；按主要周期点处多向地震波反应谱的加权求和值大小确定地震波输入顺序。

1. 地震激励选择

振动台试验的一般过程是首先选定 3～4 条地震波，然后在整个试验阶段(模拟多遇地震、基本烈度地震、罕遇地震阶段)，不再重新选波和调换输入顺序。针对不同工程以及不同研究目的，振动试验振动台地震波选择宜采用以下方法。

对于特别重要的工程(如核电站反应堆的安全壳等)可采用最不利地震动方法进行选波，选出的地震波作为地震动进行输入。翟长海、谢礼立等按最不利地震动原则将选出的地震波分类列表，以供设计人员直接选用。

对于一般工程，应采用结构主要周期点拟合反应谱的方法。即首先初步选择适应于地震烈度、场地类型、地震分组的数条地震波；分别计算反应谱并与设计反应谱绘制在同一张图中；计算结构振型参与质量达 50%对应各周期点处的地震波反应谱值；检查各周期点处的包络值与设计反应谱值相差不超过 20%；如不满足，则重新选择地震波。

2. 地震激励输入顺序

如前所述，振动台试验过程不可避免的是一个损伤累积的过程，因而地震动输入顺序的确定对于试验结果的有效性至关重要。

振动试验输入顺序可采用以下方法：计算结构振型参与质量达 50%对应各周期点处，选定地震波的反应谱值；将各地震波在主要周期点处各方向上的值，按水平 1 : 水平 2 : 竖向分别以 1 : 0.85 : 0.65 加权求和；按该求和值从小到大的顺序，确定地震动的输入顺序。

这样，对于一般工程，振动台试验地震波选择和输入顺序的确定步骤如下：

(1)根据研究对象所在场地类型和设防烈度确定地震反应谱，并将反应谱转换为加速度表示，单位一般采用 cm/s^2。

(2)按规范要求初步选择 3～4 条地震波，将所选地震波进行反应谱分析，并与设计反应谱绘制在一起。

(3)计算结构振型参与质量达 50%对应各周期点处的地震波反应谱值；检查各周期点处的包络值与设计反应谱值相差是否不超过 20%；如不满足，则回到第二步重新选择地震波。

(4)计算结构振型参与质量达 50%对应各周期点处，选定地震波的反应谱值；将各地震波在主要周期点处各方向上的值，按水平 1 : 水平 2 : 竖向分别以 1 : 0.85 : 0.65 加权求和；按该求和值从小到大的顺序，确定地震动的输入顺序。

3. 振动台试验选波实例

以再生混凝土框架模型为例，该结构设防烈度为8度，场地类型Ⅱ类，设计地震分组为第二组。原型结构平面布置图见图7.7，结构共8层，层高3m，总高24m。原型结构的动力特性见表7.2，振动台试验模型照片见图7.8。

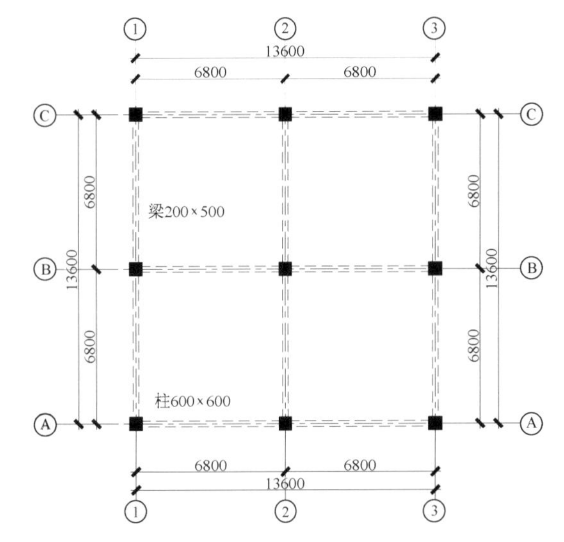

图7.7　原型结构平面布置图

图7.8　振动台模型试验照片

表7.2　原型结构动力特性

振型号	周期	平动系数(X+Y)	扭转系数	振型参与质量系数
1	1.379	1.00(0.95+0.05)	0.00	68%
2	1.379	1.00(0.05+0.95)	0.00	68%
3	1.152	0.00(0.00+0.00)	1.00	27%
4	0.408	1.00(1.00+0.00)	0.00	9%
5	0.408	1.00(0.00+1.00)	0.00	9%
6	0.347	0.00(0.00+0.00)	1.00	4%

选定四条波分别为Wenchuan波、MYG013波(仙台波)、El Centro波、Kobe波。将四条波的峰值统一调整为160cm/s^2，然后分别对四条波做阻尼为5%的反应谱分析，将四条波的反应谱与建筑抗震设计规范(GB 50011—2010)设计反应谱绘制在同一个图中进行对比(图7.9)。从图7.9中四条波的反应谱包络来看，四条波的反应谱能在结构相应周期内与设计反应谱拟合较好，基本上能用该四条波的反应均值对此结构的抗震性能进行评价。

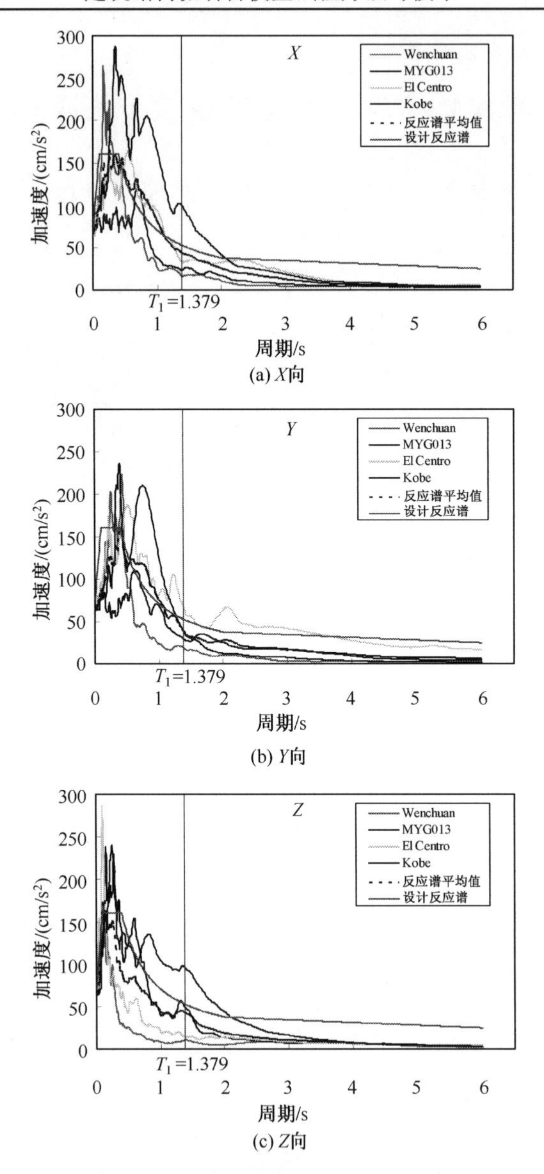

(a) X向

(b) Y向

(c) Z向

图 7.9　地震波反应谱与设计反应谱

由于结构的对称性，地震波输入不进行水平主方向交替输入，因此地震波在三个方向固定比例进行输入，输入比例按照建筑抗震设计规范(GB50011—2010)规定 $X:Y:Z=1:0.85:0.65$。从表 7.3 可以看出，无论从双向输入还是三向输入，以结构第一周期为标准的反应谱组合值排序，输入顺序为 Wenchuan 波、MYG013 波、El Centro 波、Kobe 波。当双向组合与三向组合两种情况排序不一致时，建议按双向组合结果确定输入顺序。

表 7.3　结构基本周期处不同地震波反应谱谱值

地震波	X	Y	Z	X^*	Y^*	Z^*	sqrt$(X^{*2}+Y^{*2})$	sqrt$(X^{*2}+Y^{*2}+Z^{*2})$
Wenchuan	15.71	18.05	10.36	15.71	15.34	6.73	21.96	22.97
MYG013	23.07	28.67	48.03	23.07	24.37	31.22	33.55	45.83
El Centro	33.02	64.88	14.54	33.02	55.14	9.45	64.28	64.97
Kobe	99.00	36.38	94.54	99.00	30.92	61.45	103.72	120.56

注：$X^*=X\times1.0$，$Y^*=Y\times0.85$，$Z^*=Z\times0.65$

以上选波与排序都是为了使模型结构在输入地震波时，结构的动力响应由小到大。该模型结构在 8 度多遇烈度、基本烈度、罕遇烈度不同地震波输入下的楼层位移图见图 7.10～图 7.12。

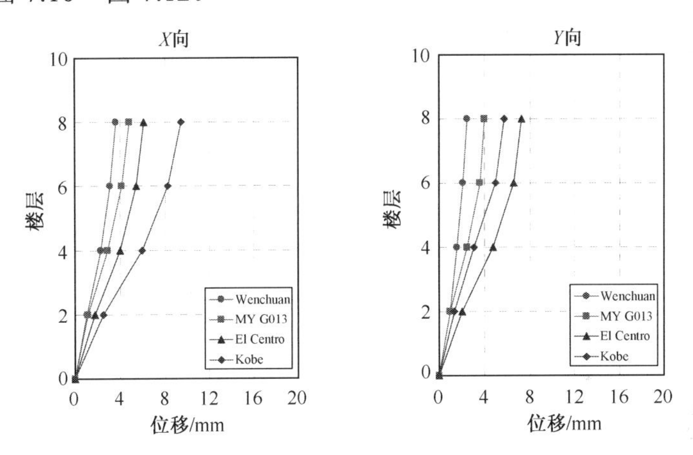

图 7.10　8 度多遇地震作用下模型结构位移反应

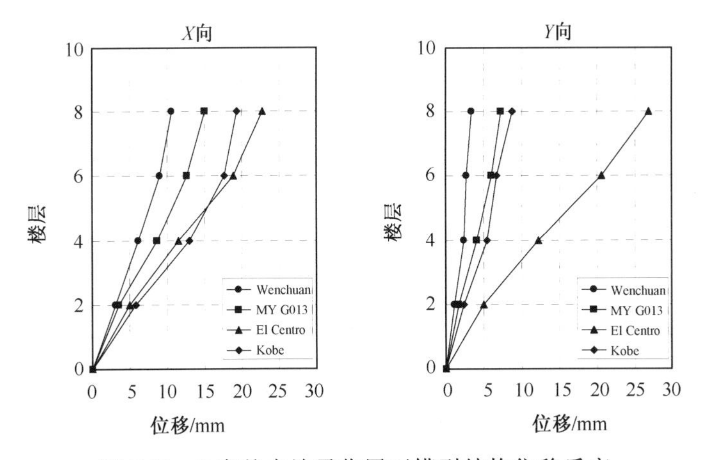

图 7.11　8 度基本地震作用下模型结构位移反应

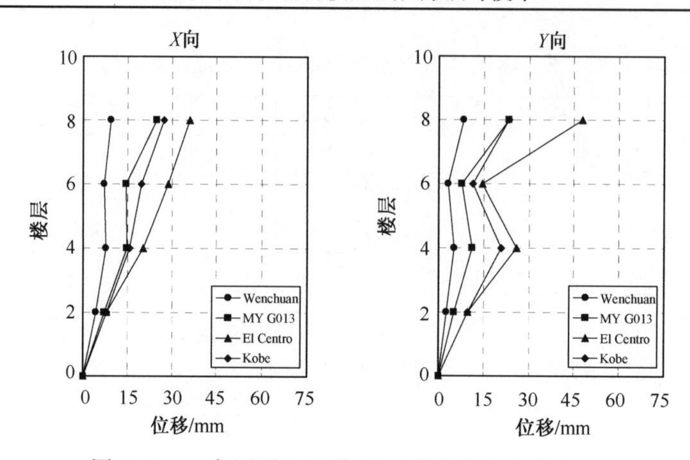

图 7.12　8 度罕遇地震作用下模型结构位移反应

从图 7.10～图 7.12 中可以看出：

(1) 模型结构在 8 度多遇地震不同波输入情况下，*X* 方向的位移反应遵循预先规定的排序原则。

(2) *Y* 方向也基本遵循选波，El Centro 波和 Kobe 波出现顺序的调换，但与 *Y* 向反应谱值排序一致。

(3) 随着地震动峰值的不断加大，结构出现较大损伤后，对每条波的敏感程度不尽相同，因此出现了顺序交替。

第 8 章

建筑结构振动台试验准备

模型主体竣工后，通常还要养护 2～4 周，具体养护时间视当时的试验室温湿度条件和微粒混凝土情况而定。养护的过程中，可同时对一些施工较早影响已不大部位的内模进行拆除工作，即尽量清除泡沫以减少其对试验准确性的影响。为方便试验现象观测，在模型表面涂粉刷层。常用粉刷层材料有石灰浆和水泥浆两种，石灰浆粉刷层为白色，有利于试验时观察和描绘裂缝，但是石灰浆在干燥的过程中收缩较大，加上如果粉刷的不均匀，常常会使模型在未进行振动台试验前表面便已出现微小的干缩裂缝，极易影响和干扰试验观察结果；水泥浆粉刷层干燥过程中收缩较小，但是颜色为灰色，观察和描绘裂缝时要更为仔细。

从上述工作完成到实施振动台试验这一段时间内，还要做一些准备工作，主要内容包括模型材料性能试验、地脉动动态性能测试、调整相似关系、标定传感器、附加人工质量、布置传感器等。这些工作可分为模型上振动台前、模型上振动台后两个阶段，基本工作流程见图 8.1。

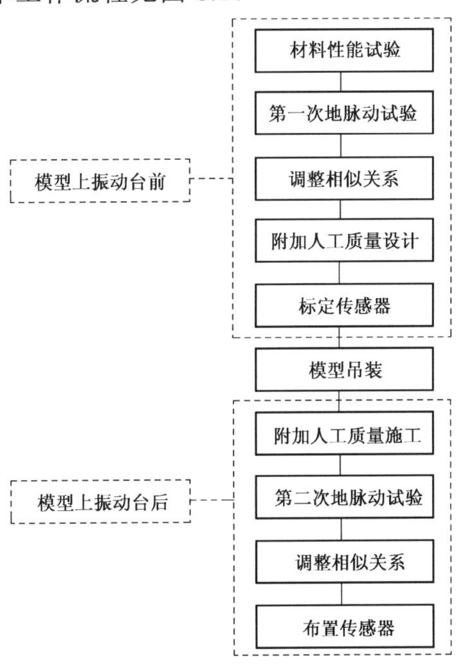

图 8.1　振动台试验准备工作流程图

8.1　试验模型上振动台前

1. 材料性能试验

材性试验可以确定模型结构和原型结构之间可控相似常数的真实值，并据此对其余的相似常数进行调整，以保证模型振动台试验的准确性。

对每次滑升模板同步制作的微粒混凝土试块进行强度和弹性模量的测试，方法如下。

(1)抗压强度测试(图 8.2(a))。由三块 70.7mm×70.7mm×70.7mm 的立方体试块抗压强度的平均值得到模型微粒混凝土的抗压强度 $f_{\rm cu}^{m}$，其与原型结构设计混凝土抗压强度 $f_{\rm cu}^{p}$ 的比值为真实的应力相似常数 S_{σ}。

(a) 抗压强度试验

(b) 弹性模量试验

图 8.2　微粒混凝土材性试验

(2)弹性模量测试。对三块 100mm×100mm×300mm 的棱柱体试块进行弹性模量测试(图 8.2(b))，步骤如下：

①试验时先压得一块棱柱体所能承担的轴力值 F_{c1}^{m} (单位：kN)；

②标距另两块棱柱体的三分点(距离为 100mm)，安装金属杆；

③将第二块棱柱体放置在试验机上，双面均安装千分表；施加 5kN 的压力时，对两个千分表进行调零；缓慢施加压力至 $0.4F_{c1}^{m}$ 时，认为达到弹性极限轴力值，读取并记录两千分表的读数，并取平均值作为变形量 δ_{2}^{m} (单位：μm)；对棱柱体继续施加轴力至破坏得到 F_{c2}^{m}；

④对第三块试块重复步骤③，得到 δ_{3}^{m}、 F_{c3}^{m}。

这样，试块应力为 $\sigma^{m}=(0.4F_{c1}^{m}-5)\times10^{3}/(100\times100)$ (MPa)，相应的应变为 $\varepsilon^{m}=\delta^{m}\times10^{-3}/100$，则弹性模量为 $E^{m}=\sigma^{m}/\varepsilon^{m}$。

取第二、三块的平均值作为最终弹性模量值，由 $S_{E}=E^{m}/E^{p}$，得到真实的弹性模量相似常数。另外，由三组 F_{c1}^{m}、F_{c2}^{m}、F_{c3}^{m} 得到平均棱柱体抗压强度值 f_{c}^{m}，可以校验其与立方体抗压强度 f_{cu}^{m} 之间的关系是否在合理范围内。

除微粒混凝土外，还可对用于模型制作的其他材料预留试件并进行相应的材性试验。

2. 第一次地脉动动态性能测试

通过传递函数获得模型结构未施加附加质量时的基频。模型内外模拆除完成后，在模型顶部和底部安置加速度传感器或脉动感应器，并与数据采集系统相连，分别测试结构 X、Y 方向在脉动作用下的反应(图 8.3)。

(a) 加速度传感器

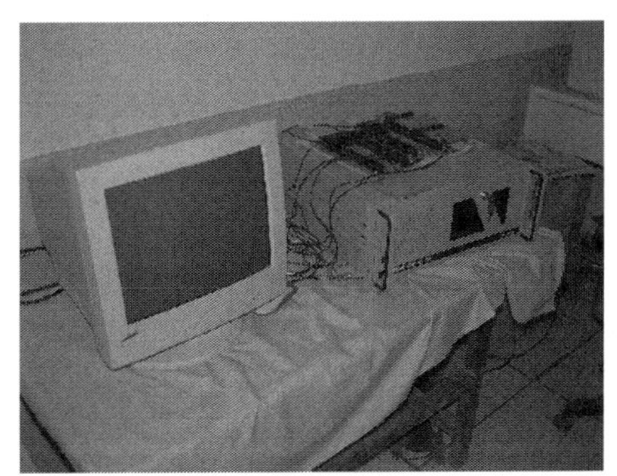

(b) 采集系统

图 8.3　模型脉动试验

3. 调整相似关系

在获得构件模型材料强度、弹性模量和第一次测得模型动力特性后，调整模型相似关系(第二阶段)。此时，应该预估模型试验可能的相似关系，并挑选 2～3 组合理的相似关系，以备系统标定时采用。

4. 附加人工质量分布设计

附加人工质量的分布原则是：沿模型结构竖向，使附加质量后的楼层总质量，满足原型结构楼层间的质量比例关系；沿模型结构平面方向，使附加质量后的楼层质量分布，满足原型结构楼层上的质量分布关系。注意各标准层质量块布置尽量上下对齐，以免引起不必要的偏心影响试验结果，为此，宜预先绘制楼层质量分布图。

5. 标定加速度传感器

在模型未吊装到振动台上之前，还要先对加速度传感器进行标定，以排除噪声过大或已损坏的加速度传感器。标定时，先在振动台中央固定足够长的铁条，将加速度计与通道导线相连后，以白纸相隔，绝缘地吸到铁条上(图 8.4)。启动振动台，获取一段数据后，根据信号调整有问题的加速度传感器，反复测试后排除无法使用的加速度计，其余的封装保存好以备试验时采用。

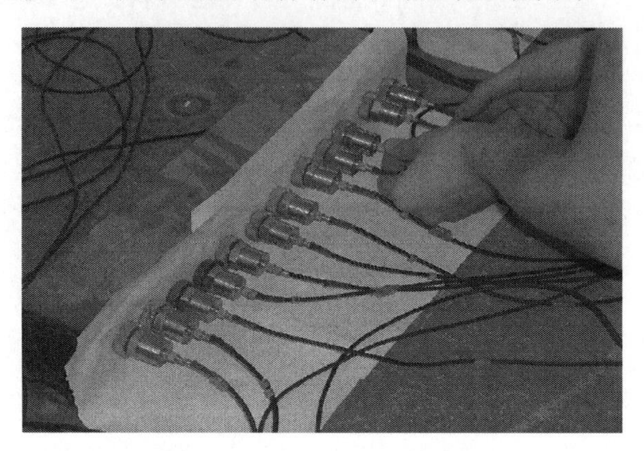

图 8.4　标定加速度传感器

8.2　试验模型上振动台后

1. 模型吊装

参照模型底座上的锚栓分布图，将振动台上相应位置的孔塞拔除。按照试验方案确定方向位置，将模型由制作场地吊装到振动台上，定位后对穿螺杆拧紧螺帽。

2. 附加质量分布施工

布置质量块时，按照附加质量分布图，在每个质量块的位置抹一定量的砂浆，并将质量块嵌放其上。注意砂浆如果太少质量块粘接不牢，会增大试验期间的危险性；而在质量块排放较密位置，砂浆如果过多，多余砂浆夹在质量块之间，其硬化后的刚度会增大模型的楼面刚度，影响试验结果的准确性。

3. 第二次地脉动动态性能测试

所有附加质量完成后，在模型顶部和底部安置加速度传感器或脉动感应器，进行第二次模型脉动试验以校核相似关系。此时确定的相似关系，一般即为模型试验时所应遵循的相似关系。

4. 调整相似关系

根据上述工作，确定最终试验相似关系。某高层建筑振动台模型试验相似常数表详见表 8.1。

表 8.1　某高层建筑振动台模型试验相似常数

物理性能	物理参数	设计相似常数	试验相似常数	备　注
几何性能	长度	1/30	1/30	控制尺寸
材料性能	应变	1.000	0.66	控制材料
	弹性模量	0.20	0.34	
	应力	0.20	0.22	
	质量密度	2.40	2.24	
	质量	8.89×10^{-5}	8.30×10^{-5}	
荷载性能	集中力	2.22×10^{-4}	2.49×10^{-4}	
	线荷载	6.67×10^{-3}	7.47×10^{-3}	
	面荷载	0.20	0.22	
	力矩	7.41×10^{-6}	8.30×10^{-6}	
动力性能	周期	0.12	8.57×10^{-2}	
	频率	8.33	11.66	
	加速度	2.50	3.00	控制试验
	重力加速度	1.00	1.00	
模型高度		9.093m		含底板
模型质量		23.747t		含配重、底板

5. 布置传感器

按照试验方案的位置及要求布置传感器。如果模型结构需要布置三种传感器，通常按照应变片→加速度传感器→位移计的顺序进行，布置的同时记录通道号、在计算机终端检查各通道是否正常畅通。传感器的通道号按测点汇总后，应在试验前对各通道进行最后一次复查。

6. 其他准备工作

为使试验过程顺利便捷，试验之前还有一些细节性的准备工作，主要包括：①如模型楼层较多，为试验观察和记录方便，可打印部分关键楼层层号，粘贴在模型表面相应位置处。②按照试验方案，打印试验中不断更换的工况信息：输入地震波、幅值等，以便摄像留存。③制作振动台试验模型研究标题板，并在上面标明 1m 长度，作为试验录像和试验相片的参照尺度。④制作并打印多份工况表，以便对试验过程中的问题随时进行记录等。

第9章 建筑结构振动台模型试验数据分析方法

9.1 模型结构动力特性

结构的动力特性，如自振频率、振型和阻尼系数(或阻尼比)等，是结构本身的固有参数，它们取决于结构的组成形式、刚度、质量分布、材料性质、连接构造等。自振频率及相应的振型虽然可由结构动力学原理计算得到，但由于实际结构的组成、连接和材料性质等因素，经过简化计算得出的理论数值往往会有一定误差。阻尼与结构耗能特点有关，一般只能通过试验来测定。因此，采用试验手段研究结构的动力特性具有重要的实际意义。

用试验法测定结构动力特性，首先应设法使结构起振，然后，记录和分析结构受振后的振动形态，以获得结构动力特性的基本参数。强迫振动方法主要有振动荷载法、撞击荷载法、地脉动法等。振动台试验通常采用在施加人工质量前与施加人工质量后分别对模型结构采用地脉动试验的方法，获得模型的动力特性，以在试验前反复校准模型相似关系；在振动台试验中采用白噪声扫频，通过传递函数法或功率谱分析法，获得模型结构的动力特性。各方法基本原理如下：

1. 振动荷载法

振动荷载法是借助按一定规律振动的荷载，迫使结构产生一个恒定的强迫简谐运动，通过对结构受迫振动的测定，求得结构动力特性的基本参数。

为安置激振器，应在结构上选择一个激振点。激振器的频率信号由信号发生器产生，经过功率放大器放大后推动激振器激励结构振动。当激励信号的频率与结构自振频率相等时，结构发生共振，这时信号发生器的频率就是试验结构的自振频率，信号发生器的频率由频率计来监测。只要激振器的位置不落在各阶振型的节点位置上，随着频率的增高即可测得一阶、二阶、三阶及更高阶的自振频率。在理论上，结构有无限阶自振频率，但频率越高输出越小，由于受检测仪表灵敏度的限制，一般仅能测到有限阶的自振频率。考虑到对结构影响较大的通常是前几阶，而高阶的影响较小，振动荷载法的结果足够满足工程实践的要求。

图 9.1 为对建(构)筑物进行频率扫描试验时所得时间历程曲线示意。试验时，首先从低到高逐渐改变频率，同时记录曲线，如图 9.1(a)所示；然后在记录图上找到建(构)筑物共振峰值频率ω_{01}、ω_{02}，再在共振频率附近逐渐调节激振器的频率，记录这些点的频率和相应的振幅值，绘制振幅-频率曲线，如图 9.1(b)所示。由此得到建(构)筑物的第一频率ω_{01}和第二频率ω_{02}。

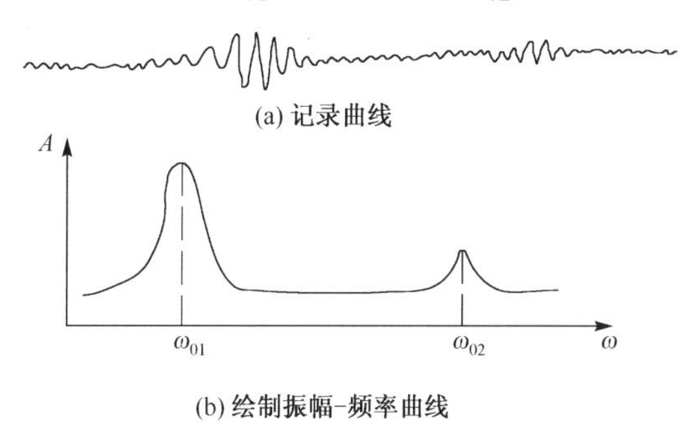

图 9.1　建(构)筑物频率扫描时间历程

拾振器的布置数目及其位置由研究的目的和要求而定。测量前，对各拾振器做相对校准，使其对试件的振动检测具有相同的灵敏度。当结构发生共振时，用拾振器同时测量结构各部位的振动，通过比较各测点的振幅和相位，即可绘制该频率的振型图。应该注意到激振器的激振方向和安装位置要根据试验结构的具体情况和不同目的来确定。一般来说，整体结构的动荷载试验都在水平方向激振，楼板和梁等的动力试验荷载均为垂直激振荷载。激振器沿结构高度方向的安装位置应选在所要测量的各个振型曲线的非零节点位置上，因而试验前最好先对结构进行初步分析，做到对所测量的振型曲线形式有所估计。

2. 撞击荷载法

用试验手段施加撞击荷载，常用的方法是对结构突加荷载或突卸荷载，在加载或卸载的瞬间结构产生自由振动。对体积过大的结构采用突加或突卸荷载不足以使结构起振时，可以改用初位移法，即对结构预加初位移。试验时，突然释放预加的初位移，结构即产生自由振动。也可用反冲激振器对结构施加冲击荷载，具有吊车的工业厂房，可以利用小车突然刹车制动，使厂房产生横向自由振动；在桥梁上则可借用载重汽车突然制动或越障碍物产生冲击荷载。在模型试验时可以采用锤击法激励模型产生自由振动。

量测有阻尼自由振动时间历程的记录曲线见图 9.2，对记录曲线进行分析可求得基本频率和阻尼比。由结构动力学可知，有阻尼自由振动的运动方程为

$$x(t)=x_m\mathrm{e}^{-\eta t}(\sin\omega t+\varphi) \tag{9.1}$$

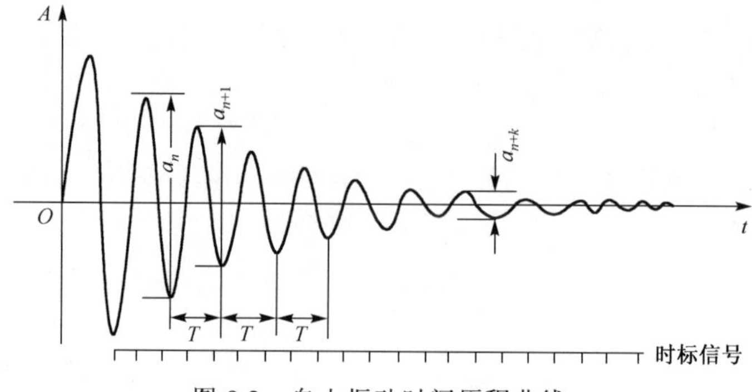

图 9.2　自由振动时间历程曲线

图 9.2 中振幅值 a_n 对应的时间为 t_n； a_{n+1} 对应的时间为 t_{n+1}， $t_{n+1}=t_n+T$， $T=2\pi/\omega$。分别代入式(9.1)并取对数，有

$$\ln\frac{a_n}{a_{n+1}}=\eta T\Rightarrow T=\frac{\ln\dfrac{a_n}{a_{n+1}}}{\eta} \tag{9.2}$$

其中，η 为衰减系数。

为消除撞击荷载冲击的影响，最初的一、二个波可不作为依据。同时为了提高测量精度，可以取若干周期之和除以周期数得出的均值作为基本周期，进一步可以得到

$$T=\frac{1}{k}\cdot\frac{\ln\dfrac{a_n}{a_{n+k}}}{\eta} \tag{9.3}$$

3. 地脉动法

在日常生活中，由于地面不规则运动的干扰，建(构)筑物的微弱振动是经常存在的，这种微小振动称为脉动。一般房屋的脉动振幅在 10μm 以下，但烟囱可以大到 10mm。建(构)筑物的脉动有一个重要性质，就是明显地反映出建(构)筑物的固有频率和自振特性。若将建(构)筑物的脉动过程记录下来，经过一定的分析便可确定结构的动力特性。

通过地脉动引起建(构)筑物振动来识别结构的自振特性，是近年来发展起来的一种新技术。由随机振动理论可知，只要外界脉动的卓越周期接近建(构)筑物的第一自振周期时，在建(构)筑物的脉动图里第一振型的分量就必然起主导作用，因而可以从记录图中找出比较光滑的曲线部分直接量出第一自振周期及振型，再经过进一步分析便可求得阻尼特性。如果外界脉动的卓越周期与建(构)筑物的第二周期或第三周期接近时，在脉动记录图中第二或第三振型分量将起突出作用，从中可直接量得第二或第三自振周期和振型。常用地脉动法测试得到振动台试验模型的振动特性。

地脉动测量的测点布置，应将建(构)筑物视作空间体系，沿高度和水平方向同时布置仪器。如仪器数量不足可作多次测量，但应留一台仪器保持位置不变，以便作为各次测量的比较标准。为获得能全面反映地面不规则运动的脉动记录，要求记录仪具有足够宽的频带。因为每一次记录的脉动信号不一定能全面反映建(构)筑物的自振特性，因此地脉动记录应持续足够长的时间和反复记录若干次。此外，根据脉动分析原理，脉动记录中不应存在有规则的干扰信号，或仪器本身带来的杂音，因此进行测量时，仪器应避开机器或其他有规则的振动影响，以保持脉动信号的记录主要是由于地脉动引起的振动。

分析建(构)筑物地脉动信号的具体方法有主谐量法、统计法、频谱分析法和功率谱分析法等。

1)主谐量法

建(构)筑物固有频率的谐量是脉动里的主要成分，在脉动记录图上可以直接量出来。凡是振幅大、波形光滑(即有酷似“拍”现象)处的频率总是多次重复出现。如果建(构)筑物各部位在同一频率处的相位和振幅符合振型规律，那么就可以确定此频率就是建(构)筑物的固有频率。通常基频出现的机会最多，比较容易确定。对一些较高的建(构)筑物，有时第二、第三频率也可能出现。若记录时间能放长些，分析结果的可靠性就会大一些。若欲画出振型图，应将某一瞬时各测点实测的振幅变换为实际振幅绝对值(或相对值)，然后画出振型曲线。某模型各层横向水平振动的脉动记录见图9.3。

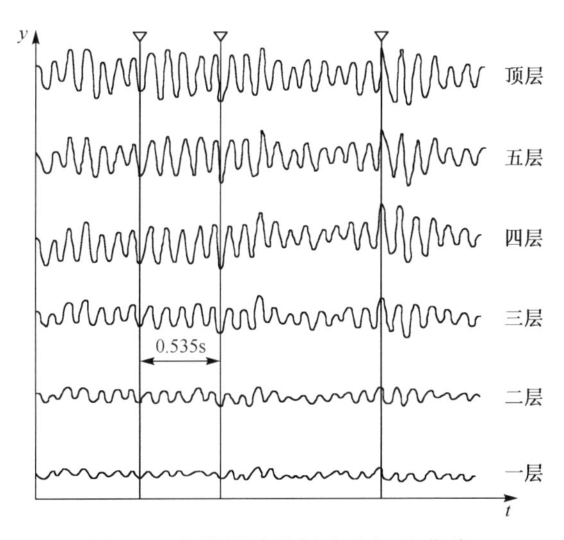

图9.3　主谐量法分析脉动记录曲线

2) 统计法

由于弹性体受随机因素影响而产生的振动必定是自由振动和强迫振动的叠加，具有随机性的强迫振动在任意选择的多数时刻的平均值为零，因而利用统计法即可得到建(构)筑物自由振动的衰减曲线。具体作法是：在脉动记录曲线上任意取 $y_1, y_2, \cdots, y_n$，当 y_i 为正值时记为正，且 y_i 以后的曲线不变号；当 y_i 为负值时变为正，且 y_i 以后的曲线全部变号。在 y 轴上排齐起点，绘出 y_i 曲线后，用这些曲线的值画出另一条曲线，见图 9.4(b)，这条曲线便是建(构)筑物自由振动时的曲线，利用它便可求得基本频率和阻尼。图 9.4(a)是某结构的一条脉动记录曲线，经过统计法统计得到一条自由振动曲线。用统计法求阻尼，必须有足够多的曲线取其平均值，一般不得少于 40 条。

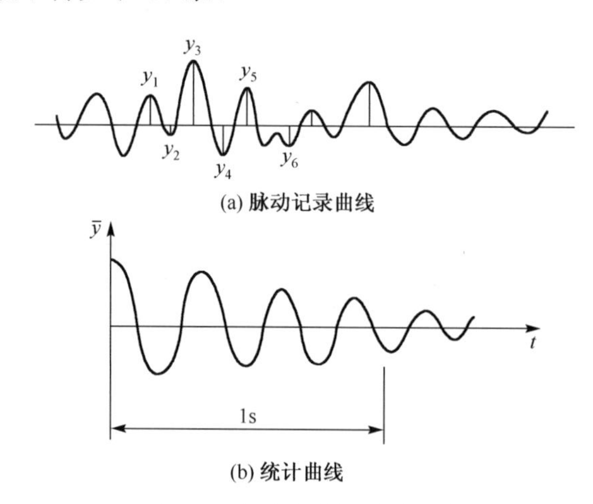

(a) 脉动记录曲线

(b) 统计曲线

图 9.4　统计法分析脉动曲线

3) 频谱分析法

将建(构)筑物脉动记录图看成是各种频率的谐量合成。由于建(构)筑物固有频率的谐量和脉动源卓越频率处的谐量为其主要成分，因此用傅里叶级数将脉动图分解并作出其频谱图，则在频谱图上建(构)筑物固有频率处和脉动源卓越频率处必然出现突出的峰点。一般在基频处是非常突出的，而二频、三频有时也很明显。频谱分析具体方法参见随机振动有关文献。

4) 功率谱分析法

假设建(构)筑物的脉动是一种平稳的各态历经的随机过程，且结构各阶阻尼比很小，各阶固有频率相隔较远。则可以利用脉动振幅谱(均方根谱)的峰值确定建(构)筑物的固有频率和振型，并用各峰值处的半功率带宽确定阻尼比。

具体作法是：将建(构)筑物各个测点处实测所得到的脉动信号输入到信号分析仪进行功率谱分析，以得到各个测点的脉动振幅谱(均方根谱) $\sqrt{G(f)}$ 曲线(图 9.5)。

然后通过对振幅谱曲线图峰值点对应的频率进行综合分析，以确定各阶固有频率 f_i，并根据振幅谱图上各峰值处的半功率带宽 Δf_i，确定系统的阻尼比 ξ_i。

$$\xi_i = \frac{\Delta f_i}{2 f_i} \tag{9.4}$$

由振幅谱曲线图的峰值可以确定固有振型幅值的相对大小，但还不能确定振型幅值的正负号。为此可以将某一测点，如建(构)筑物顶层的信号作为标准，将各测点信号分别与标准信号作互谱分析，求出各个互谱密度函数的相频特性。若互谱密度函数等于零，则两点同相；若互谱密度函数等于 ±π，则两点反相。这样便可根据相对大小和正负号绘出结构的各阶振型图。图 9.5 所示为不同高度处功率谱密度法测某高层模型频率示意图。可以看出，频率信号以基频为主。

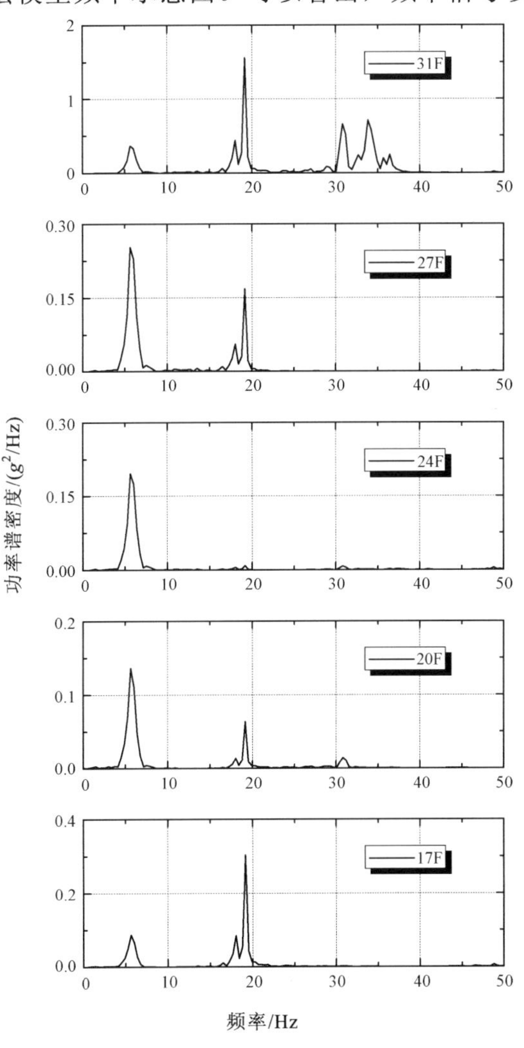

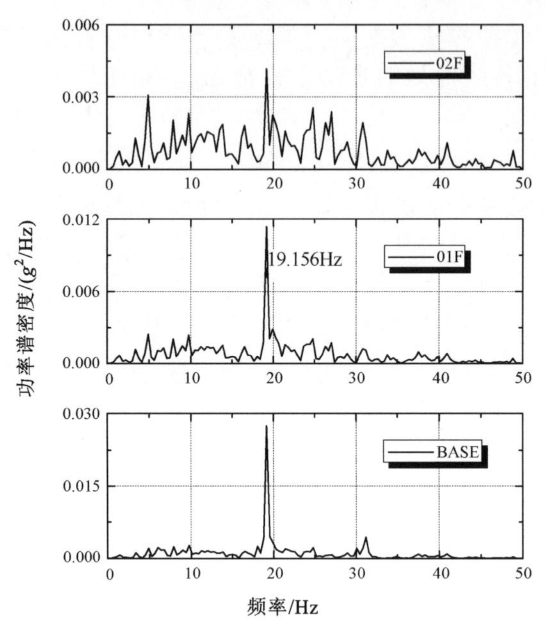

图 9.5　不同高度处功率谱密度法测某高层模型频率示意图

求阻尼的最简便方法是带宽法或称半功率点法。具体作法是：在纵坐标最大值 $y_{\max}$ 的 0.707 处作一条平行于 ω 轴线与共振曲线相交于 A、B 两点(图 9.6)，其对应的横坐标即为 ω_1 和 ω_2。则衰减系数 η 和阻尼比 ξ 分别为

$$\eta = \frac{\omega_1 - \omega_2}{2} \tag{9.5}$$

$$\xi = \frac{\eta}{\omega_0} \tag{9.6}$$

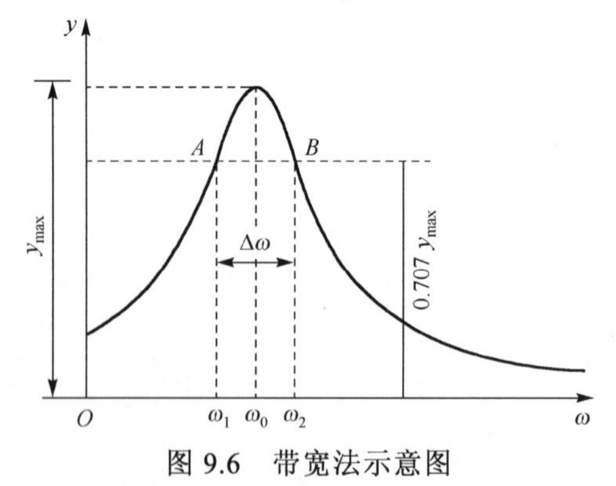

图 9.6　带宽法示意图

5)传递函数法

传递函数是零初始条件下线性系统响应(即输出)量的拉普拉斯变换与激励

(即输入)量的拉普拉斯变换之比。传递函数是描述线性系统动态特性的基本数学工具之一，以传递函数为工具分析和综合控制系统的方法称为频域法。传递函数中的复变量在实部为零、虚部为角频率时就是频率响应。因而，也可以采用传递函数的方法获取结构振动台模型的动力特性。图 9.7 为传递函数法分析某高层模型频率示意图，具体方法参见随机振动有关文献。

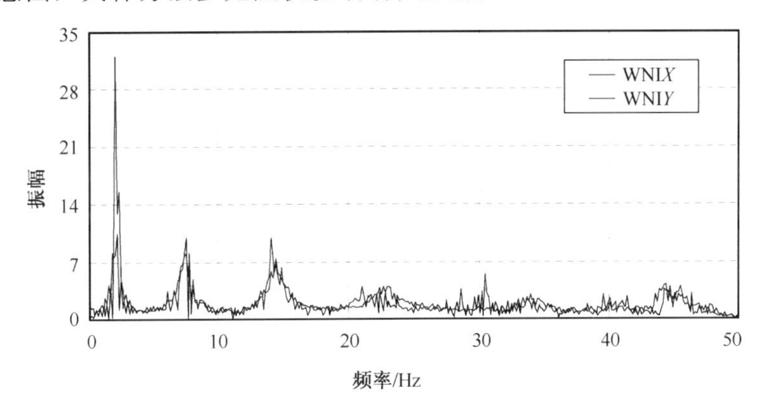

图 9.7　传递函数法分析某高层模型频率示意图

9.2　模型结构加速度

建筑结构振动台模型试验的加速度反应可以通过分布在模型不同位置、不同高度、不同方向上的加速度传感器直接获取，测量值即为模型的绝对加速度数值。一般来说，加速度传感器的测量值稳定，可以用来推算更多的模型信息。比如，可以对其进行功率谱分析获得模型结构的频率、阻尼比；可以通过不同高度处的加速度峰值与基础加速度峰值之比获得模型结构的动力放大系数；可以通过对加速度数值积分获得模型结构的位移；还可以通过楼层加速度峰值与相应楼层质量的乘积获得模型结构的惯性力分布规律等。

以某高层模型为例，7 度多遇烈度模拟地震输入下模型各层加速度反应和加速度放大系数见表 9.1。

表 9.1　某高层模型 7 度多遇烈度模拟地震输入下模型各层加速度反应(g)和加速度放大系数 K

位置	地震波	El Centro				Pasadena				SHW2	
		Y主向		X主向		Y主向		X主向		Y主向	X主向
		X	Y	X	Y	X	Y	X	Y	Y	X
屋顶	MAX	0.222	0.238	0.352	0.233	0.191	0.295	0.223	0.284	0.273	0.274
	K	2.700	2.145	2.189	2.563	1.589	2.568	1.716	4.014	1.750	3.558
17 层	MAX	0.132	0.127	0.231	0.120	0.114	0.219	0.129	0.162	0.159	0.147
	K	1.611	1.141	1.435	1.318	0.948	1.904	0.967	2.283	1.019	1.909

续表

位置	地震波	El Centro				Pasadena				SHW2	
		*Y*主向		*X*主向		*Y*主向		*X*主向		*Y*主向	*X*主向
		X	*Y*	*X*	*Y*	*X*	*Y*	*X*	*Y*	*Y*	*X*
14 层	MAX	0.153	0.141	0.203	0.125	0.186	0.210	0.203	0.154	0.168	0.196
	K	1.860	1.272	1.262	1.374	1.554	1.829	1.563	2.169	1.077	2.545
9 层	MAX	0.151	0.205	0.288	0.146	0.269	0.177	0.288	0.176	0.178	0.210
	K	1.833	1.846	1.789	1.603	2.239	1.540	2.218	2.491	1.141	2.727
3 层	MAX	0.115	0.147	0.195	0.111	0.181	0.147	0.177	0.129	0.129	0.217
	K	1.399	1.325	1.209	1.226	1.510	1.282	1.364	1.827	0.827	2.818
底座	MAX	0.082	0.111	0.161	0.091	0.120	0.115	0.130	0.071	0.156	0.077
	K	1.000	1.000	1.000	1.000	1.000	1.000	1.000	1.000	1.000	1.000

9.3　模型结构位移

模型结构的位移可以通过位移传感器直接测量和对加速度传感器数据积分两种途径来获得，图 9.8 为位移计实测位移与加速度计积分位移的比较，从图中可以看出，两种方法得到的位移结果较为接近，因加速度传感器在试验中一般设置数量较多，因而多采用加速度数值积分的方法对模型结构位移进行评估。值得注意的是，加速度数值为绝对加速度，而积分后的位移要与基底位移相减以获得模型结构的相对位移再进行分析。

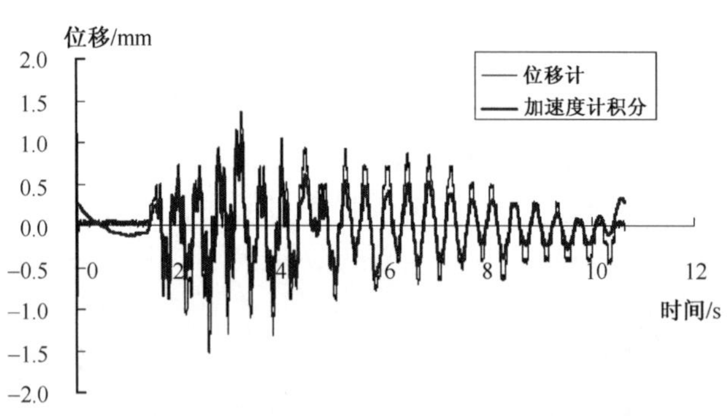

图 9.8　位移计实测位移与加速度计积分位移结果对比(El Centro 波)

9.4　模型结构地震作用

1. 模型结构的惯性力

由各个加速度通道的数据，可以求得模型结构的惯性力沿高度的分布，具体步骤见图 9.9。

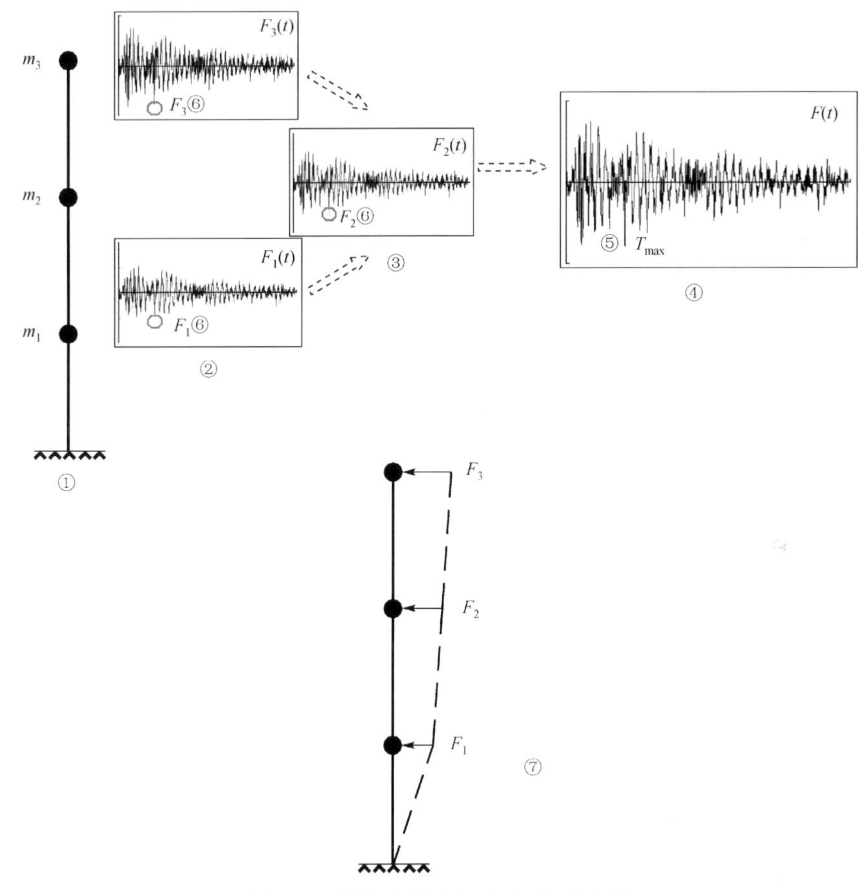

图 9.9　惯性力分布计算方法示意图

① 假定各层质量均集中在楼面处，计算各个集中质量值 m_i；

② 将加速度计测得的绝对加速度与相应位置层集中质量 m_i 相乘，得到相应层惯性力时程；

③ 利用插值计算得未设置加速度传感器楼层的惯性力时程；

④ 各层的惯性力时程叠加，得到总的惯性力时程；

⑤ 找到与总惯性力时程峰值相应的时间点 T_{max}；

⑥ 统计与 T_{max} 相应的各楼层惯性力数值(一般也为最值)；

⑦ 得到各楼层惯性力统计绝对值沿高度的分布图。

图 9.10 中绘出了某模型结构在不同地震烈度下 X 向惯性力峰值沿高度分布图。

2. 模型结构的层间剪力

某层楼层剪力是其上各层惯性力之和。图 9.11 中绘出某模型结构不同烈度下 X 向楼层剪力与高度的关系。

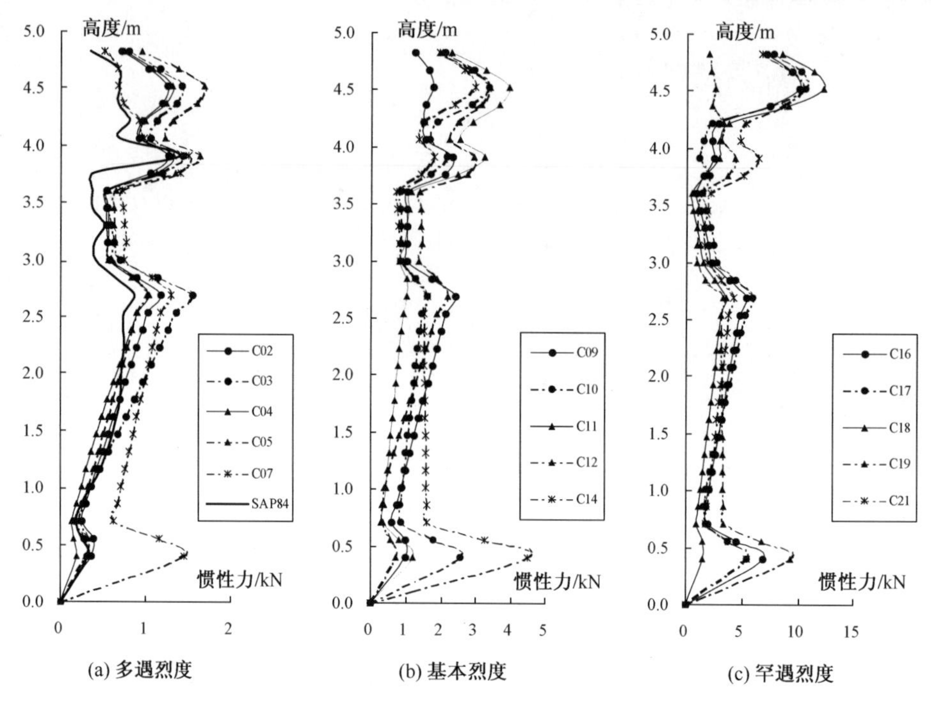

(a) 多遇烈度　(b) 基本烈度　(c) 罕遇烈度

图 9.10　模型结构 X 向惯性力峰值沿高度分布图

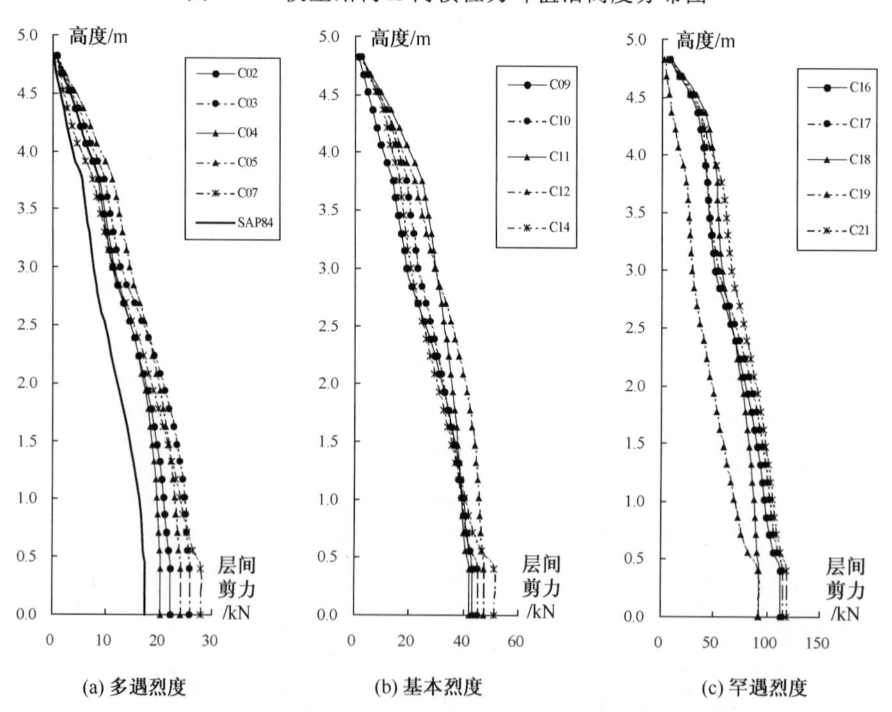

(a) 多遇烈度　(b) 基本烈度　(c) 罕遇烈度

图 9.11　模型结构 X 向楼层剪力峰值沿高度分布图

9.5　预测原型结构的抗震性能

通过高层建筑模型结构的振动台试验，对原型结构进行分析，可以：

(1)研究结构的地震破坏机理和变形形态，评价结构的抗震能力；

(2)研究结构的地震力分布规律，为确定地震荷载提供依据；

(3)找出结构薄弱环节，为采用合理的抗震措施提供依据；

(4)寻求合理的结构设计模型或验证新的结构抗震计算理论；

(5)对于介质与结构的共同作用问题，研究介质对结构的附加质量效应、附加刚度效应以及界面上的应力分布规律等。

从理论角度来说，由模型结构动力反应除以相似常数可推算得到原型结构动力反应。然而，模拟地震激励设计台面加速度和实测台面加速度之间会存在一定的差异，在由模型结构的动力反应计算原型结构动力反应时，可按下式考虑这一误差：

$$R^p = \frac{a_{gd}^m}{a_{ga}^m} \cdot \frac{R^m}{S_R} \tag{9.7}$$

其中，R^p 为原型结构反应；R^m 为模型结构反应；S_R 为反应物理量相似常数；a_{gd}^m 为设计台面激励峰值；a_{ga}^m 为实测台面激励峰值。

第10章 结语

本书详述了建筑结构振动台模型试验方法与技术，但有以下几点仍需注意：

(1)由于原型建筑的大型化以及试验设备的条件限制，目前建筑结构振动台试验都是缩尺模型试验。尺寸效应的影响将引起模型材料性能的变化，从而对整个模型结构的反应有明显的影响。

(2)缩尺模型的振动台试验必须满足相似关系，而相似关系所要求的输入加速度峰值大小与试验设备的精度范围之间存在矛盾。例如当要研究7度多遇地震的影响时，若取加速度相似系数为1.0(即没有重力失真效应)，则相应的振动台台面输入峰值应为35cm/s^2，但这样小的数值正好被试验数据的误差噪声所覆盖，再现这样的地震波形是毫无意义的。因此，从再现地震波形采集数据的精度要求来看，希望台面输入的加速度峰值不能太小，这时加速度相似系数应该大一些。试验研究人员的工作就是要在试验精度与重力失真效应之间寻找平衡点。

(3)受试验设备承载力所限，水平向加速度相似常数与重力加速度相似常数一般无法做到一致，造成重力失真效应，必须通过附加人工质量来力求解决这一问题。因而，工程验证性的振动台模型试验大部分是在没有完全满足相似要求的情况下进行的，要合理使用振动台模型试验结果。

参考文献

龚健，邓雪松，周云. 2003. 摩擦摆隔震支座理论分析与数值模拟研究. 防灾减灾工程学报，(1): 56-62.

刘璐，周颖. 2015. 高层隔震结构振动台试验模型设计的几个特殊问题. 结构工程师，31(4): 100-105.

吕西林，陈跃庆. 2001. 结构-地基相互作用体系的动力相似关系研究. 地震工程与工程振动，21(3): 85-92.

吕西林，施卫星，沈剑昊，等. 2001. 上海地区几幢超高层建筑振动特性实测. 建筑科学，17(2): 36-39.

滕智明. 1988. 钢筋混凝土基本构件. 北京：清华大学出版社.

姚振纲，刘祖华. 1996. 建筑结构试验. 上海：同济大学出版社.

翟长海，谢礼立. 2005. 抗震结构最不利设计地震动研究. 土木工程学报，38(12): 51-58.

周颖，龚顺明，吕西林. 2014. 带粘弹性阻尼器结构振动台试验设计——基于 OpenSees 的阻尼器尺寸选择. 防灾减灾工程学报，34(03): 308-313.

周颖，龚顺明，吕西林. 2014. 黏弹性阻尼器滞回曲线及特征参数的相似准则. 中南大学学报(自然科学版)，45(12): 4317-4324.

周颖，胡程程，周广新，等. 2015. 摩擦摆隔震结构振动台模型设计方法研究. 结构工程师，31(5): 6-11.

周颖，卢文胜，吕西林. 2003. 模拟地震振动台模型实用设计方法. 结构工程师，(3): 30-34.

周颖，吕西林，卢文胜. 2006. 不同结构的振动台试验模型等效设计方法. 结构工程师，22(4): 37-40.

周颖，张翠强，吕西林. 2012. 振动台试验中地震动选择及输入顺序研究. 地震工程与工程振动，32(6): 32-37.

周颖，周广新，胡程程，等. 2015. 基于耗能能力等效的黏滞阻尼器相似设计方法研究. 结构工程师，31(6): 12-17.

朱伯龙. 1989. 结构抗震试验. 北京：地震出版社.

GB 50011—2010 建筑抗震设计规范. 北京：中国建筑工业出版社.

Harris H G, Sabnis G M. 1999. Structural Modeling and Experimental Techniques. 2nd ed. Roca Ration: CRC Press.

Lu X L, Zhou Y, Lu W S. 2007. Shaking table test and numerical analysis of a complex high-rise building. The Structural Design of Tall and Special Buildings, 16(2): 131-164.

Zhou Y, Lu X L, Lu W S, et al. 2008. Shaking table test on a reinforced concrete core wall-steel frame hybrid structure. Proceedings of 14th World Conference on Earthquake Engineering, Beijing.

附录A

同济大学振动台试验设备主要性能参数

1. 四平路校区

MTS 振动台基本性能参数：

(1) 台面尺寸：4.0m×4.0m (单台)。

(2) 振动波形：周期波、随机波等。

(3) 最大试件质量：25t。

(4) 频率范围：0.1～50Hz。

(5) 控制振动方式：三方向六自由度。

(6) 数采通道：128 个。

(7) 耗能功率：600kW。

(8) 地震波形：El Centro、Taft、Pasadena、天津波等 300 余条。

振动台台面性能及安装条件详见表 A.1 和图 A.1。

表 A.1　同济大学四平路校区振动台台面性能(15t 试件时)

方向	最大加速度	最大速度	最大位移
水平 X	1.2g	1000mm/s	100mm
水平 Y	0.8g	600mm/s	50mm
竖直 Z	0.7g	600mm/s	50mm

试验室吊车行车基本性能参数：

(1) 吊车行车起吊净高：7.0m。

(2) 吊车行车起重能力：5/15t。

2. 嘉定校区

多点振动台组基本性能参数：

(1) 台面尺寸：4.0m×6.0m (4 台)。

(2) 振动波形：周期波、随机波等。

(3) 最大试件质量：30/70t。

(4) 频率范围：0.1～50Hz。

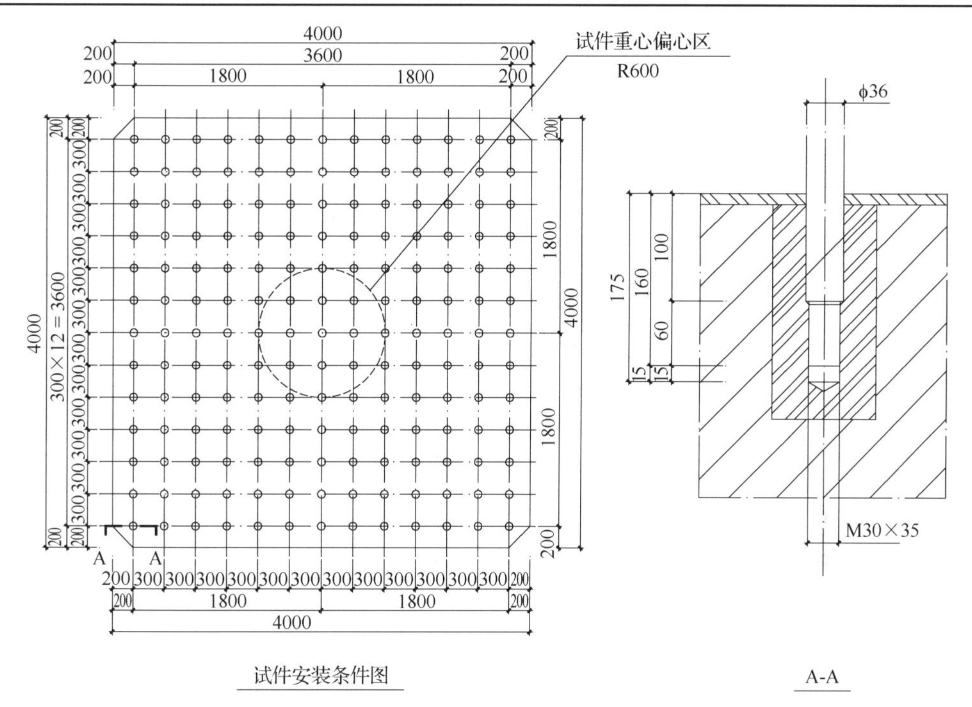

图 A.1　振动台安装条件图

(5)控制振动方式：水平方向三自由度。

(6)数采通道：288 个。

振动台台面性能详见表 A.2。

表 A.2　同济大学嘉定校区振动台台面性能

内容	A、D 台	B、C 台
最大质量	30t	70t
倾覆力矩	200t·m	400t·m
台面尺寸	6m×4m	
控制自由度	3 DOF	
最大加速度	1.5g	
最大速度	1000mm/s	
最大位移	500mm	

试验室吊车行车基本性能参数：

(1)吊车行车起吊净高：18.0m。

(2)吊车行车起重能力：10/50t。

试件安装条件(见图 A.2)：

M36 螺栓孔，网格状布置，间距 500mm(图中所有两条垂直交叉线的交点)。

M24 螺栓孔，在 M36 螺栓孔之间布置。

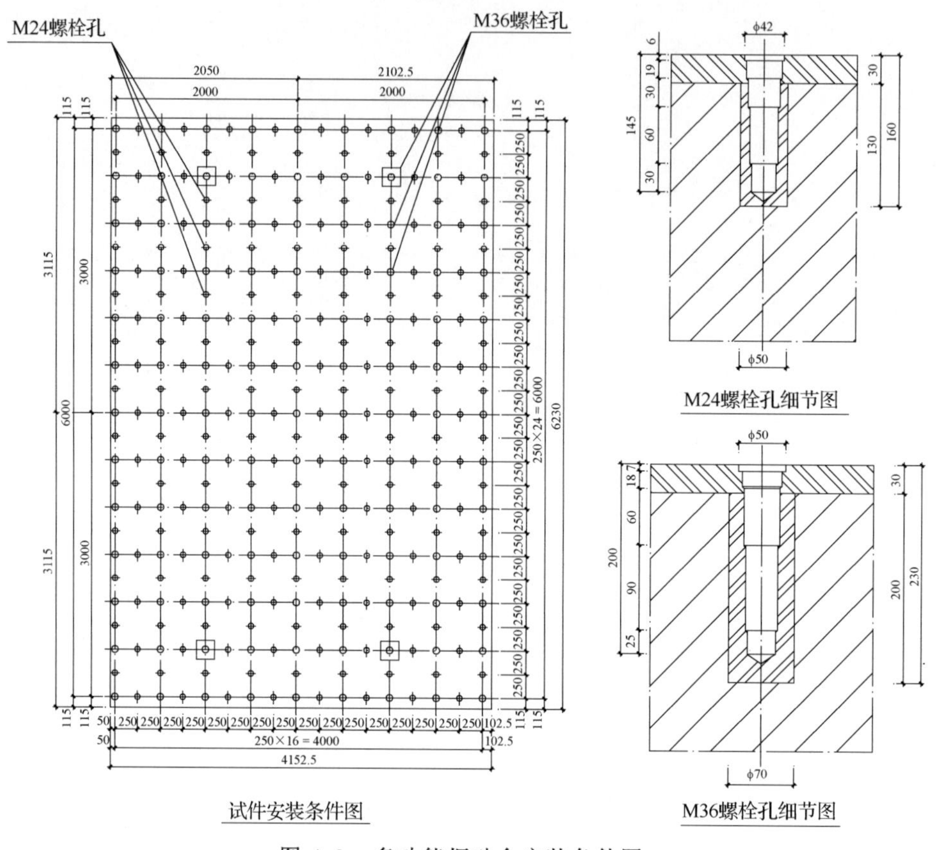

图 A.2　多功能振动台安装条件图

附录B 已完成高层建筑结构振动台模型试验一览表

序号	项目名称	试验研究时间	主要结构体系	结构高度/m	几何相似常数	加速度相似常数
1	上海东方明珠广播电视塔	1990	混凝土结构	468	1/50	3.580
2	海南富通大厦	1993	混凝土结构	175	1/25	3.125
3	上海凯旋门大厦	1993	混凝土结构	100	1/25	5.000
4	深圳京广中心	1994	混凝土结构	128	1/25	4.000
5	上海星海大厦	1995	混凝土结构	84	1/25	7.110
6	中国金融大厦(上海)	1996	混凝土结构	138	1/25	8.290
7	广州国际商贸广场	1996	混凝土结构	249	1/100	6.020
8	广州越秀大厦	1996	混凝土结构	204	1/28	4.666
9	上海长寿路商业广场	1997	混凝土结构	120	1/25	3.000
10	上海大剧院	1997	钢-混凝土混合结构	38	1/25	1.000
11	深圳商隆大厦	1997	混凝土结构	218	1/25	4.000
12	广州天王中心	1998	混凝土结构	180	1/25	2.985
13	上海仙乐斯广场	1998	混凝土结构	148	1/50	2.000
14	中国建筑文化交流中心(北京)	1998	混凝土结构	49	1/20	1.250
15	广州南航大厦	1999	混凝土结构	204	1/25	2.750
16	上海浦东青少年活动中心	1999	混凝土结构	38	1/20	2.000
17	重庆建设大厦	1999	混凝土结构	193	1/28	4.000
18	南京电信局多媒体大楼	2000	混凝土结构	143	1/25	2.504
19	上海交银金融大厦	2000	混凝土结构	240	1/33	2.640
20	上海浦东世茂滨江花园兰园 2#住宅大厦	2001	混凝土结构	169	1/25	4.000
21	深圳罗湖商务大厦	2001	混凝土结构	170	1/25	4.000
22	LG 北京大厦	2002	钢-混凝土混合结构	140	1/20	3.000
23	广州南方电力调度中心	2002	混凝土结构	94	1/20	1.800
24	上海九百城市广场	2002	混凝土结构	49	1/25	1.200
25	上海浦东香格里拉扩建工程	2002	混凝土结构	153	1/25	3.750
26	深圳星河国际花城 C 栋	2002	混凝土结构	98	1/15	2.000
27	上海淮海晶华苑	2003	短肢剪力墙结构	96.6	1/20	3.000
28	上海世茂国际广场	2003	组合结构	333	1/35	3.000

续表

序号	项目名称	试验研究时间	主要结构体系	结构高度/m	几何相似常数	加速度相似常数
29	上海环球金融中心	2004	组合结构	492	1/50	2.500
30	同济大学教学科研综合楼	2004	钢管混凝土框架	100	1/15	3.000
31	陕西法门寺合十舍利塔	2007	混凝土结构	147	1/35	1.000
32	上海陆家嘴金融贸易区 X2 地块南塔楼	2007	混合结构	250	1/30	2.500
33	上海国际设计中心	2007	混合结构	96	1/15	2.000
34	广州珠江新城西塔	2007	组合结构	432	1/80	2.000
35	舟山市普陀区东港商务中心	2008	混合结构	81.4	1/25	2.500
36	上海证大喜玛拉雅艺术中心酒店	2008	钢筋混凝土结构	98.7	1/20	3.000
37	上海嘉里静安南塔楼	2008	组合结构	244.8	1/35	3.000
38	上海世博会中国馆国家馆	2008	混合结构	60.3	1/27	1.000
39	上海中心大厦	2009	组合结构	580	1/50	3.360
40	北京财富中心二期	2010	混合结构	263.65	1/30	3.000
41	上海大中里 T1 塔楼	2010	混合结构	153	1/30	2.500
42	上海大中里 T2 塔楼	2010	混合结构	223.8	1/30	2.500
43	上海静安某地块项目	2010	混合结构	250	1/30	3.500
44	北京平西府车辆段	2011	钢筋混凝土结构	78.5	1/20	2.500
45	昆明南亚之门	2011	钢筋混凝土结构	132	1/20	2.770
46	深业上城高塔 T1 塔楼	2014	巨柱-核心筒结构	388	1/45	4.5
47	重庆来福士广场	2015	高位隔震连体混合结构	235	1/25	2.0
48	青海省西宁市力盟原商业大院改造项目 10#楼	2015	框架剪力墙结构	75	1/15	3.0

附录 C
建筑结构振动台模型试验实例（上海国际设计中心）

C.1 概　　述

C.1.1 项目概况

同济大学土木工程防灾国家重点实验室振动台试验室（以下简称试验室）于2007年8月5日对上海国际设计中心结构模型实施模拟地震振动台试验。

上海国际设计中心位于上海市杨浦区国康路与中山北二路交汇处，原上海第十二服装厂厂区，其东面已建成国康科技园一期项目，北面紧邻中山北二路及内环线高架，西面、南面均为国康路，该建筑与同济大学隔国康路相望，功能以办公为主，兼设辅助性商业、文化设施，建设基地面积9127m^2，总建筑面积47055m^2。

该中心由主塔楼与副塔楼组成。地下为两层整体地下室，埋深约9.8m。主塔楼地上25层，高100m，层高为4.0m，建筑平面长30m，宽24m，高宽比为3.76，钢框架-钢筋混凝土核心筒结构；副塔楼位于主塔楼东侧17.5m，底层建筑平面长12.5m，宽30m，地上12层，高48m，高宽比为3.86，钢框架-钢筋混凝土剪力墙结构，体型上大下小，设斜柱向外逐层挑出1.05m，共外挑12.6m。主、副塔楼在11～12层间形成连体，12层设整层钢桁架结构及周边桁架结构，主楼东侧外挑7.5m，11层楼板由钢桁架吊挂，副楼东侧9层以上梁上立柱。

结构主要超限情况如下：

1）建筑结构布置不规则

（1）平面不规则：2层、10层、13层、14层开有较大洞口，楼板缺失较多；根据设计图纸和计算分析资料，局部楼层最大弹性水平位移（或层间位移）大于该楼层两端弹性水平位移（或层间位移）平均值的1.2倍。

（2）竖向不规则：局部楼层的侧向刚度小于相邻上一层的70%，或小于其上相邻三个楼层侧向刚度平均值的80%；14层收进的水平尺寸大于13层水平尺寸的25%。

2)连体两塔楼层数和刚度相差悬殊

主楼 25 层、副楼 12 层，两部分层数相差较多，且结构布置或刚度有较大不同，两部分在 11～13 层形成连体。

为了确保该超限高层结构抗震的安全和可靠，除了采取有效的计算分析设计手段和构造措施外，有必要对该结构体系进行模拟地震振动台试验，测量自振周期、振型和阻尼比；研究结构在分别遭受设防 7 度多遇、基本、罕遇不同水准地震作用下的位移、加速度反应和破坏情况，以检验该结构是否满足不同水准的抗震要求，并将测量结果与计算结果进行比较，以更深入、直观地考察该结构体系的抗震性能。

尤其是针对一些受力构件(如连体桁架、连体与主副塔的连接节点及核心筒底部加强区的受力、破坏情况等)进行分析，进而检验整体结构能否满足抗震设防要求，并在综合分析试验成果的基础上，提出相应的改进措施，验证和优化结构设计。

C.1.2 试验内容

模拟地震振动台试验研究的主要内容包括：

(1)结构动力特性，如自振频率、振型和阻尼比等；

(2)在分别遭受 7 度多遇、基本和罕遇地震作用时，结构的位移和加速度反应及破坏情况，检验该结构是否满足不同水准的抗震要求；

(3)整体结构的薄弱环节，关键部位尤其是主副塔底部加强部位、连体楼层的反应；

(4)地震作用下的破坏部位；

(5)在综合分析结构数值计算和试验成果的基础上，提出相应的建议与改进措施。

C.2 试验设备与仪器

C.2.1 模拟地震振动台

同济大学振动台于 1983 年从美国 MTS 公司引进，其基本性能指标见表 C.1。

表 C.1 MTS 振动台基本性能指标

性能	指标	备注
最大试件质量	25t	
台面尺寸	4m×4m	
激振方向	*X*, *Y*, *Z* 三方向	*X*、*Y*：水平
控制自由度	六自由度	
振动激励	简谐振动、冲击、地震	

续表

性能		指标	备注
最大驱动位移		*X*：±100mm，*Y* & *Z*：±50mm	
最大驱动速度		*X*：1000mm/s，*Y* & *Z*：600mm/s	
最大驱动加速度	*X*	4.0*g*(空台)，1.2*g*(15t 负载)	负载 25t 的数值将有所降低
	Y	2.0*g*(空台)，0.8*g*(15t 负载)	
	Z	4.0*g*(空台)，0.7*g*(15t 负载)	
范围频率		0.1～50Hz	
数据采集系统		STEX3、96 通道	

C.2.2　测试设备及仪器

试验采用的测试设备和仪器为 MTS STEX3 数据采集处理系统；CA-YD 压电式加速度传感器，频响范围为 0.3～200Hz；ASM 拉线式位移传感器，量程：0～±375mm；电阻式应变片，量程：0～20000με。

C.3　模型设计与制作

振动台试验室利用长期研究成果，结合试验设备性能参数，依据试验技术规范和设计院提供的相关资料，进行整体结构相似模型设计和施工制作。为了保证结构模型较好地模拟原型结构的抗震性能，结构模型在设计与施工过程中，尽可能地与原型结构形式保持一致。

C.3.1　相似关系(模型/原型)

相似关系的选取应考虑振动台性能参数、施工条件和吊装能力等因素，由于应使缩尺后的模型立面高度满足实验室制作场地高度要求，因此首先确定几何相似比为 1/15；其次，考虑到振动台噪声、台面承载力和振动台性能参数等确定加速度相似比通常为 2～3；再次，按实验室可以实现的混凝土强度关系确定应力相似比。模型结构的相似关系见表 C.2。试验时的模型相似关系均按微粒混凝土与铜材的强度和弹性模量实测值、模型附加质量等进行适当调整。

表 C.2　上海国际设计中心结构模型相似关系

物理性能	物理参数	相似常数	备注
几何性能	长度	1/15	控制尺寸
材料性能	应变	1.0	
	等效弹性模量	0.35	控制材料
	等效应力	0.35	

续表

物理性能	物理参数	相似常数	备注
材料性能	质量密度	2.1	
	质量	6.222×10^{-4}	
荷载性能	集中力	1.556×10^{-3}	
	线荷载	0.023	
	面荷载	0.35	
	弯矩	1.037×10^{-4}	
动力性能	周期	0.1633	
	频率	6.124	
	速度	0.408	
	加速度	2.50	控制试验
	重力加速度	1.00	
模型质量		24.17t	含配质量
模型高度		6.945m	含底板

C.3.2 模型材料

根据相似关系的要求，模型材料一般应具有尽可能低的弹性模量和尽可能大的比重，同时，在应力-应变关系方面尽可能与原型材料相似。基于这些考虑，上海国际设计中心的动力试验模型由微粒混凝土、紫铜、镀锌铁丝和铁丝网制作。

微粒混凝土用较大的沙砾作为粗骨料代替普通混凝土中的碎石，以较小粒径的沙砾作为细骨料代替普通混凝土中的沙砾。由于微粒混凝土的施工方法、浇捣方式和养护条件都与普通混凝土相同，与普通混凝土材性极为相似，从 20 世纪 60 年代初就被应用于结构试验，特别是近十几年来得到更为广泛的应用。微粒混凝土模型与砂浆模型不同，它和原型混凝土一样具有几级连续级配，不同粒径的沙砾占有其相应的比例，因而其力学性能和级配与原型混凝土具有较好的相似性。此外，与有机玻璃模型相比，微粒混凝土模型进行试验时可以做到模型开裂甚至破坏阶段，具有试验现象比较直观的优点。在确定了混凝土的模型材料及其相似关系后，选取紫铜模拟钢材，镀锌铁丝模拟钢筋，焊接铁丝网模拟箍筋，以在弹性模量和材料强度方面分别尽量满足相似关系的要求。

模型养护完成后，对与模型同步制作的微粒混凝土试块进行材料性能试验，以更准确地控制相似关系。材料试验结果详见表 C.3。

表 C.3　微粒混凝土材料抗压强度和弹性模量

层数	弹性模量/MPa	抗压强度/MPa
机房层	1.24×10^{4}	4.48
24 层	1.23×10^{4}	6.96

续表

层数	弹性模量/MPa	抗压强度/MPa
22 层	1.12×10^4	7.00
20 层	1.25×10^4	6.26
18 层	1.22×10^4	8.12
16 层	1.22×10^4	6.88
14 层	1.33×10^4	7.50
12 层	0.64×10^4	3.76
10 层	1.32×10^4	9.58
8 层	1.47×10^4	8.80
6 层	1.64×10^4	8.42
4 层	1.62×10^4	9.48
2 层	1.71×10^4	9.94
平均	1.31×10^4	7.48

C.3.3　试验模型简化

上海国际设计中心采用钢框架-钢筋混凝土筒体结构体系抵抗水平荷载。为了模型施工的简单可行且保证结构的抗侧刚度变化在允许的误差范围内，经过研究论证后，对该结构如下几方面进行了简化处理：

(1)部分楼面主次梁的简化；

(2)核心筒内墙的规则化；

(3)核心筒内楼板开洞的归一化；

(4)附属非结构构件的简化。

C.3.4　模型施工工艺

由于模型缩尺较大，模型尺寸较小，精度要求较高，因此对模型施工有较高的要求。模板采用泡沫塑料，泡沫塑料易成型，易拆模。泡沫塑料和混凝土相比，在密度、抗弯模量、抗剪模量方面都很小，对模型刚度的影响也很小。在模型施工之前，首先将模板切割成一定形状，形成模型构件所需的空间，绑扎模拟钢筋的铁丝，固定模拟型钢的铜片。在保证其可靠连接后，进行微粒混凝土的浇筑，边浇筑边振捣密实，每次浇筑一层，隔日安置上面一层的模板和配筋，重复这个过程，直至完成整个模型的制作。在施工过程中边施工边检查轴线间距、整体垂直度、构件尺寸和角度以及连接构造等。

C.3.5　模型竣工状况

结构模型总高度为 6.945m，其中模型底座高 0.3m，模型高度为 6.645m。模型制作过程见图 C.1～图 C.3，施工完成后的上海国际设计中心结构模型见图 C.4。模型吊装就位，固定在振动台上，位置示意见图 C.5。模型的 X 方向为振动台的 Y 方向，模型的 Y 方向为振动台的 X 方向。

图 C.1　底座浇筑前

图 C.2　连体桁架

图 C.3　主塔悬挑端

图 C.4　模型全貌

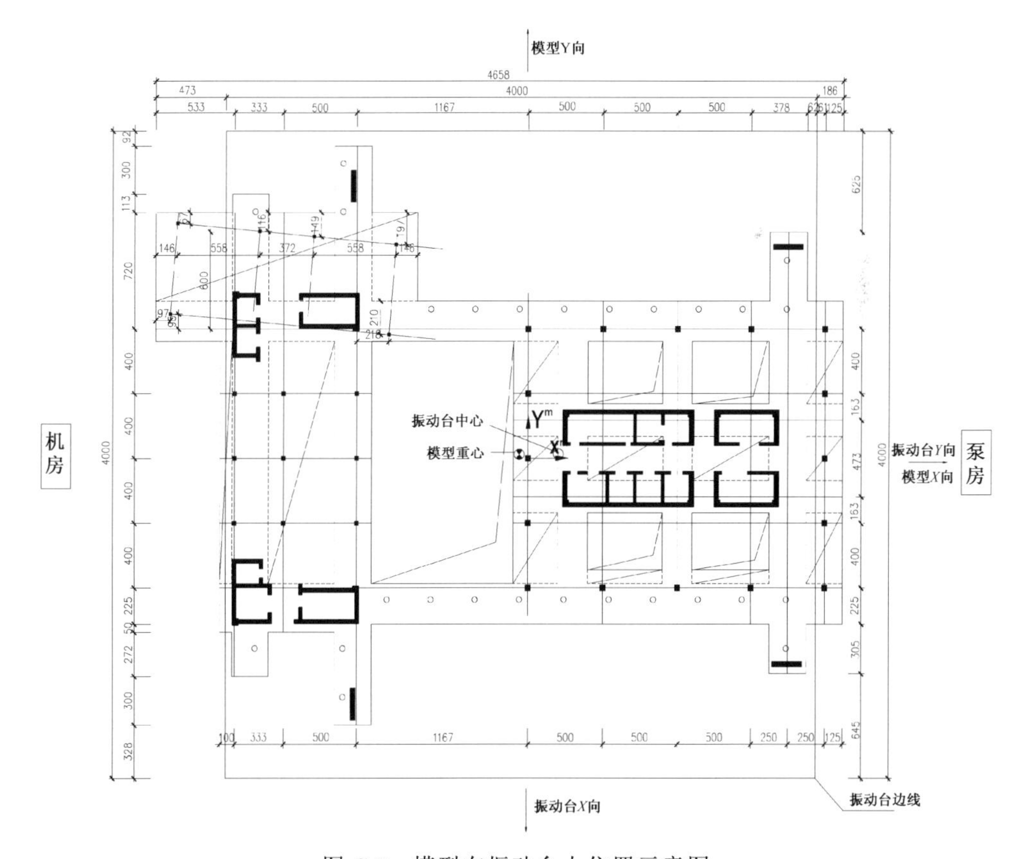

图 C.5　模型在振动台上位置示意图

试验根据原型结构各楼层总质量分布，按相似关系确定模型各楼层质量，模型附加质量按面积均匀布置在核心筒外围楼板上，屋顶部分附加质量则直接安装在核心筒顶上。附加质量分布表参见表 C.4，二层附加质量块分布图见图 C.6。加质量块前、后对模型各做了一次脉动测试，试验前对振动测试系统进行了标定。模型总质量为 24.17t，其中模型和附加质量 19.5t，底座质量 4.67t。

表 C.4　模型配重分布表

楼层号	结构自重/t	附加质量/t	楼层质量/t	楼层号	结构自重/t	附加质量/t	楼层质量/t
1	0.251	0.639	0.890	14	0.153	0.380	0.533
2	0.292	0.701	0.993	15	0.153	0.352	0.505
3	0.294	0.704	0.998	16	0.153	0.352	0.505
4	0.297	0.718	1.015	17	0.153	0.352	0.505
5	0.286	0.663	0.945	18	0.153	0.352	0.505
6	0.286	0.673	0.959	19	0.153	0.352	0.505
7	0.274	0.643	0.917	20	0.153	0.352	0.505
8	0.293	0.699	0.992	21	0.153	0.352	0.505
9	0.291	0.687	0.978	22	0.153	0.352	0.505
10	0.401	1.179	1.580	23	0.137	0.327	0.464
11	0.328	1.031	1.359	24	0.153	0.482	0.635
12	0.319	0.913	1.232	25	0.071	0.369	0.440
13	0.163	0.371	0.534	合计/t	19.500		

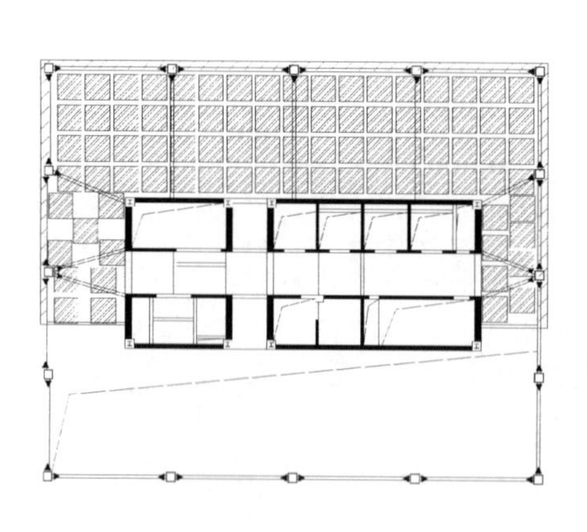
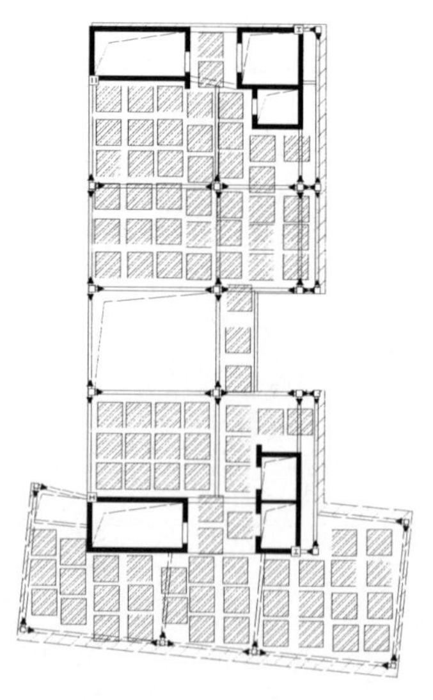

图 C.6　二层附加质量块分布图

C.4 模拟地震振动台试验

C.4.1 试验过程简述

模拟地震振动台试验台面激励的选择主要根据地震危险性分析、场地类别和建筑结构动力特性等因素确定。试验时根据模型所要求的动力相似关系对原型地震记录作修正后，作为模拟地震振动台的台面输入。根据抗震设防要求，输入地震波的加速度幅值从小到大依次增加，以模拟多遇至罕遇不同水准地震对结构的作用。在受到地震作用后，模型结构的频率和阻尼比都将发生变化。在不同水准的地震作用前后，采用白噪声对模型结构进行扫频，得到模型自振频率和结构阻尼比的变化情况，以确定结构振型的变化和刚度下降的幅度。试验过程中采集模型结构在不同水准地震作用下不同部位的加速度、位移和应变等数据，同时对结构变形和开裂状况进行观察。然后根据采集的模型结构地震反应数据及观察到的模型结构破坏情况，分析推断原型结构的地震反应及其综合抗震性能。试验实施过程中，进行7度多遇、7度基本和7度罕遇地震作用等多种工况的振动台试验。在确认模型仍有相当抗震能力的基础上，还进行了模拟8度罕遇地震数个工况的试验。

C.4.2 测点布置

根据上海国际设计中心项目的结构特点，在连体桁架、主副塔楼底部等关键部位布置相应的传感器。在参考结构计算结果后，确定传感器布置如下所述。

1. 位移传感器布置

位移传感器布置16个，编号及位置详见表C.5。一层设2个测点；6层主、副塔各设2个测点；11层设3个测点；13层、20层各设2个测点，主塔屋顶设3个测点。具体位置见图C.7～图C.14。共6个楼层布置位移传感器。

表C.5 模拟地震振动台试验位移传感器布置

编号	布置楼层	方向	位置	导线号	通道号	备注
D16	主塔屋顶	Y	测点D	82	82	
D15	主塔屋顶	X	测点B	84	84	
D14	主塔屋顶	Y	测点A	90	90	
D13	20	X	测点B	88	88	
D12	20	Y	测点A	89	89	
D11	13	X	测点B	81	81	

续表

编号	布置楼层	方向	位置	导线号	通道号	备注
D10	13	*Y*	测点 A	91	91	
D9	11	*Y*	测点 D	86	86	
D8	11	*X*	测点 B	79	79	
D7	11	*Y*	测点 A	94	94	
D6	6	*X*	测点 E	87	87	
D5	6	*Y*	测点 D	95	50	
D4	6	*X*	测点 B	80	80	
D3	6	*Y*	测点 A	93	93	
D2	底板	*Y*	测点 D	92	49	
D1	底板	*X*	测点 B	85	85	

注：表中 *X*、*Y* 方向均为模型结构方向

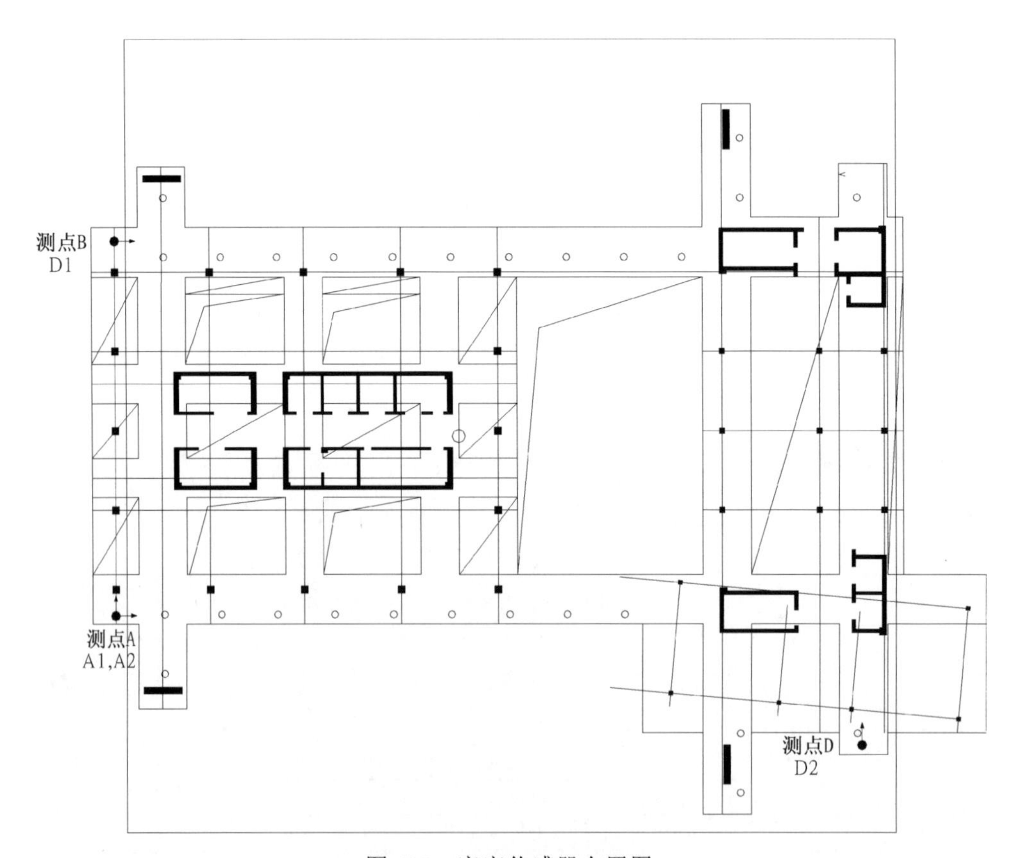

图 C.7 底座传感器布置图

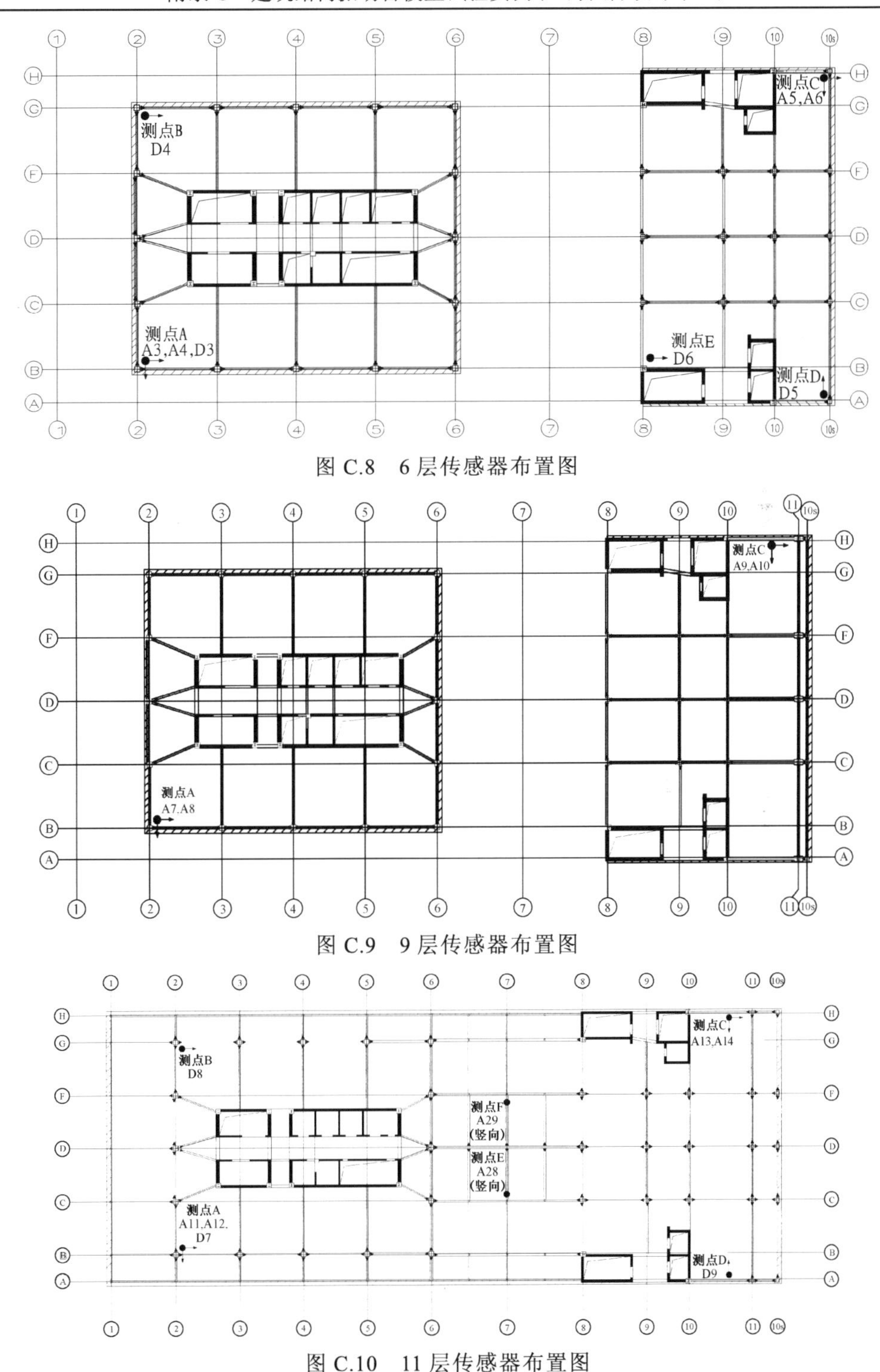

图 C.8　6层传感器布置图

图 C.9　9层传感器布置图

图 C.10　11层传感器布置图

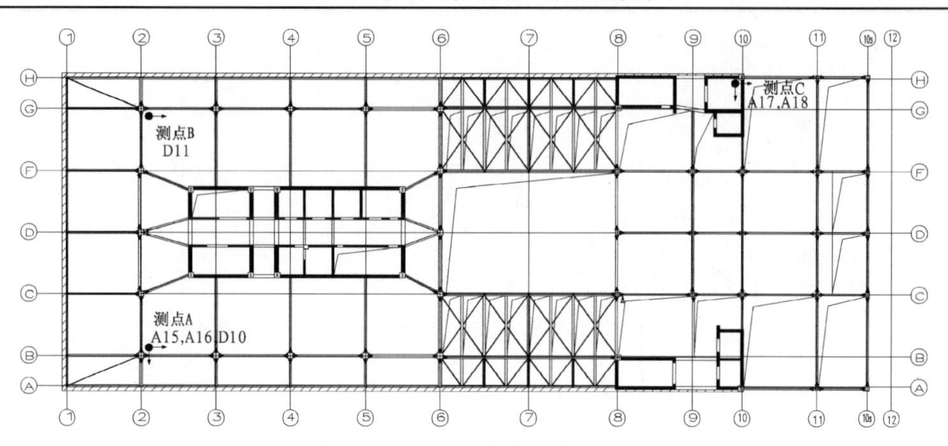

图 C.11　13 层传感器布置图

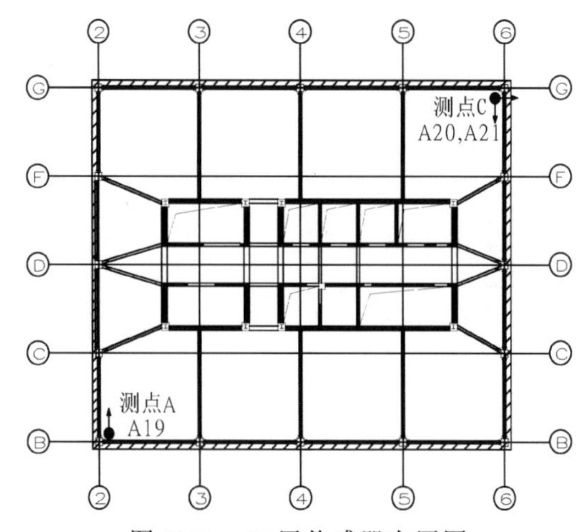

图 C.12　15 层传感器布置图

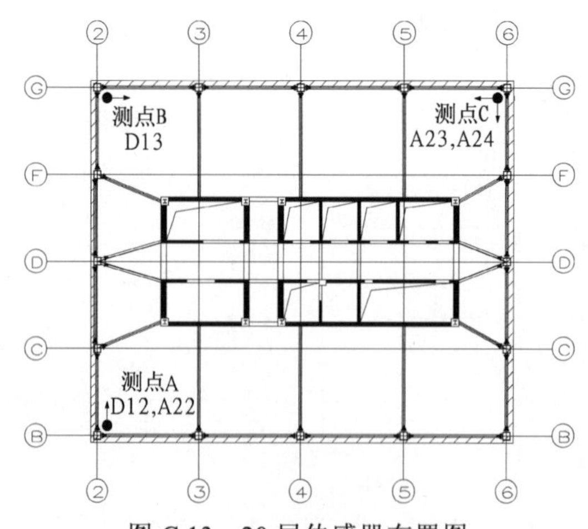

图 C.13　20 层传感器布置图

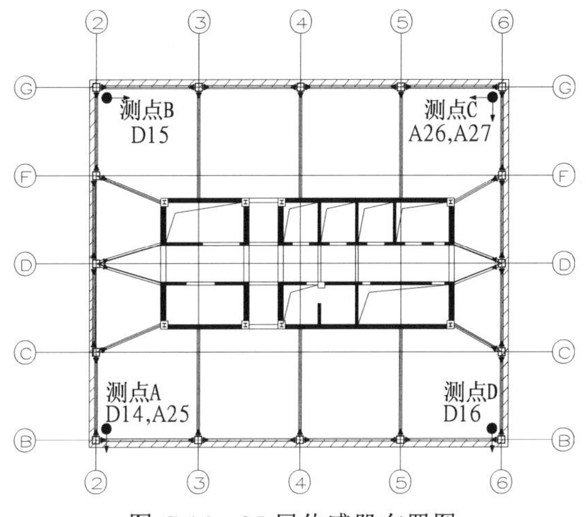

图 C.14 25层传感器布置图

2. 应变片布置

应变测点分布在连体桁架、剪力墙底部、斜柱和主塔楼角柱，用于监测其在各种地震工况下的应变状态，以期了解相应应力变化情况。本试验在结构模型上布置25个应变片(S1～S25)，分别位于1层、8层、9层、11层、12层和13层。编号及位置详见表C.6，剪力墙和连体桁架上的应变片具体位置见图C.15。

表 C.6 模拟地震振动台试验应变片布置

编号	布置楼层	位置(见图C.15)	导线号	通道号	备注
S1	1	主筒墙角竖向应变片	66	66	
S2	1	核心筒乙墙角竖向应变片	62	62	
S3	1	⑩交Ⓕ轴斜柱一层中部	73	73	
S4	1	⑥交Ⓖ轴柱一层中部	61	61	
S5	11	⑥交Ⓖ轴柱十一层中部	76	76	
S6	13	⑥交Ⓖ轴柱十三层中部	67	67	
S7	11	⑥交Ⓕ轴十一层中部	51	43	
S8	11	Ⓕ轴连体桁架	68	68	
S9	12	Ⓕ轴连体桁架	65	65	
S10	12	Ⓕ轴连体桁架	53	45	
S11	12	Ⓕ轴连体桁架	50	42	
S12	11	Ⓕ轴连体桁架	49	41	
S13	11	Ⓕ轴连体桁架	52	44	
S14	11	Ⓕ轴连体桁架	78	78	
S15	13	Ⓖ轴连体桁架	64	64	
S16	12	Ⓖ轴连体桁架	75	75	
S17	12	Ⓖ轴连体桁架	63	63	

续表

编号	布置楼层	位置（见图 C.15）	导线号	通道号	备注
S18	12	Ⓖ轴连体桁架	77	77	
S19	11	Ⓖ轴连体桁架	60	60	
S20	11	Ⓖ轴连体桁架	59	59	
S21	11	Ⓖ轴连体桁架	74	74	
S22	8	Ⓒ交 10S 轴斜柱中部	71	71	
S23	9	Ⓒ交 10S 轴斜柱中部	72	72	
S24	9	Ⓒ交⑪轴柱处梁底	69	69	
S25	9	Ⓒ交⑪轴柱中部	70	70	

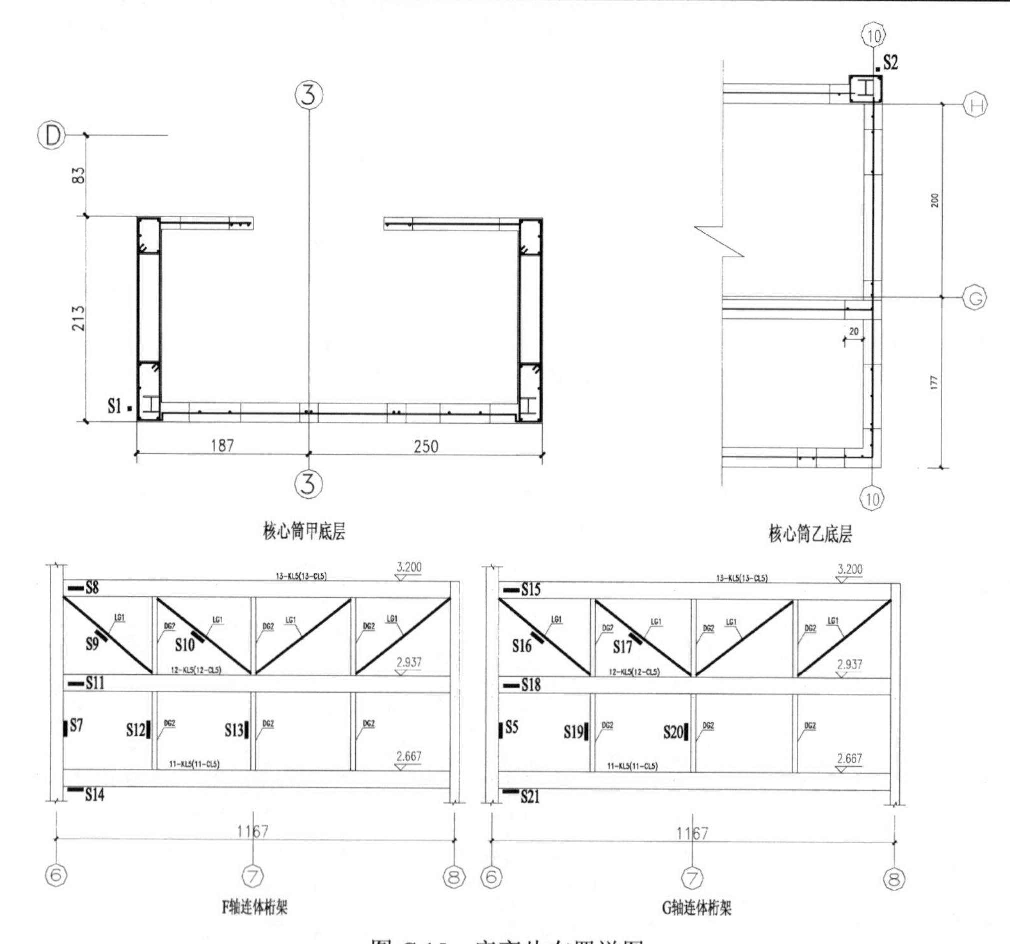

图 C.15　应变片布置详图

3. 加速度传感器布置

加速度传感器布置 29 个，编号及位置详见表 C.7 和图 C.7～图 C.14。一层布置2个加速度传感器；6层、9层、11层和13层主、副塔楼各布置2个加速度传感器；15层、20层、25层各布置3个加速度传感器；11层连体楼板布置2个竖向加速度传感器。共8个楼层布置加速度传感器。

表C.7 模拟地震振动台试验加速度传感器布置

编号	布置楼层	方向	位置	导线号	通道号	备注
A29	11	*Z*	测点F	15	15	
A28	11	*Z*	测点E	17	17	
A27	主塔屋顶	*Y*	测点C	9	9	
A26	主塔屋顶	*X*	测点C	2	2	
A25	主塔屋顶	*Y*	测点A	4	4	
A24	20	*Y*	测点C	10	10	
A23	20	*X*	测点C	8	8	
A22	20	*Y*	测点A	5	5	
A21	15	*Y*	测点C	3	3	
A20	15	*X*	测点C	7	7	
A19	15	*Y*	测点A	18	18	
A18	13	*X*	测点C	24	24	
A17	13	*Y*	测点C	23	23	
A16	13	*X*	测点A	16	16	
A15	13	*Y*	测点A	13	13	
A14	11	*X*	测点C	12	12	
A13	11	*Y*	测点C	21	21	
A12	11	*X*	测点A	20	20	
A11	11	*Y*	测点A	19	19	
A10	9	*X*	测点C	27	27	
A9	9	*Y*	测点C	28	28	
A8	9	*X*	测点A	40	40	
A7	9	*Y*	测点A	31	31	
A6	6	*X*	测点C	30	30	
A5	6	*Y*	测点C	22	22	
A4	6	*X*	测点A	38	38	
A3	6	*Y*	测点A	6	6	
A2	底板	*X*	测点A	37	37	
A1	底板	*Y*	测点A	32	32	

注：表中*X*、*Y*方向均为模型结构方向

4. 传感器数量总计

位移传感器：16个。

应变片：25个。

加速度传感器：29个。

总计：70个。

C.4.3　试验输入地震波

根据 7 度抗震设防及Ⅳ类场地要求，以下地震记录可供选择，作为振动台台面激励。

El Centro 地震波：为 1940 年 5 月 18 日美国 Imperial Valley 地震记录，持时 53.73s，南北与东西方向最大加速度分别为 341.7cm/s^2 和 210.1cm/s^2，竖直方向最大加速度为 206.3cm/s^2，场地土属Ⅱ～Ⅲ类，震级 6.7 级，震中距 11.5km，属近震，原始记录相当于 8.5 度地震。

Pasadena 地震波：为 1952 年 7 月 21 日美国加利福尼亚地震记录，持时 77.26s，南北与东西方向最大加速度分别为 46.5cm/s^2 和 52.1cm/s^2，竖直方向最大加速度为 29.3cm/s^2，场地土属Ⅲ～Ⅳ类，属远震。

上海人工地震波 SHW2：为上海市《建筑抗震设计规程》推荐的人工拟合地震波。

试验输入地震波时程及所对应的反应谱与规范反应谱的比较见图 C.16～图 C.25。另外，除按台面 *X*、*Y* 向输入地震波外，还考虑了 7 度多遇沿 45° 方向的输入。

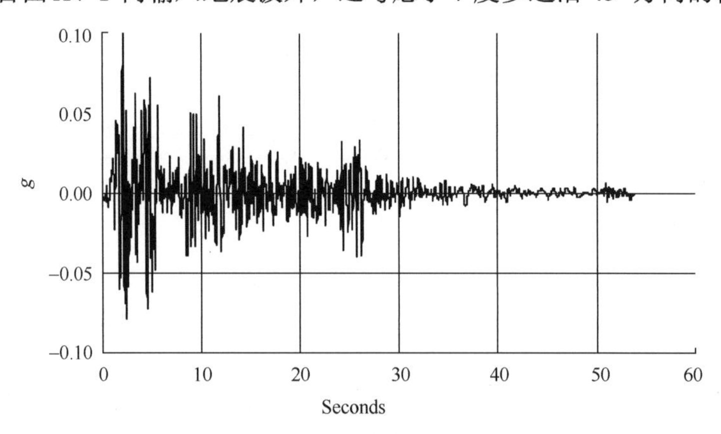

图 C.16　El Centro 波南北向时程曲线

C.4.4　试验步骤

试验加载工况按照 7 度多遇、7 度基本和 7 度罕遇的顺序分三个阶段对模型结构进行模拟地震试验。在不同水准地震波输入前后，对模型进行白噪声扫频，测量结构的自振频率、振型和阻尼比等动力特征参数。在进行每个试验阶段的地震试验时，由台面依次输入 El Centro 波、Pasadena 波和 SHW2 波。地震波持续时间按相似关系压缩为原地震波的 1/6.124，输入方向分为双向或单向水平输入。各水准地震下，台面输入加速度峰值均按有关规范的规定及模型试验的相似关系要求进行调整，以模拟不同水准地震作用。

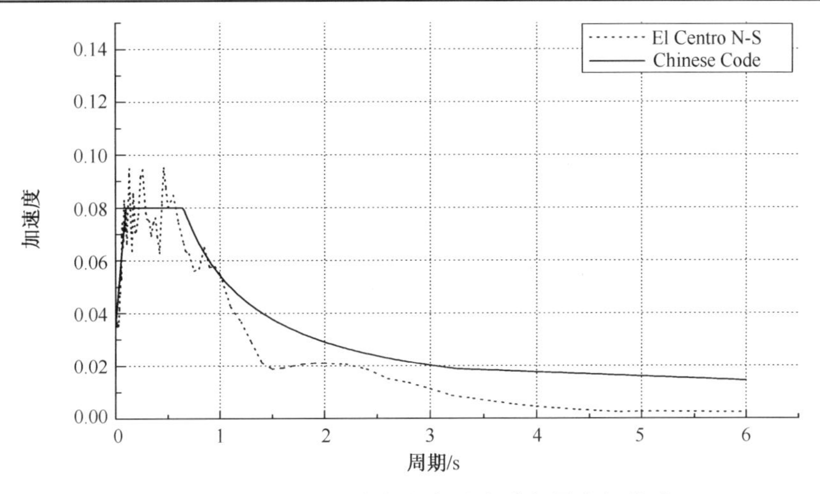

图 C.17　El Centro 波南北向反应谱与国家规范谱

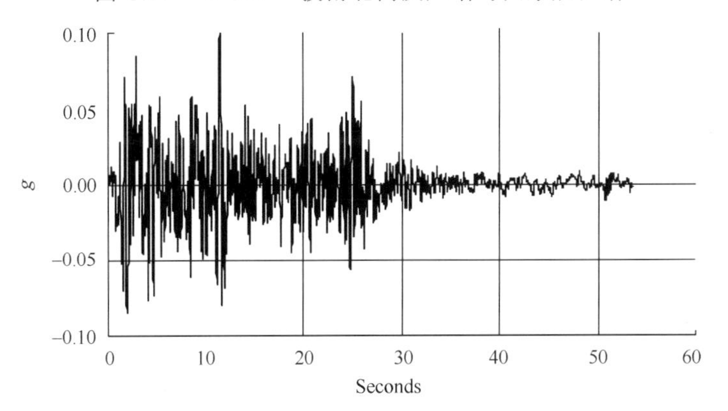

图 C.18　El Centro 波东西向时程曲线

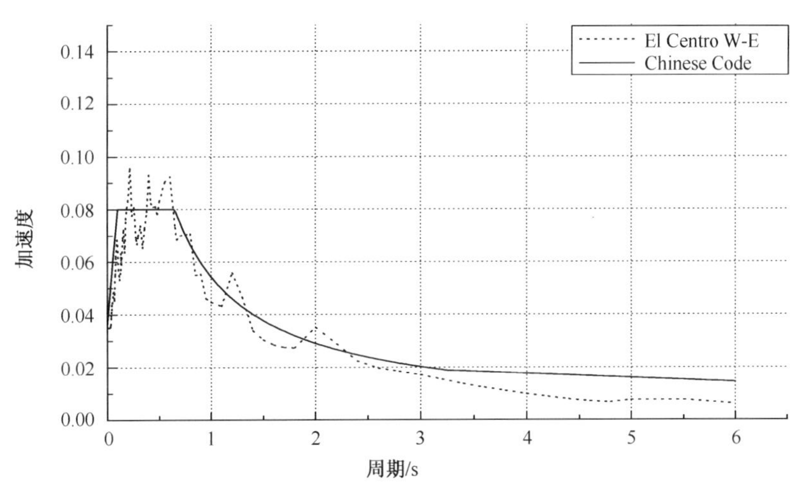

图 C.19　El Centro 波东西向反应谱与国家规范谱

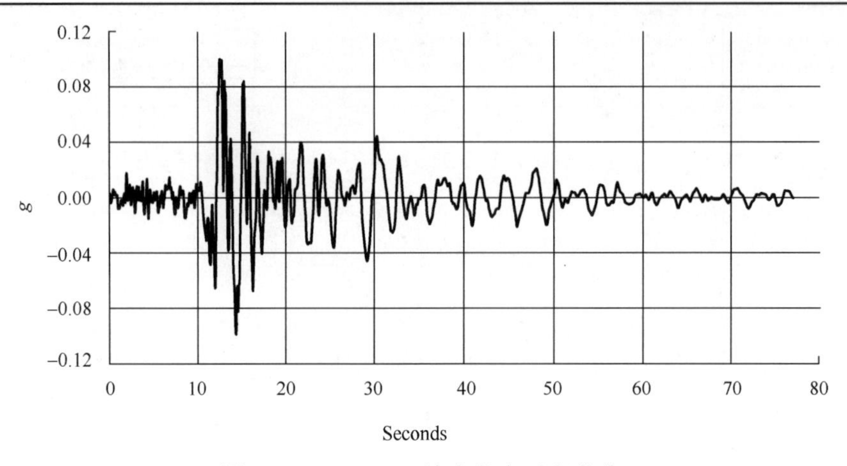

图 C.20　Pasadena 波南北向时程曲线

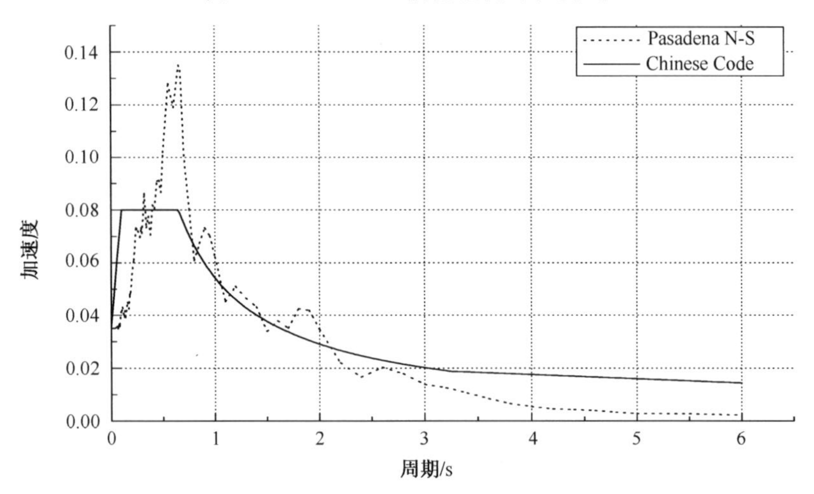

图 C.21　Pasadena 波南北向反应谱与国家规范谱

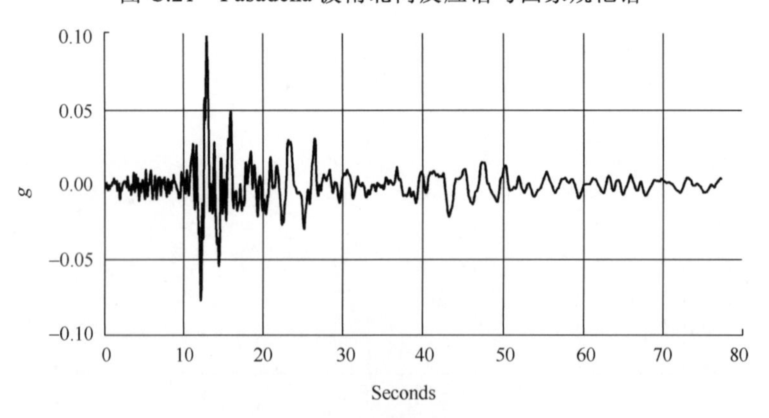

图 C.22　Pasadena 波东西向时程曲线

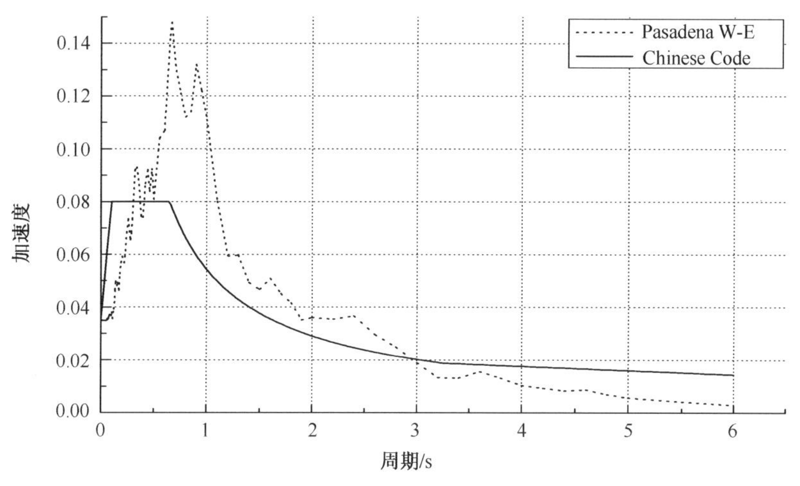

图 C.23　Pasadena 波东西向反应谱与国家规范谱

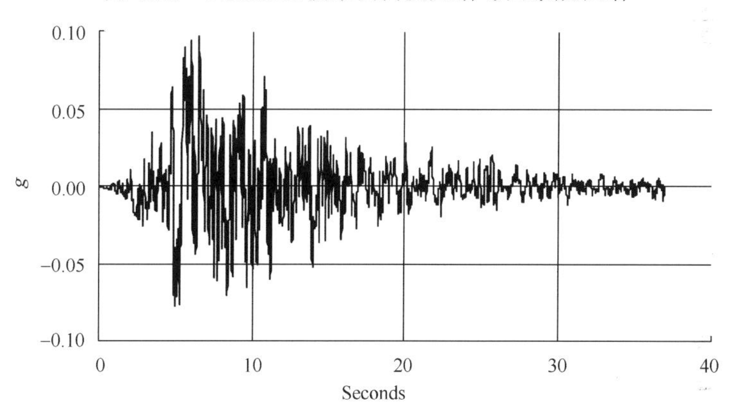

图 C.24　上海人工波时程曲线

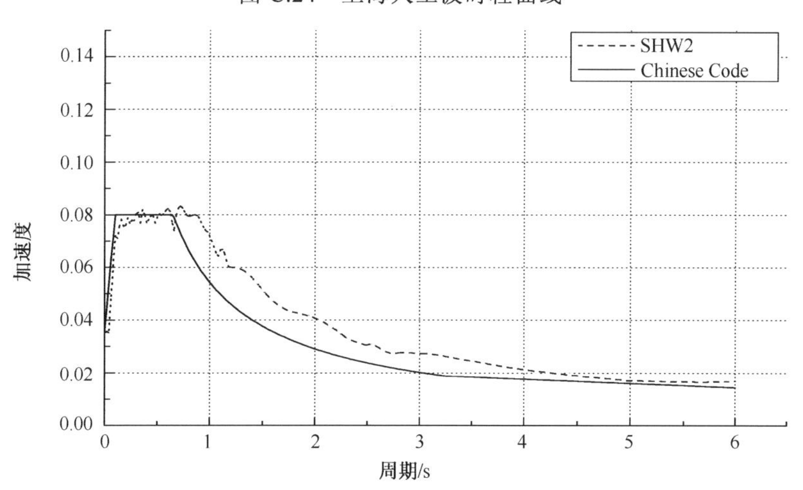

图 C.25　上海人工波反应谱与国家规范谱

在确认模型仍有相当抗震能力的基础上，还进行了模拟 8 度罕遇地震数个工况的试验。详细试验工况见表 C.8。

表 C.8　结构模型振动台试验工况表

试验工况序号	试验工况编号	烈度	地震激励	地震输入值(g)					备　注
				主振方向	模型 Y 向(振动台 X 向)		模型 X 向(振动台 Y 向)		
					设定值	实际值	设定值	实际值	
1	W1	第一次白噪声			0.07		0.07		双向白噪声
2	F7EYX	7度多遇	El Centro	模型 Y 向	0.09	0.115	0.07	0.105	双向地震
3	F7EXY			模型 X 向	0.07	0.088	0.09	0.102	
4	F7PYX		Pasadena	模型 Y 向	0.09	0.144	0.07	0.065	双向地震
5	F7PXY			模型 X 向	0.07	0.088	0.09	0.085	
6	F7SHY		SHW2	模型 Y 向	0.09	0.101			单向地震
7	F7SHX			模型 X 向			0.09	0.156	
8	W2	第二次白噪声			0.07		0.07		双向白噪声
9	F7E+45°	7度多遇	El Centro	模型+45°	0.06	0.091	0.06	0.068	单向地震
10	F7E−45°			模型−45°	0.06	0.102	0.06	0.062	
11	F7P+45°		Pasadena	模型+45°	0.06	0.216	0.06	0.164	单向地震
12	F7P−45°			模型−45°	0.06	0.156	0.06	0.148	
13	F7SH+45°		SHW2	模型+45°	0.06	0.065	0.06	0.099	单向地震
14	F7SH−45°			模型−45°	0.06	0.072	0.06	0.091	
15	W3	第三次白噪声			0.07		0.07		双向白噪声
16	B7EYX	7度基本	El Centro	模型 Y 向	0.25	0.243	0.21	0.280	双向地震
17	B7EXY			模型 X 向	0.21	0.216	0.25	0.365	
18	B7PYX		Pasadena	模型 Y 向	0.25	0.307	0.21	0.223	双向地震
19	B7PXY			模型 X 向	0.21	0.227	0.25	0.280	
20	B7SHY		SHW2	模型 Y 向	0.25	0.266			单向地震
21	B7SHX			模型 X 向			0.25	0.273	
22	W4	第四次白噪声			0.07		0.07		双向白噪声
23	R7EYX	7度罕遇	El Centro	模型 Y 向	0.55	0.539	0.47	0.451	双向地震
24	R7EXY			模型 X 向	0. 47	0.559	0. 55	0.579	
25	R7PYX		Pasadena	模型 Y 向	0. 55	0.443	0. 47	0.400	双向地震
26	R7PXY			模型 X 向	0. 47	0.443	0. 55	0.674	
27	R7SHY		SHW2	模型 Y 向	0. 55	0.466			单向地震
28	R7SHX			模型 X 向			0. 55	0.639	
29	W5	第五次白噪声			0.07		0.07		双向白噪声
30	R8EYX	8度罕遇	El Centro	模型 Y 向	1.00	0.872	0.85	0.806	双向地震
31	R8EXY			模型 X 向	0.85	0.755	1.00	0.948	
32	R8PYX		Pasadena	模型 Y 向	1.00	0.944	0.85	0.927	双向地震
33	R8PXY			模型 X 向	0.85	0.945	1.00	1.207	
34	R8SHY		SHW2	模型 Y 向	1.00	0.783			单向地震
35	R8SHX			模型 X 向			1.00	0.871	
36	W6	第六次白噪声			0.07		0.07		双向白噪声

C.4.5　试验现象描述

1. 7度多遇地震试验阶段

按加载顺序依次输入正交El Centro波、Pasadena波和SHW2波。各地震波输入后，模型表面未发现可见裂缝。地震波输入结束后用白噪声扫频，发现模型自振频率基本未降低。本试验阶段模型结构基本处于弹性工作阶段，模型结构满足“小震不坏”的抗震设防目标。

接着输入45°单向El Centro波、Pasadena波和SHW2波。各地震波输入后，模型表面未发现可见裂缝。但由于实际输入地震波加速度峰值偏大，经白噪声扫频，发现模型自振频率略有下降。

2. 7度基本地震试验阶段

在7度基本地震试验阶段各地震波输入下，结构已有裂缝出现，结构的自振频率下降较大。主要试验现象如下：

(1)主塔核心筒尚无明显裂缝出现。

(2)副塔。

① 核心筒乙3层H轴8～9轴间剪力墙出现两条斜裂缝(见图C.26)。

② 核心筒乙3层H轴9～10轴间剪力墙出现一条斜裂缝。

(3)连体。

① B轴桁架12层、13层梁翼缘、腹板屈曲，吊杆连接节点处腹板屈曲尤为明显(见图C.27)。

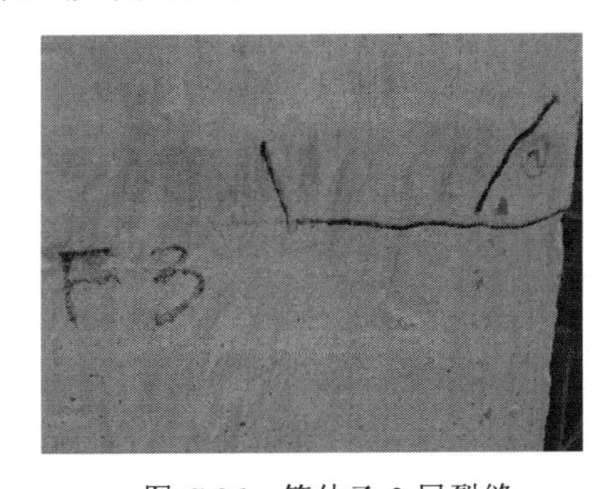

图C.26　筒体乙3层裂缝

图C.27　连体桁架主梁腹板与翼缘屈曲

② F轴桁架13层梁下翼缘局部屈曲。

③ G轴桁架13层梁下翼缘局部屈曲。

3. 7度罕遇地震试验阶段

在7度罕遇地震试验阶段各地震波输入下，结构的自振频率继续下降，但模型结构满足设防烈度地震下“大震不倒”的抗震设防要求。主要试验现象如下：

1)主塔

(1)核心筒丙11层10轴铜梁与墙体连接破坏；

(2)13层挑板沿2轴出现一条通长裂缝(见图C.28)；

图C.28　主塔13层挑板通长裂缝

(3)13层挑板G轴出现一条从1轴至2轴的通长裂缝；

(4)核心筒甲5层5轴、6轴间近F轴纵墙出现一条水平裂缝(见图C.29)；

图C.29　核心筒甲5层裂缝

(5)核心筒甲10～13层近F轴纵墙连梁端部出现斜裂缝。

2)副塔

(1)核心筒乙3层和5层H轴8～10轴间剪力墙又出现三条斜裂缝；

(2)核心筒乙4～12层H轴8～10轴间剪力墙连梁端部出现斜裂缝；

(3)核心筒乙1层和2层8轴H～G轴间剪力墙各出现一条水平裂缝；

(4)核心筒乙3层8轴H～G轴间剪力墙出现一条斜裂缝；

(5)核心筒丙5层A轴8～9轴间剪力墙出现一条水平裂缝；

(6)核心筒丙4～12层A轴8～9轴间剪力墙连梁端部出现斜裂缝。

3)连体

(1)各榀桁架11层主梁翼缘普遍发生屈曲；

(2)B轴桁架12层、13层梁屈曲进一步发展，翼缘屈曲显著。

4. 8度罕遇地震试验阶段

模型结构遭遇7度罕遇地震作用后，仔细观察模型整体结构的破坏情况，并对结构第一频率变化情况作初步分析后，认为模型尚有相当的抗震承载能力，故进行了8度罕遇地震试验。主要试验现象如下：

1)主塔

(1)核心筒甲3层、4层、17层近6轴横墙连梁端部出现斜裂缝；

(2)核心筒甲15层、18层近C轴纵墙连梁端部出现斜裂缝；

(3)核心筒甲10层、11层近F轴纵墙连梁端部出现斜裂缝；

(4)核心筒甲19层近2轴横墙连梁端部出现斜裂缝；

(5)核心筒甲15层筒甲近C轴纵墙出现斜裂缝；

(6)核心筒甲5层近F轴纵墙出现裂缝。

2)副塔

(1)核心筒乙H轴9～10间横墙出现斜裂缝；

(2)核心筒乙8层H轴8～9间剪力墙出现一条斜裂缝；

(3)核心筒乙4～8层轴G～H间墙体出现斜裂缝；

(4)核心筒乙6层H轴8～9间剪力墙连梁端部出现斜裂缝；

(5)核心筒乙4层H轴8～9间剪力墙出现一条斜裂缝；

(6)核心筒乙5层10轴F～G间横墙出现一条斜裂缝；

(7)核心筒丙8层A轴8～9间剪力墙出现一条斜裂缝；

(8)核心筒丙5～6层A轴8～9间剪力墙在7度罕遇产生的裂缝上继续开展，且又出现新裂缝；

(9)核心筒丙5～6层A轴9～10间剪力墙出现斜裂缝；

(10)核心筒丙 7～13 层 A 轴 8～10 间剪力墙连梁端部出现斜裂缝；
(11)核心筒丙 5 层 10 轴 A 间剪力墙出现两条斜裂缝；
(12)核心筒丙 5～8 层 8 轴 A～B 间剪力墙体出现水平裂缝。
H 轴立面裂缝分布如图 C.30 所示。

图 C.30　副塔 H 轴立面裂缝分布

3)连体
(1)13 层 B 轴与 C 轴桁架之间次梁侧向整体屈曲(见图 C.31)；

图 C.31　连体 13 层次梁整体屈曲

(2)13 层 F 轴与 G 轴桁架之间次梁侧向整体屈曲；

(3)13层C轴桁架与主塔楼6轴柱连接节点处，腹杆端部连接脱焊；

(4)13层C轴桁架6轴～7轴间节点处，腹杆端部连接脱焊；

(5)13层C轴桁架梁侧向整体屈曲；

(6)13层C轴桁架梁翼缘屈曲；

(7)13层G轴桁架6轴～7轴间节点处，腹杆端部连接脱焊，主梁下翼缘撕裂；

(8)13层G轴桁架梁下翼缘多处屈曲；

(9)13层G轴连体桁架7轴～8轴间节点处，腹杆端部连接脱焊；

(10)13层B轴桁架7轴～8轴间节点处，腹杆端部连接脱焊，主梁下翼缘撕裂破坏(见图C.32)；

(11)13层B轴桁架6轴～7轴间节点处，腹杆端部连接脱焊，吊杆撕裂破坏；

(12)13层B轴桁架与主塔楼6轴柱节点，腹杆端部连接脱焊；

(13)A轴、H轴次梁下翼缘普遍发生屈曲。

在整个试验过程中，连体桁架与框架柱连接节点保持完好，如图C.33所示。

图C.32　连体桁架节点破坏

图C.33　连体主梁与框架柱连接完好

C.5　模型结构试验结果分析

C.5.1　模型结构动力特性

在不同水准地震作用前后，均用白噪声对结构模型进行扫频试验。通过对各加速度测点的频谱特性、传递函数以及时程反应的分析，得到模型结构在不同水准地震前后的自振频率、阻尼比和振型形态，见表C.9。要直接测定模型结构各阶振型相对比较困难，由试验结果推算出结构前二阶Y、X向振型见图C.34。试验阶段结束后模型结构的X向与Y向的频率与它处于同一位置时的第一次扫频结果的对比情况见图C.35～图C.44。

表 C.9　模型结构自振频率、阻尼比与振型形态

振型阶数		一	二	三	四	五	六	七	八	九
第一次白噪声	频率/Hz	2.382	3.573	5.061	8.337	10.420	13.100	20.246	21.437	25.605
	阻尼比	0.0605	0.0607	0.0475	0.0435	0.0535	0.0570	0.0264	0.0440	0.0105
	振型形态	*Y* 向平动	*X* 向平动	扭转	*Y* 向平扭	扭转				
第二次白噪声	频率/Hz	2.382	3.573	4.764	7.741	9.230	12.800	18.162	19.650	24.120
	阻尼比	0.0635	0.0360	0.0363	0.0341	0.0375	0.0251	0.0362	0.0310	0.0121
	振型形态	*Y* 向平动	*X* 向平动	扭转	*Y* 向平扭	扭转				
第三次白噪声	频率/Hz	2.084	3.275	4.466	6.848	8.634	11.909	17.566	18.459	20.54
	阻尼比	0.0875	0.0370	0.0395	0.0450	0.0451	0.0503	0.0322	0.0585	0.0313
	振型形态	*Y* 向平动	*X* 向平动	扭转	*Y* 向平扭	扭转				
第四次白噪声	频率/Hz	1.786	2.977	3.573	5.657	6.848	10.123	14.589	18.162	19.353
	阻尼比	0.0898	0.0433	0.0557	0.0453	0.0464	0.0451	0.0405	0.0253	0.0203
	振型形态	*Y* 向平动	*X* 向平动	扭转	*Y* 向平扭	扭转				
第五次白噪声	频率/Hz	1.489	2.386	2.977	4.466	5.657	8.039	11.612	15.780	17.268
	阻尼比	0.0997	0.0621	0.1027	0.0569	0.0554	0.0522	0.0422	0.0414	0.0493
	振型形态	*Y* 向平动	*X* 向平动	扭转	*Y* 向平扭	扭转				
第六次白噪声	频率/Hz	1.191	1.786	2.382	3.275	4.168	6.252	8.634	11.016	12.505
	阻尼比	0.1061	0.1154	0.1031	0.0765	0.0797	0.0719	0.0613	0.0811	0.0430
	振型形态	*Y* 向平动	*X* 向平动	扭转	*Y* 向平扭	扭转				

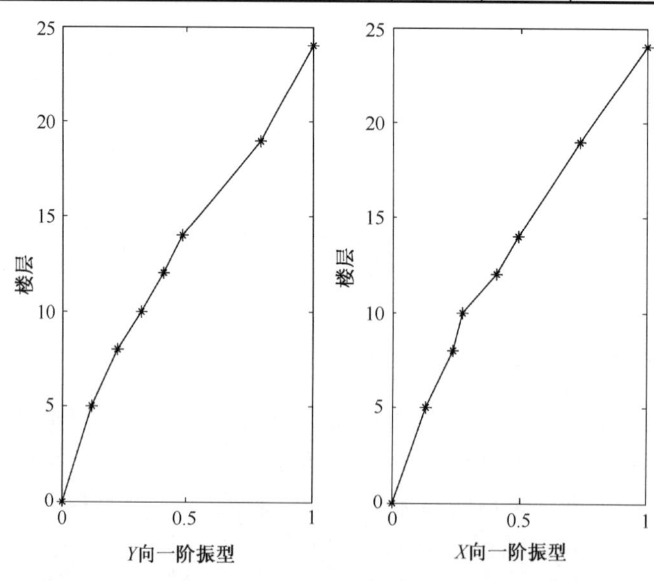

图 C.34　模型结构前二阶振型图

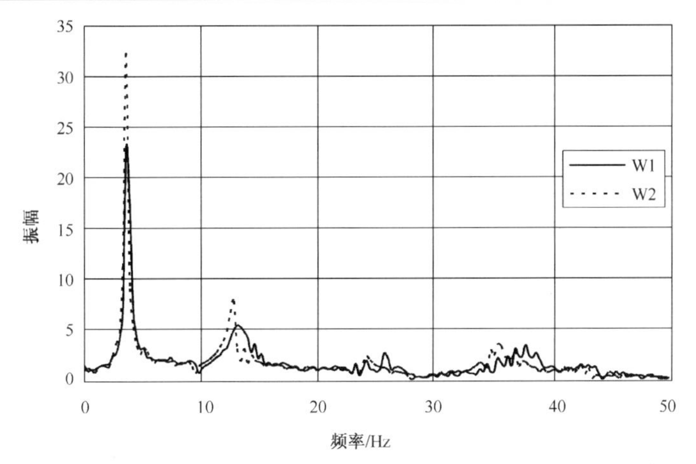

图 C.35　屋面测点 C(*X*)7 度多遇地震输入后模型结构频率变化

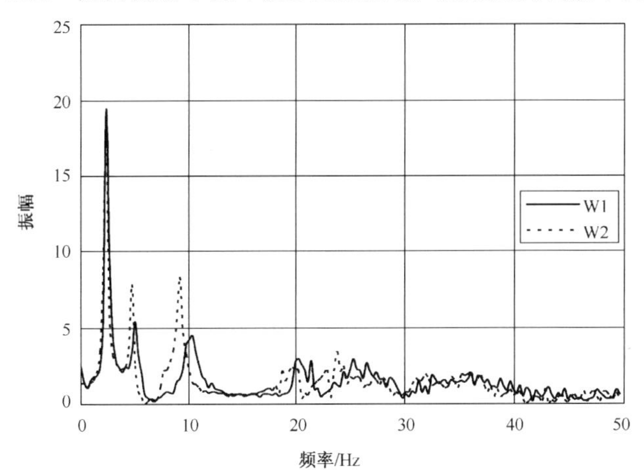

图 C.36　屋面测点 A(*Y*)7 度多遇地震输入后模型结构频率变化

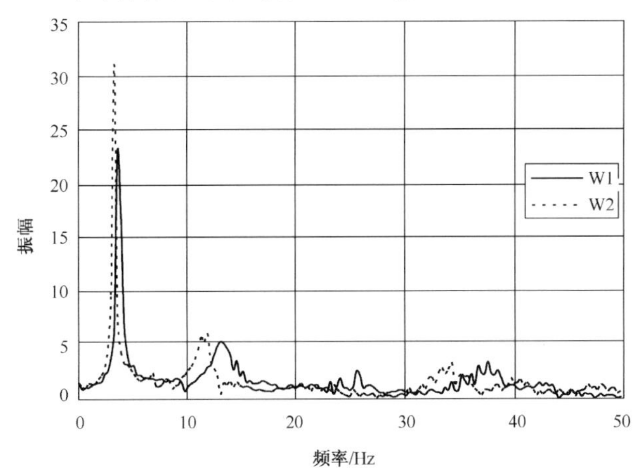

图 C.37　屋面测点 C(*X*)7 度多遇地震(45°方向)输入后模型结构频率变化

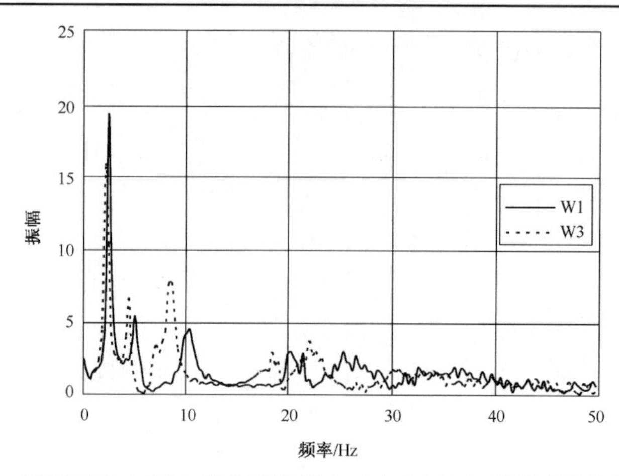

图 C.38　屋面测点 A(*Y*) 7 度多遇地震(45°方向)输入后模型结构频率变化

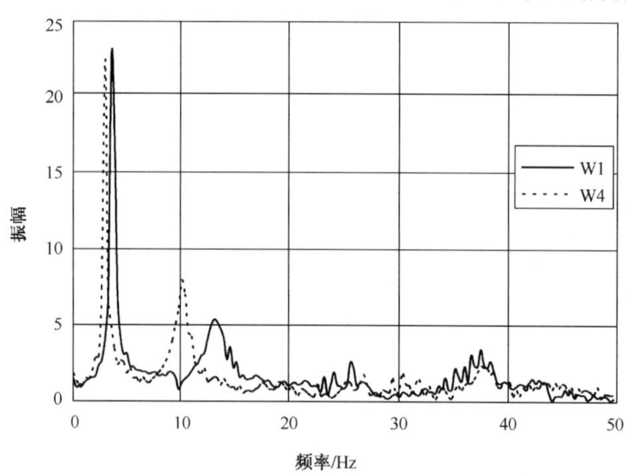

图 C.39　屋面测点 C(*X*) 7 度基本地震输入后模型结构频率变化

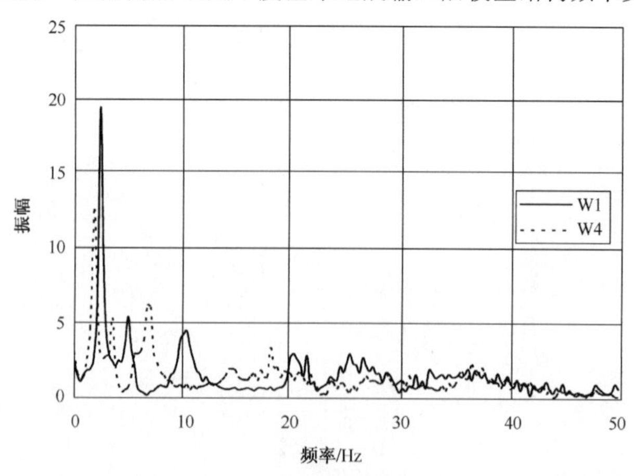

图 C.40　屋面测点 A(*Y*) 7 度基本地震输入后模型结构频率变化

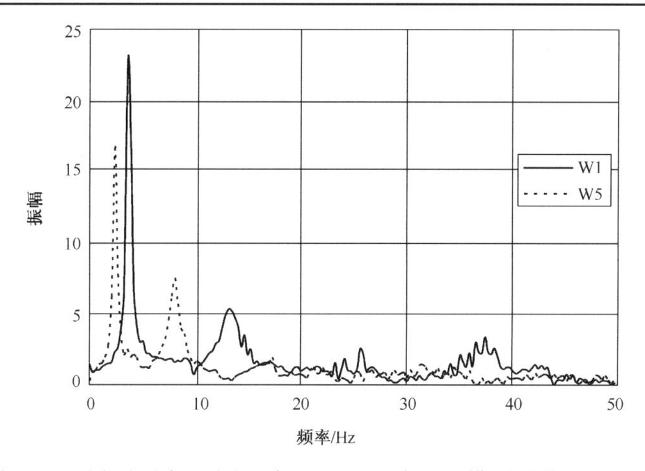

图 C.41 屋面测点 C(*X*)7 度罕遇地震输入后模型结构频率变化

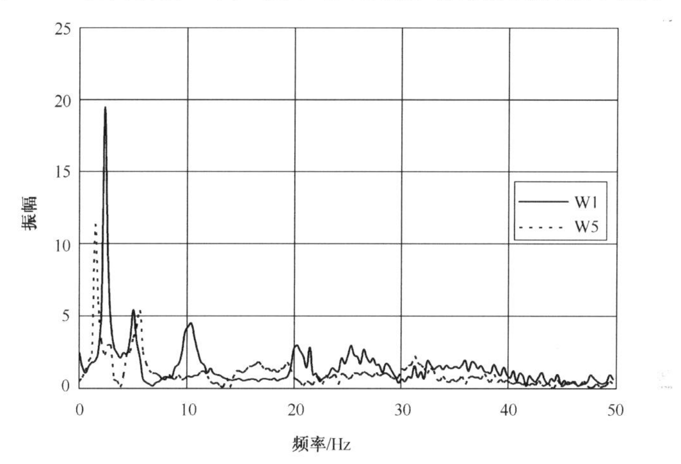

图 C.42 屋面测点 A(*Y*)7 度罕遇地震输入后模型结构频率变化

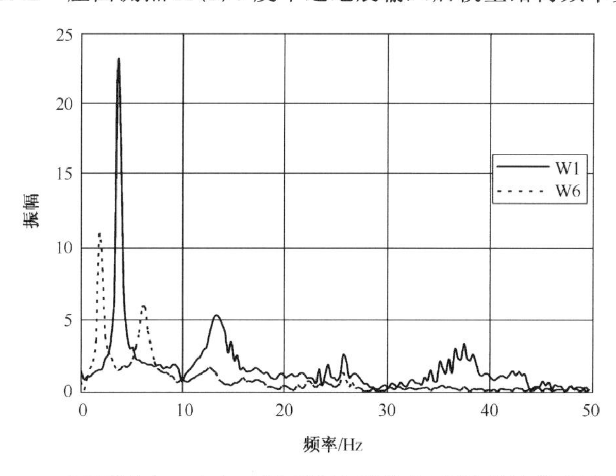

图 C.43 屋面测点 C(*X*)8 度罕遇地震输入后模型结构频率变化

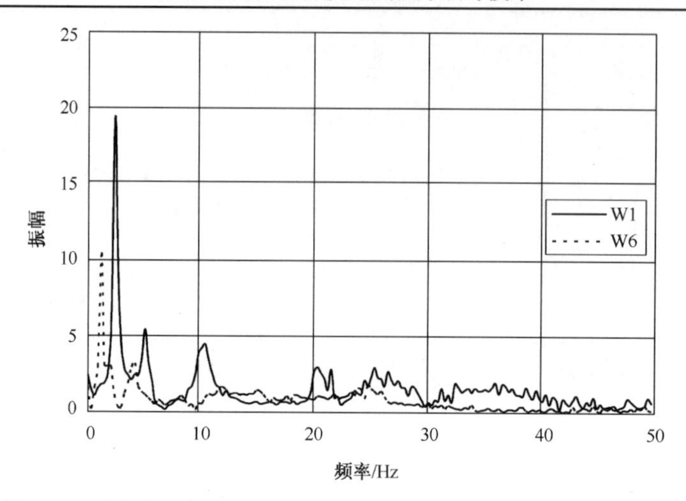

图 C.44 屋面测点 A(*Y*)8 度罕遇地震输入后模型结构频率变化

从这些结果可以看出：

(1)模型结构前三阶频率分别为 2.382Hz(*Y* 向平动)、3.573Hz(*X* 向平动)和 5.061Hz(扭转)；

(2)模型结构的前三阶振型的振动形态为平动和整体扭转；

(3)模型结构频率随输入地震动幅值的加大而降低，而阻尼比则随结构破坏的加剧而提高；

(4)在完成 7 度罕遇地震试验阶段后，模型结构前三阶频率分别降低为 1.489Hz (*Y* 向平动)、2.386Hz(*X* 向平动)和 2.977Hz(扭转)。

C.5.2 模型结构加速度反应

通过MTS数据采集系统可以获得在各水准地震作用下结构的压电式加速度传感器的反应信号，通过系统标定，对反应信号的分析处理，得到模型结构的加速度反应。不同水准地震作用下模型各层加速度反应和加速度放大系数 *K* 见表 C.10～表 C.19 和图 C.45～图 C.54。表中 *C* 为加速度测点编号，具体位置见图 C.8～图 C.10。

表 C.10 7 度多遇地震模型最大加速度反应(*g*)及加速度放大系数(主塔)

位置	地震波	El Centro				Pasadena				SHW2	
		Y 主向(2)		*X* 主向(3)		*Y* 主向(4)		*X* 主向(5)		*Y* 主向(6)	*X* 主向(7)
		X	*Y*	*X*	*Y*	*X*	*Y*	*X*	*Y*	*Y*	*X*
主塔屋顶	MAX	0.285	0.257	0.255	0.161	0.343	0.299	0.283	0.169	0.295	0.457
	K	2.714	2.236	2.501	1.830	5.283	2.073	3.332	1.924	2.919	2.929
20 层	MAX	0.122	0.216	0.093	0.159	0.196	0.236	0.154	0.158	0.212	0.190
	K	1.162	1.878	0.912	1.811	3.012	1.640	1.813	1.800	2.102	1.218

续表

位置	地震波	El Centro				Pasadena				SHW2	
		Y主向(2)		X主向(3)		Y主向(4)		X主向(5)		Y主向(6)	X主向(7)
		X	Y	X	Y	X	Y	X	Y	Y	X
15层	MAX	0.167	0.233	0.162	0.141	0.093	0.197	0.134	0.124	0.206	0.232
	K	1.590	2.030	1.590	1.602	1.431	1.365	1.573	1.414	2.043	1.488
13层	MAX	0.140	0.239	0.138	0.168	0.111	0.168	0.118	0.111	0.209	0.230
	K	1.333	2.080	1.355	1.910	1.706	1.165	1.382	1.256	2.068	1.476
11层	MAX	0.092	0.188	0.123	0.142	0.085	0.167	0.087	0.106	0.178	0.204
	K	0.876	1.638	1.208	1.614	1.302	1.158	1.025	1.205	1.765	1.308
9层	MAX	0.123	0.172	0.144	0.128	0.087	0.170	0.098	0.112	0.183	0.260
	K	1.171	1.497	1.410	1.457	1.341	1.177	1.154	1.270	1.810	1.668
6层	MAX	0.131	0.180	0.152	0.141	0.089	0.159	0.107	0.107	0.168	0.238
	K	1.248	1.563	1.490	1.598	1.364	1.103	1.256	1.215	1.659	1.527
底座	MAX	0.105	0.115	0.102	0.088	0.065	0.144	0.085	0.088	0.101	0.156
	K	1.000	1.000	1.000	1.000	1.000	1.000	1.000	1.000	1.000	1.000

表C.11 7度多遇地震模型最大加速度反应(*g*)及加速度放大系数(副塔C测点)

位置	地震波	El Centro				Pasadena				SHW2	
		Y主向(2)		X主向(3)		Y主向(4)		X主向(5)		Y主向(6)	X主向(7)
		X	Y	X	Y	X	Y	X	Y	Y	X
13层	MAX	0.179	0.243	0.206	0.190	0.102	0.398	0.130	0.213	0.253	0.293
	K	1.705	2.110	2.016	2.156	1.569	2.762	1.524	2.417	2.506	1.878
11层	MAX	—	0.197	—	0.146	0.137	0.295	0.146	0.146	0.181	0.252
	K	—	1.710	—	1.661	2.102	2.047	1.712	1.658	1.791	1.613
9层	MAX	0.155	0.165	0.160	0.128	0.134	0.208	0.144	0.146	0.157	0.268
	K	1.476	1.438	1.572	1.450	2.062	1.442	1.692	1.655	1.556	1.720
6层	MAX	0.165	0.17	0.175	0.154	0.123	0.223	0.136	0.170	0.125	0.241
	K	1.571	1.477	1.720	1.749	1.898	1.551	1.600	1.931	1.234	1.545
底座	MAX	0.105	0.115	0.102	0.088	0.065	0.144	0.085	0.088	0.101	0.156
	K	1.000	1.000	1.000	1.000	1.000	1.000	1.000	1.000	1.000	1.000

表C.12 7度多遇地震(45°)模型最大加速度反应(*g*)及加速度放大系数(主塔)

位置	地震波	El Centro				Pasadena				SHW2			
		+45°(9)		−45°(10)		+45°(11)		−45°(12)		+45°(13)		−45°(14)	
		X	Y	X	Y	X	Y	X	Y	X	Y	X	Y
主塔	MAX	0.253	0.184	0.301	0.214	0.633	0.374	0.669	0.317	0.415	0.143	0.365	0.139
	K	3.726	2.019	4.852	2.093	3.857	1.729	4.518	2.029	4.194	2.194	4.013	1.928
20层	MAX	0.123	0.170	0.137	0.211	0.368	0.287	0.330	0.252	0.155	0.158	0.151	0.147
	K	1.810	1.865	2.208	2.065	2.241	1.329	2.232	1.613	1.565	2.432	1.664	2.039
15层	MAX	0.130	0.168	0.132	0.179	0.370	0.286	0.389	0.266	0.198	0.154	0.185	0.152
	K	1.907	1.856	2.131	1.756	2.256	1.322	2.631	1.704	1.996	2.366	2.037	2.106
13层	MAX	0.103	0.186	0.11	0.205	0.276	0.236	0.327	0.224	0.163	0.159	0.157	0.154
	K	1.516	2.041	1.769	2.013	1.684	1.094	2.211	1.434	1.641	2.443	1.730	2.132

续表

位置	地震波	El Centro				Pasadena				SHW2			
		+45°(9)		−45°(10)		+45°(11)		−45°(12)		+45°(13)		−45°(14)	
		X	Y	X	Y	X	Y	X	Y	X	Y	X	Y
11 层	MAX	0.094	0.131	0.111	0.152	0.229	0.178	0.282	0.177	0.175	0.117	.0166	0.117
	K	1.376	1.441	1.789	1.485	1.397	0.825	1.903	1.136	1.767	1.798	1.824	1.619
9 层	MAX	0.111	0.155	0.108	0.117	0.211	0.199	0.237	0.180	0.175	0.101	0.156	0.102
	K	1.637	1.704	1.744	1.150	1.287	0.921	1.602	1.151	1.770	1.560	1.719	1.410
6 层	MAX	0.114	0.156	0.104	0.146	0.177	0.271	0.151	0.210	0.129	0.111	0.114	0.102
	K	1.676	1.713	1.679	1.426	1.076	1.256	1.017	1.349	1.303	1.702	1.255	1.417
底座	MAX	0.068	0.091	0.062	0.102	0.164	0.216	0.148	0.156	0.099	0.065	0.091	0.072
	K	1.000	1.000	1.000	1.000	1.000	1.000	1.000	1.000	1.000	1.000	1.000	1.000

表 C.13　7 度多遇地震(45°)模型最大加速度反应(g)和加速度放大系数(副塔 C 测点)

位置	地震波	El Centro				Pasadena				SHW2			
		+45°(9)		−45°(10)		+45°(11)		−45°(12)		+45°(13)		−45°(14)	
		X	Y	X	Y	X	Y	X	Y	X	Y	X	Y
13 层	MAX	0.132	0.218	0.139	0.212	0.325	0.526	0.362	0.483	0.253	0.142	0.234	0.149
	K	1.935	2.398	2.242	2.079	1.982	2.437	2.448	3.096	2.553	2.185	2.574	2.065
11 层	MAX	0.149	0.142	0.147	0.154	0.296	0.343	0.299	0.335	0.232	0.129	0.219	0.130
	K	2.184	1.555	2.371	1.505	1.805	1.589	2.020	2.146	2.346	1.978	2.410	1.810
9 层	MAX	0.132	0.146	0.153	0.126	0.210	0.261	0.223	0.302	0.214	0.105	0.213	0.110
	K	1.946	1.601	2.460	1.234	1.282	1.207	1.506	1.935	2.164	1.611	2.344	1.522
6 层	MAX	0.132	0.169	0.132	0.117	0.174	0.381	0.193	0.304	0.169	0.119	0.170	0.113
	K	1.935	1.853	2.121	1.144	1.059	1.764	1.303	1.948	1.711	1.835	1.864	1.572
底座	MAX	0.068	0.091	0.062	0.102	0.164	0.216	0.148	0.156	0.099	0.065	0.091	0.072
	K	1.000	1.000	1.000	1.000	1.000	1.000	1.000	1.000	1.000	1.000	1.000	1.000

表 C.14　7 度基本地震模型最大加速度反应(g)及加速度放大系数(主塔)

位置	地震波	El Centro				Pasadena				SHW2	
		Y 主向(16)		X 主向(17)		Y 主向(18)		X 主向(19)		Y 主向(20)	X 主向(21)
		X	Y	X	Y	X	Y	X	Y	Y	X
主塔屋顶	MAX	0.629	0.457	0.718	0.441	0.475	0.621	0.539	0.410	0.610	0.705
	K	2.245	1.879	1.967	2.044	2.131	2.021	1.926	1.805	2.292	2.586
20 层	MAX	0.364	0.464	0.401	0.389	0.298	0.474	0.307	0.391	0.523	0.389
	K	1.301	1.911	1.098	1.803	1.338	1.545	1.097	1.719	1.966	1.428
15 层	MAX	0.366	0.381	0.482	0.437	0.292	0.351	0.318	0.272	0.388	0.454
	K	1.308	1.568	1.319	2.023	1.310	1.144	1.135	1.194	1.460	1.667
13 层	MAX	0.341	0.418	0.326	0.420	0.236	0.407	0.290	0.290	0.336	0.482
	K	1.216	1.720	0.894	1.944	1.058	1.324	1.036	1.276	1.263	1.769
11 层	MAX	0.258	0.292	0.346	0.385	0.201	0.379	0.208	0.285	0.332	0.398
	K	0.921	1.200	0.947	1.784	0.899	1.236	0.745	1.253	1.250	1.462
9 层	MAX	0.230	0.347	0.349	0.361	0.172	0.356	0.202	0.301	0.296	0.338
	K	0.820	1.426	0.957	1.671	0.771	1.159	0.721	1.325	1.111	1.240

续表

位置	地震波	El Centro				Pasadena				SHW2	
		Y主向(16)		X主向(17)		Y主向(18)		X主向(19)		Y主向(20)	X主向(21)
		X	Y	X	Y	X	Y	X	Y	Y	X
6层	MAX	0.287	0.416	0.307	0.473	0.206	0.293	0.244	0.262	0.301	0.332
	K	1.024	1.710	0.842	2.189	0.923	0.955	0.873	1.152	1.132	1.217
底座	MAX	0.280	0.243	0.365	0.216	0.223	0.307	0.280	0.227	0.266	0.273
	K	1.000	1.000	1.000	1.000	1.000	1.000	1.000	1.000	1.000	1.000

表 C.15 7度基本地震模型最大加速度反应(g)及加速度放大系数(副塔 C 测点)

位置	地震波	El Centro				Pasadena				SHW2	
		Y主向(16)		X主向(17)		Y主向(18)		X主向(19)		Y主向(20)	X主向(21)
		X	Y	X	Y	X	Y	X	Y	Y	X
13层	MAX	0.366	0.808	0.506	0.570	0.262	0.644	0.272	0.482	0.734	0.558
	K	1.309	3.325	1.387	2.640	1.175	2.096	0.971	2.120	2.761	2.048
11层	MAX	0.366	0.444	0.469	0.412	0.256	0.441	0.283	0.333	0.486	0.421
	K	1.306	1.826	1.286	1.908	1.146	1.435	1.011	1.466	1.828	1.546
9层	MAX	0.352	0.325	0.445	0.331	0.243	0.441	0.307	0.357	0.340	0.327
	K	1.256	1.337	1.218	1.531	1.087	1.437	1.098	1.569	1.279	1.200
6层	MAX	0.320	0.340	0.436	0.389	0.212	0.469	0.266	0.380	0.412	0.327
	K	1.143	1.400	1.193	1.803	0.949	1.528	0.949	1.671	1.550	1.200
底座	MAX	0.280	0.243	0.365	0.216	0.223	0.307	0.280	0.227	0.266	0.273
	K	1.000	1.000	1.000	1.000	1.000	1.000	1.000	1.000	1.000	1.000

表 C.16 7度罕遇地震模型的最大加速度反应(g)及加速度放大系数(主塔)

位置	地震波	El Centro				Pasadena				SHW2	
		Y主向(23)		X主向(24)		Y主向(25)		X主向(26)		Y主向(27)	X主向(28)
		X	Y	X	Y	X	Y	X	Y	Y	X
主塔屋顶	MAX	0.991	0.852	1.329	0.886	1.175	0.805	1.453	0.716	0.979	1.140
	K	2.196	1.581	2.295	1.585	2.936	1.816	2.158	1.616	2.102	1.784
20层	MAX	0.639	0.711	0.728	0.603	0.461	0.593	0.682	0.663	0.860	0.713
	K	1.417	1.318	1.257	1.078	1.152	1.337	1.013	1.497	1.846	1.116
15层	MAX	0.569	0.673	0.684	0.482	0.622	0.677	0.702	0.663	0.912	0.705
	K	1.260	1.249	1.182	0.863	1.554	1.527	1.042	1.498	1.958	1.103
13层	MAX	0.524	0.678	0.742	0.481	0.549	0.698	0.765	0.621	0.722	0.552
	K	1.162	1.258	1.281	0.860	1.373	1.575	1.136	1.402	1.549	0.863
11层	MAX	0.548	0.519	0.776	0.647	0.479	0.601	0.693	0.502	0.583	0.481
	K	1.214	0.963	1.340	1.158	1.197	1.356	1.028	1.135	1.251	0.75
9层	MAX	0.487	0.769	0.678	0.719	0.520	0.513	0.714	0.595	0.545	0.599
	K	1.079	1.426	1.171	1.286	1.300	1.156	1.060	1.343	1.170	0.938

续表

位置	地震波	El Centro				Pasadena				SHW2	
		Y主向(23)		X主向(24)		Y主向(25)		X主向(26)		Y主向(27)	X主向(28)
		X	Y	X	Y	X	Y	X	Y	Y	X
6层	MAX	0.445	0.832	0.617	0.755	0.559	0.532	0.731	0.811	0.628	0.781
	K	0.986	1.544	1.066	1.351	1.398	1.201	1.085	1.832	1.349	1.222
底座	MAX	0.451	0.539	0.579	0.559	0.400	0.443	0.674	0.443	0.466	0.639
	K	1.000	1.000	1.000	1.000	1.000	1.000	1.000	1.000	1.000	1.000

表 C.17　7 度罕遇地震模型的最大加速度反应(g)及加速度放大系数(副塔 C 测点)

位置	地震波	El Centro				Pasadena				SHW2	
		Y主向(23)		X主向(24)		Y主向(25)		X主向(26)		Y主向(27)	X主向(28)
		X	Y	X	Y	X	Y	X	Y	Y	X
13层	MAX	0.598	1.186	0.745	1.110	0.490	1.028	0.746	1.030	1.377	0.679
	K	1.325	2.199	1.287	1.985	1.224	2.320	1.108	2.327	2.954	1.062
11层	MAX	0.631	0.744	0.603	0.673	0.746	0.793	0.987	0.757	0.897	0.578
	K	1.399	1.379	1.041	1.203	1.865	1.788	1.466	1.710	1.925	0.904
9层	MAX	0.568	0.496	0.553	0.463	0.678	0.774	0.916	0.692	0.871	0.643
	K	1.258	0.920	0.954	0.828	1.695	1.746	1.359	1.563	1.869	1.007
6层	MAX	0.543	0.783	0.686	0.889	0.624	0.714	0.770	0.871	0.853	0.918
	K	1.203	1.452	1.185	1.589	1.558	1.610	1.143	1.966	1.832	1.436
底座	MAX	0.451	0.539	0.579	0.559	0.400	0.443	0.674	0.443	0.466	0.639
	K	1.000	1.000	1.000	1.000	1.000	1.000	1.000	1.000	1.000	1.000

表 C.18　8 度罕遇地震模型的最大加速度反应(g)及加速度放大系数(主塔)

位置	地震波	El Centro				Pasadena				SHW2	
		Y主向(30)		X主向(31)		Y主向(32)		X主向(33)		Y主向(34)	X主向(35)
		X	Y	X	Y	X	Y	X	Y	Y	X
主塔	MAX	1.844	1.235	1.761	1.076	1.876	1.010	1.947	1.093	1.262	1.706
	K	2.288	1.416	1.858	1.426	2.022	1.071	1.613	1.157	1.611	1.959
20层	MAX	1.135	1.292	1.027	1.205	0.846	0.942	1.080	1.581	1.046	0.921
	K	1.408	1.482	1.083	1.597	0.913	0.998	0.894	1.673	1.335	1.057
15层	MAX	1.125	0.930	1.261	0.822	1.045	1.145	1.119	1.140	1.118	0.973
	K	1.395	1.067	1.330	1.089	1.126	1.213	0.927	1.206	1.427	1.117
13层	MAX	1.048	0.973	1.141	1.048	0.914	1.103	0.887	1.143	1.626	0.938
	K	1.300	1.116	1.204	1.389	0.986	1.169	0.735	1.210	2.076	1.078
11层	MAX	1.009	1.068	0.965	1.227	0.937	0.855	0.980	1.137	1.280	0.911
	K	1.251	1.225	1.018	1.626	1.010	0.907	0.812	1.203	1.634	1.046
9层	MAX	0.788	1.443	0.852	1.620	1.145	1.088	1.244	1.095	0.955	1.056
	K	0.977	1.655	0.898	2.147	1.234	1.153	1.031	1.160	1.218	1.212

续表

位置	地震波	El Centro				Pasadena				SHW2	
		Y主向(30)		X主向(31)		Y主向(32)		X主向(33)		Y主向(34)	X主向(35)
		X	Y	X	Y	X	Y	X	Y	Y	X
6层	MAX	0.953	1.035	1.061	1.088	1.121	1.247	1.640	1.110	0.819	1.114
	K	1.181	1.186	1.120	1.442	1.209	1.321	1.359	1.175	1.045	1.279
底座	MAX	0.806	0.872	0.948	0.755	0.927	0.944	1.207	0.945	0.783	0.871
	K	1.000	1.000	1.000	1.000	1.000	1.000	1.000	1.000	1.000	1.000

表 C.19　8度罕遇地震模型的最大加速度反应(g)及加速度放大系数(副塔C测点)

位置	地震波	El Centro				Pasadena				SHW2	
		Y主向(30)		X主向(31)		Y主向(32)		X主向(33)		Y主向(34)	X主向(35)
		X	Y	X	Y	X	Y	X	Y	Y	X
13层	MAX	1.226	2.030	1.463	2.091	1.332	2.376	1.552	2.047	2.138	1.676
	K	1.521	2.328	1.544	2.772	1.437	2.519	1.286	2.166	2.722	1.925
11层	MAX	0.954	1.041	0.944	0.954	1.410	1.513	1.823	1.314	1.356	1.087
	K	1.182	1.194	0.996	1.264	1.520	1.603	1.511	1.391	1.731	1.248
9层	MAX	1.003	0.975	1.181	1.047	1.143	1.226	1.597	1.541	1.281	0.917
	K	1.244	1.118	1.246	1.388	1.233	1.300	1.323	1.632	1.635	1.053
6层	MAX	1.380	1.338	1.488	1.486	1.058	1.359	1.276	1.575	1.376	1.241
	K	1.712	1.534	1.570	1.969	1.141	1.440	1.057	1.668	1.756	1.425
底座	MAX	0.806	0.872	0.948	0.755	0.927	0.944	1.207	0.945	0.783	0.871
	K	1.000	1.000	1.000	1.000	1.000	1.000	1.000	1.000	1.000	1.000

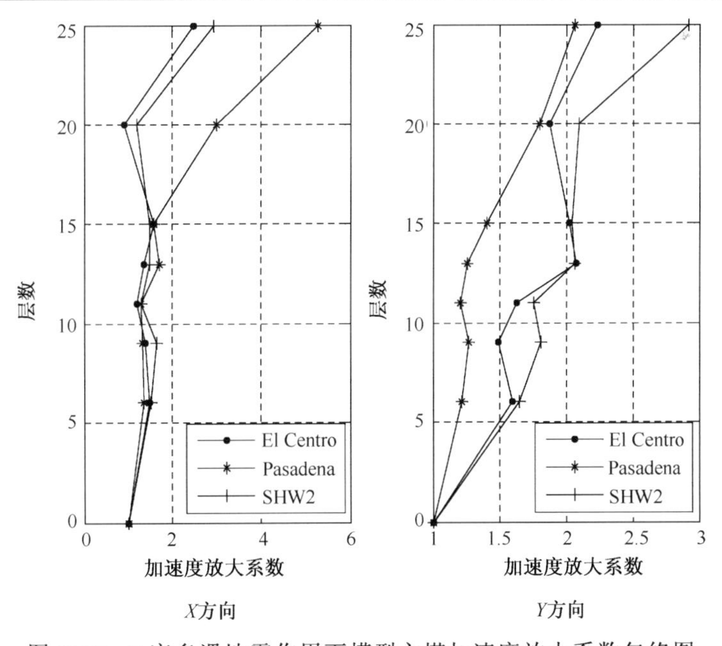

图 C.45　7度多遇地震作用下模型主塔加速度放大系数包络图

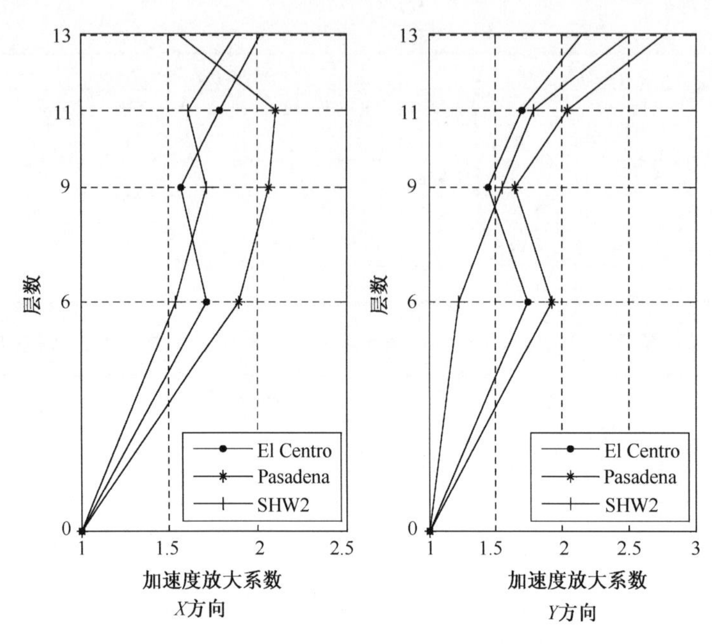

图 C.46　7 度多遇地震作用下模型副塔加速度放大系数包络图

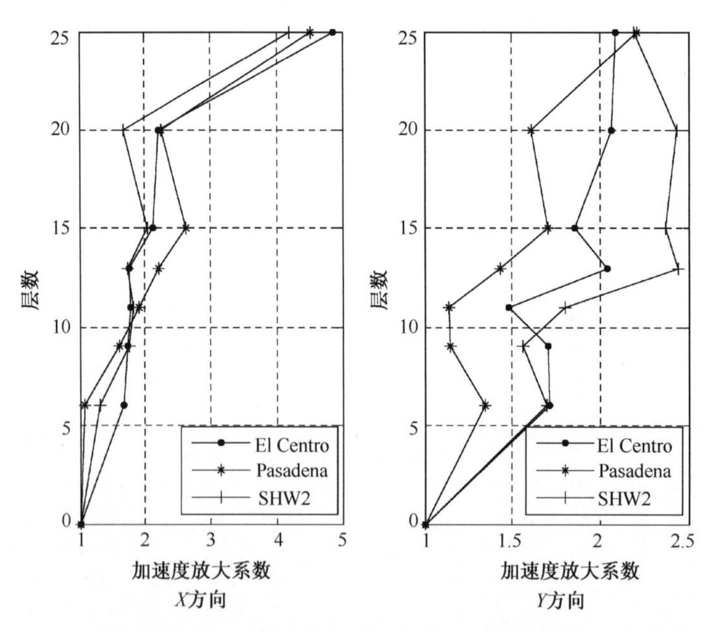

图 C.47　7 度多遇地震(45°方向)作用下模型主塔加速度放大系数包络图

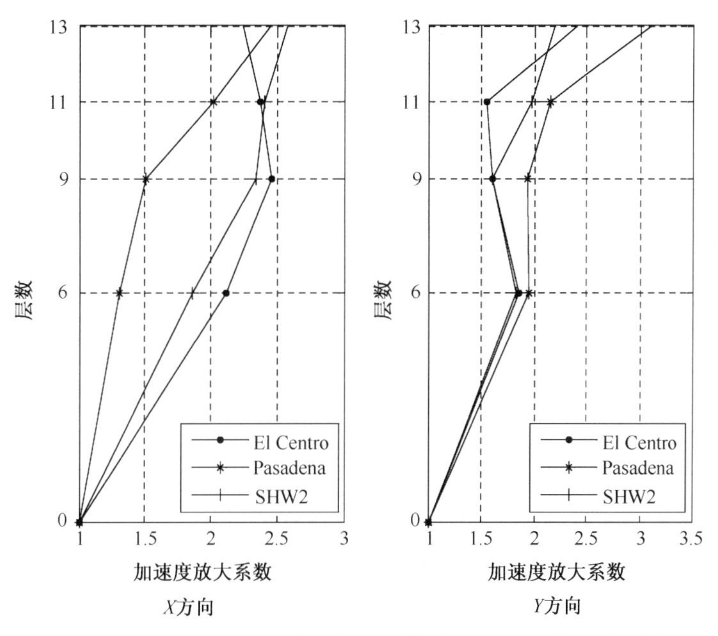

图 C.48 7度多遇地震(45°方向)作用下模型副塔加速度放大系数包络图

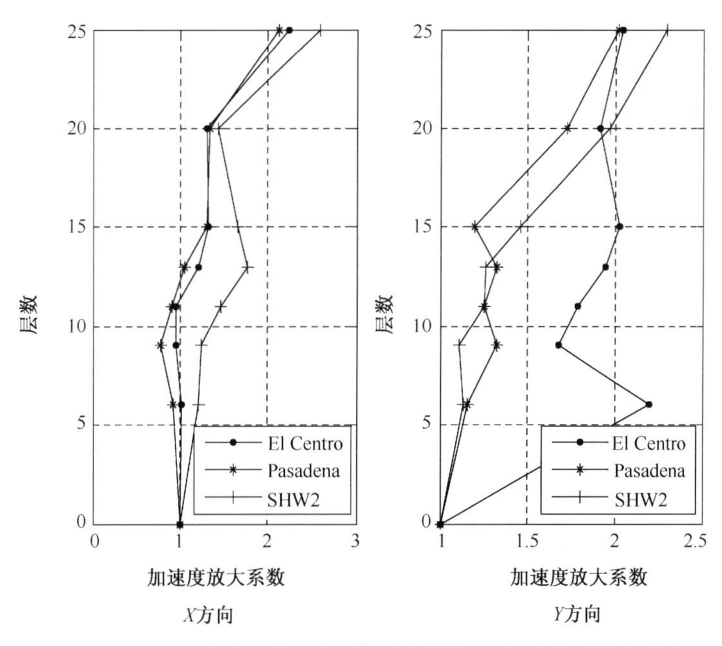

图 C.49 7度基本地震作用下模型主塔加速度放大系数包络图

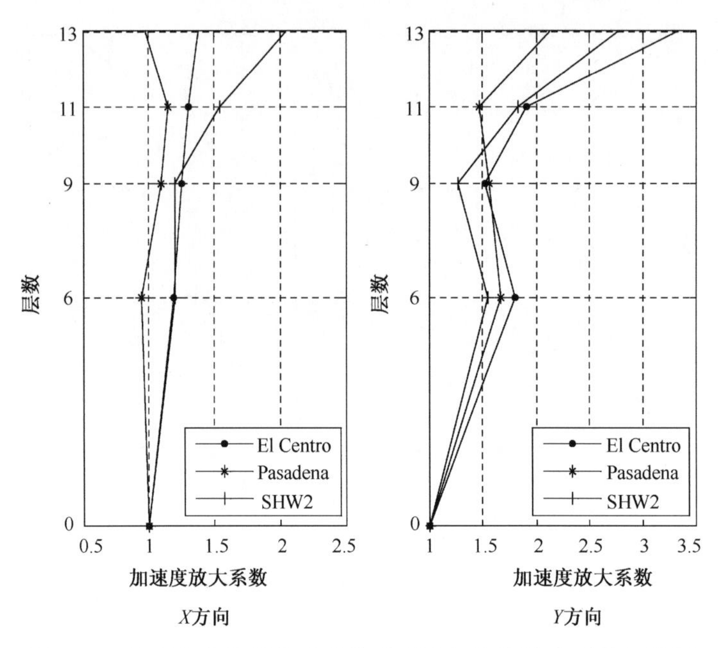

图 C.50　7 度基本地震作用下模型副塔加速度放大系数包络图

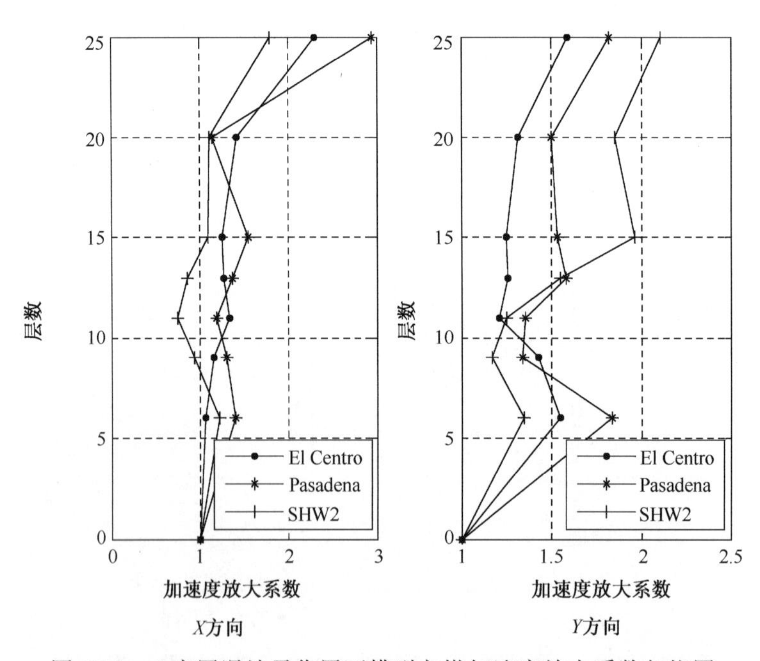

图 C.51　7 度罕遇地震作用下模型主塔加速度放大系数包络图

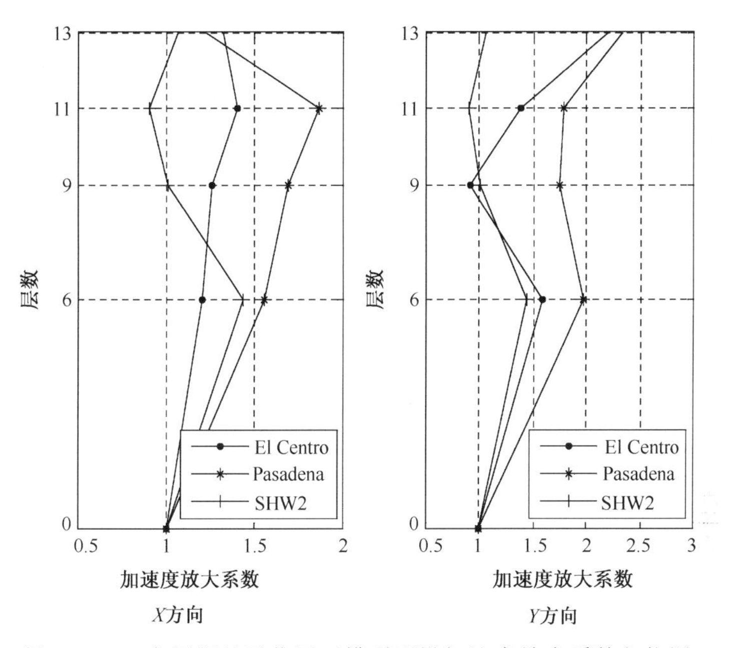

图 C.52 7度罕遇地震作用下模型副塔加速度放大系数包络图

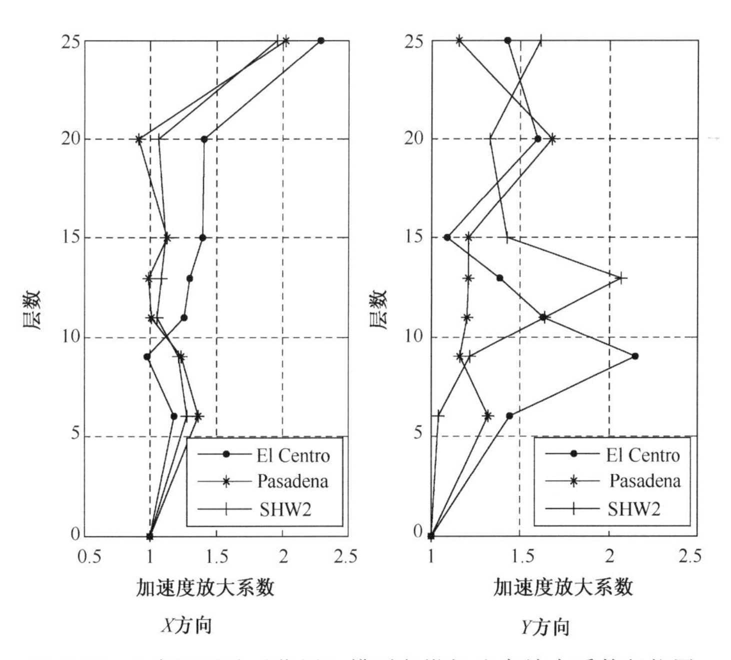

图 C.53 8度罕遇地震作用下模型主塔加速度放大系数包络图

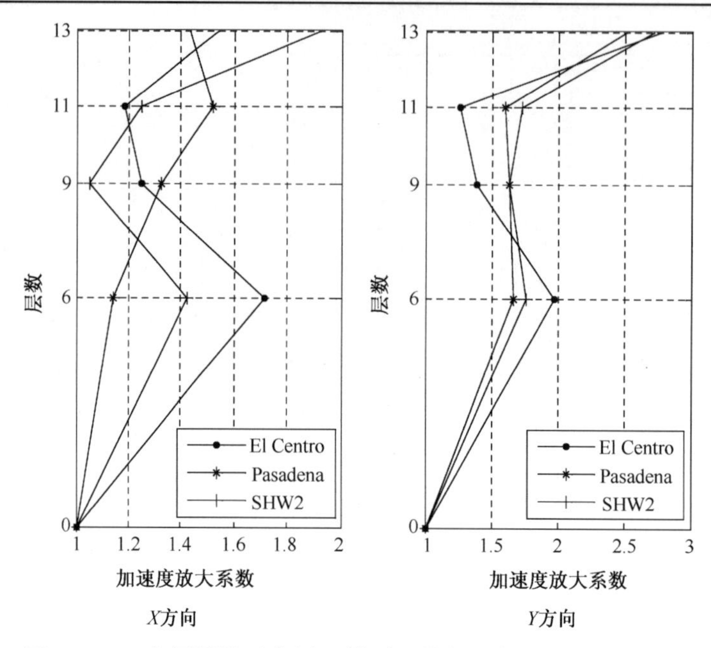

图 C.54 8 度罕遇地震作用下模型副塔加速度放大系数包络图

从这些结果可以看出：

(1)总体而言，主塔 X 向加速度反应大于 Y 向，副塔 X 向加速度反应小于 Y 向。这是因为，连体楼层增大了结构 X 向抗侧刚度，导致主塔上部鞭端效应显著。同时，连体结构具有很大的轴向刚度，使得副塔顶部与主塔中部在 X 向共同变形，因而减小了副塔 X 向的加速度反应。

(2)7 度多遇地震沿结构 45°方向输入地震波时，模型主塔与副塔 X 向的加速度放大系数相对其他工况较大，沿结构 45°方向应为结构的弱轴方向。

(3)由于扭转振型对结构加速度反应的影响，同一工况下主塔 A 测点与副塔 C 测点的加速度反应有一定差异。而副塔逐层外挑导致副塔楼层质心沿竖向逐渐外移，更加剧了整体结构的扭转效应。

(4)随着台面输入加速度峰值的提高，加速度放大系数有所降低；加速度放大系数在有连体桁架的楼层变化趋缓，说明该区域楼层的刚度得到加强。

C.5.3 模型结构位移反应

模型位移反应值从两方面获得：一方面由 ASM 位移传感器获得，另一方面由加速度值积分获得。不同水准地震作用下各工况的模型结构各层相对于底座的位移最大值见表 C.20～表 C.24。不同水准地震作用下模型结构各层相对于底座的位移最大值见表 C.25，不同水准地震作用下模型结构层间位移角和扭转角最大值见表 C.26，模型结构在各水准下的最大位移如图 C.55～图 C.59 所示。

表 C.20　7 度多遇地震模型结构相对于底座的位移最大值(mm)

位　置		El Centro		Pasadena		SHW2	
		Y主向(2)	X主向(3)	Y主向(4)	X主向(5)	Y主向(6)	X主向(7)
主塔屋顶	A测点(X向)	1.70	1.56	3.27	3.40	—	4.02
20层		1.71	1.66	2.59	2.78	—	3.30
15层		1.36	1.03	1.77	1.86	—	2.13
13层		1.17	1.14	1.53	1.82	—	2.00
11层		1.27	1.22	1.15	1.05	—	1.69
9层		0.86	0.70	0.99	1.17	—	1.30
6层		0.61	0.60	0.51	0.52	—	0.98
底座		0.00	0.00	0.00	0.00	—	0.00
主塔屋顶	A测点(Y向)	4.87	3.51	7.44	3.99	7.33	—
20层		4.31	3.17	5.88	3.25	5.94	—
15层		3.11	2.25	4.37	2.25	3.80	—
13层		2.73	2.07	3.63	2.11	3.35	—
11层		2.29	1.70	2.98	1.62	2.72	—
9层		1.68	1.29	2.04	1.11	2.02	—
6层		1.27	1.08	1.16	0.86	1.49	—
底座		0.00	0.00	0.00	0.00	0.00	—

表 C.21　7 度多遇地震(45°方向)模型结构相对于底座的位移最大值(mm)

位　置		El Centro		Pasadena		SHW2	
		+45°(9)	−45°(10)	+45°(11)	−45°(12)	+45°(13)	−45°(14)
主塔屋顶	A测点(X向)	1.88	1.82	7.78	8.11	—	2.79
20层		1.42	1.52	5.89	5.89	—	2.05
15层		1.21	1.17	4.26	3.79	—	1.36
13层		0.78	0.90	3.93	3.92	—	1.24
11层		0.81	0.84	2.99	3.53	—	1.02
9层		0.53	0.56	2.28	2.36	—	0.72
6层		0.35	0.32	1.31	1.32	—	0.37
底座		0.00	0.00	0.00	0.00	—	0.00
主塔屋顶	A测点(Y向)	3.90	3.96	8.13	8.16	4.56	—
20层		3.41	3.56	6.47	6.38	3.69	—
15层		2.13	2.25	4.81	4.77	2.54	—
13层		2.07	2.06	4.16	4.01	2.59	—
11层		1.65	1.63	3.34	3.18	1.95	—
9层		1.21	1.26	2.31	2.36	1.59	—
6层		0.93	0.91	1.40	1.60	1.05	—
底座		0.00	0.00	0.00	0.00	0.00	—

表 C.22　7 度基本地震模型结构相对于底座的位移最大值(mm)

位　　置		El Centro		Pasadena		SHW2	
		Y 主向(16)	X 主向(17)	Y 主向(18)	X 主向(19)	Y 主向(20)	X 主向(21)
主塔屋顶	A 测点(X 向)	7.22	7.74	8.10	8.73	—	8.22
20 层		5.82	6.55	6.44	6.65	—	5.26
15 层		3.93	4.44	4.30	4.45	—	3.75
13 层		3.24	3.48	2.97	3.02	—	2.82
11 层		2.67	2.52	2.59	2.39	—	2.33
9 层		1.84	2.14	1.86	1.66	—	1.92
6 层		1.30	1.34	1.06	0.98	—	1.15
底座		0.00	0.00	0.00	0.00	—	0.00
主塔屋顶	A 测点(Y 向)	11.00	10.70	14.50	11.21	16.70	—
20 层		8.06	8.17	11.10	8.39	13.05	—
15 层		5.73	5.84	7.67	6.21	9.50	—
13 层		4.96	5.01	6.55	5.27	7.97	—
11 层		3.97	4.02	5.21	4.16	6.18	—
9 层		2.74	3.05	3.79	3.02	4.24	—
6 层		1.50	1.65	2.15	1.71	2.34	—
底座		0.00	0.00	0.00	0.00	0.00	—

表 C.23　7 度罕遇地震模型结构相对于底座的位移最大值(mm)

位　　置		El Centro		Pasadena		SHW2	
		Y 主向(23)	X 主向(24)	Y 主向(25)	X 主向(26)	Y 主向(27)	X 主向(28)
主塔屋顶	A 测点(X 向)	14.80	19.57	12.26	18.09	—	22.36
20 层		12.31	14.54	9.20	13.92	—	15.93
15 层		8.26	10.31	5.65	9.21	—	10.16
13 层		6.74	7.71	4.84	7.33	—	8.05
11 层		5.83	6.10	4.22	6.34	—	6.36
9 层		4.09	4.37	2.80	5.36	—	4.67
6 层		2.30	2.45	1.68	3.85	—	2.65
底座		0.00	0.00	0.00	0.00	—	0.00
主塔屋顶	A 测点(Y 向)	17.48	12.33	26.53	24.48	32.82	—
20 层		13.18	9.15	20.26	18.44	25.20	—
15 层		9.80	7.35	12.95	11.74	16.19	—
13 层		8.25	6.21	10.94	10.47	14.35	—
11 层		6.63	5.13	8.67	8.37	11.01	—
9 层		4.55	4.14	6.74	6.44	7.49	—
6 层		2.47	2.24	3.76	3.69	3.75	—
底座		0.00	0.00	0.00	0.00	0.00	—

表 C.24 8度罕遇地震模型结构相对于底座的位移最大值(mm)

位置		El Centro		Pasadena		SHW2	
		*Y*主向(30)	*X*主向(31)	*Y*主向(32)	*X*主向(33)	*Y*主向(34)	*X*主向(35)
主塔屋顶	A测点(*X*向)	24.19	30.03	28.05	31.43	—	41.98
20层	A测点(*X*向)	18.36	22.99	15.73	27.06	—	30.29
15层	A测点(*X*向)	16.91	16.16	10.86	22.69	—	20.07
13层	A测点(*X*向)	11.41	14.51	7.50	9.50	—	16.71
11层	A测点(*X*向)	9.55	11.23	7.05	7.91	—	13.66
9层	A测点(*X*向)	6.82	8.66	4.32	6.08	—	10.24
6层	A测点(*X*向)	3.60	4.74	2.91	3.28	—	5.57
底座	A测点(*X*向)	0.00	0.00	0.00	0.00	—	0.00
主塔屋顶	A测点(*Y*向)	22.79	18.85	44.99	46.13	78.44	—
20层	A测点(*Y*向)	17.68	16.04	29.09	30.87	56.30	—
15层	A测点(*Y*向)	12.50	11.24	23.57	21.39	36.01	—
13层	A测点(*Y*向)	10.59	9.28	20.70	19.17	34.33	—
11层	A测点(*Y*向)	8.74	7.45	16.02	15.69	27.07	—
9层	A测点(*Y*向)	6.54	6.23	11.38	11.24	16.35	—
6层	A测点(*Y*向)	3.05	2.81	6.17	5.73	9.53	—
底座	A测点(*Y*向)	0.00	0.00	0.00	0.00	0.00	—

表 C.25 不同水准地震作用下模型结构各层相对于底座的位移最大值(mm)

位置	7度多遇		7度多遇45°方向		7度基本		7度罕遇		8度罕遇	
	X	*Y*	*X*	*Y*	*X*	*Y*	*X*	*Y*	*X*	*Y*
主塔屋顶	4.02	7.44	8.11	8.16	8.73	16.70	22.36	32.82	41.98	78.44
20层	3.30	5.94	5.89	6.47	6.65	13.05	15.93	25.20	30.29	56.30
15层	2.13	4.37	4.26	4.81	4.45	9.50	15.37	16.19	22.69	36.01
13层	2.00	3.63	3.93	4.16	3.02	7.97	8.05	14.35	16.71	34.33
11层	1.69	2.98	3.53	3.34	2.39	6.18	6.36	11.01	13.66	27.07
9层	1.30	2.04	2.36	2.36	1.92	4.24	5.36	7.49	10.24	16.35
6层	0.98	1.49	1.32	1.60	1.15	2.34	3.85	3.76	5.57	9.53
底座	0.00	0.00	0.00	0.00	0.00	0.00	0.00	0.00	0.00	0.00

表 C.26 不同水准地震作用下模型结构层间位移角和扭转角最大值

工况 位置	7度多遇		7度多遇45°方向		7度基本		7度罕遇		8度罕遇	
	X	*Y*	*X*	*Y*	*X*	*Y*	*X*	*Y*	*X*	*Y*
总位移角	1/1594	1/874	1/790	1/785	1/733	1/383	1/286	1/195	1/152	1/82
20～25层	1/904	1/713	1/544	1/652	1/412	1/341	1/202	1/174	1/106	1/59
15～20层	1/928	1/793	1/482	1/585	1/534	1/343	1/223	1/145	1/99	1/62
13～15层	1/713	1/703	1/333	1/700	1/159	1/349	1/214	1/199	1/153	1/102
11～13层	1/712	1/689	1/372	1/648	1/445	1/297	1/248	1/159	1/129	1/69
9～11层	1/933	1/570	1/402	1/499	1/481	1/275	1/243	1/135	1/101	1/76
6～9层	1/1323	1/713	1/748	1/596	1/817	1/331	1/353	1/207	1/170	1/101
1～6层	1/1362	1/1076	1/1008	1/836	1/1165	1/571	1/505	1/356	1/240	1/140
主塔屋顶最大扭转角	1/595		1/461		1/181		1/86		1/33	

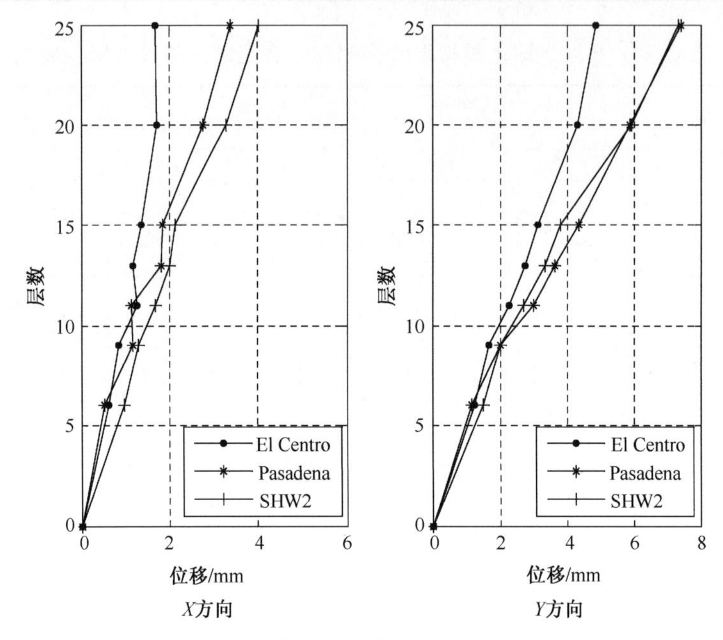

图 C.55　7 度多遇地震作用下模型结构最大位移反应包络图

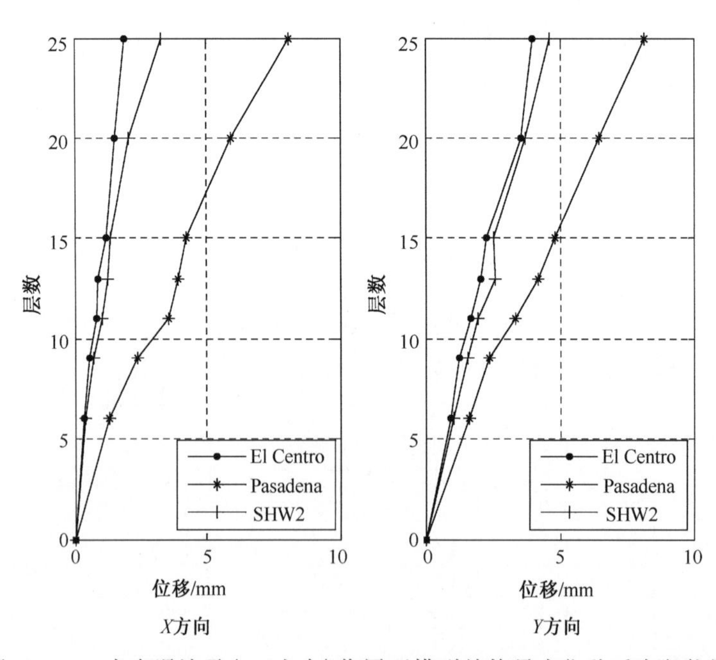

图 C.56　7 度多遇地震(45°方向)作用下模型结构最大位移反应包络图

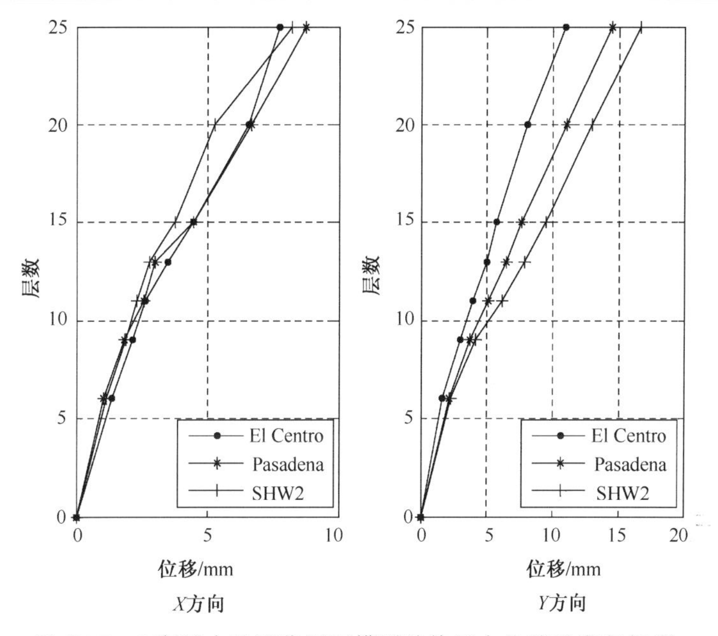

图 C.57　7 度基本地震作用下模型结构最大位移反应包络图

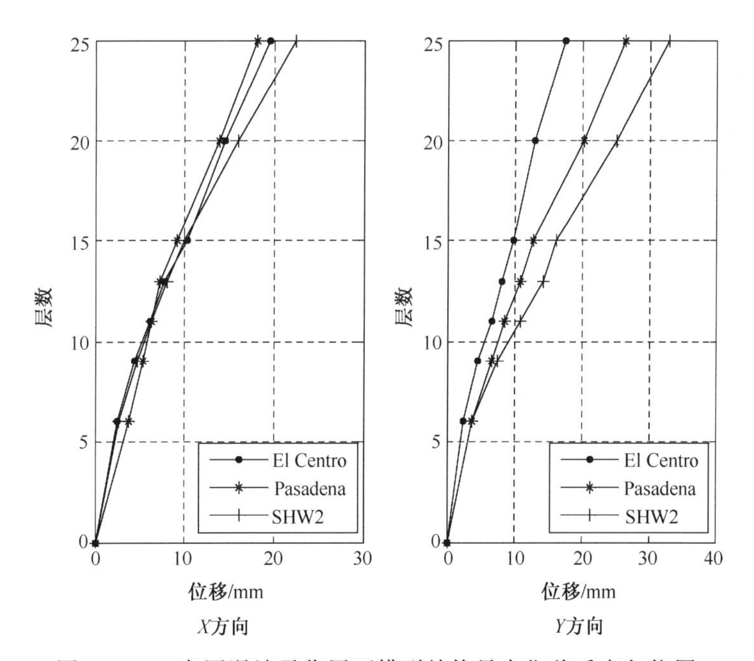

图 C.58　7 度罕遇地震作用下模型结构最大位移反应包络图

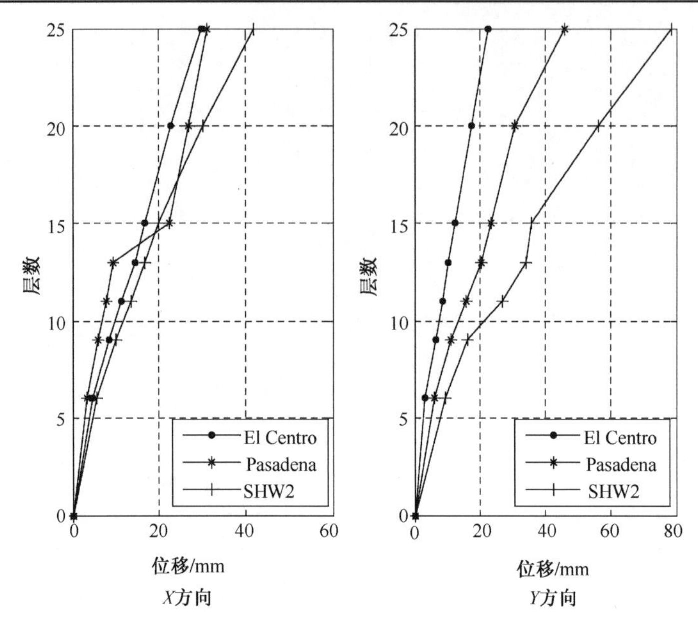

图 C.59　8 度罕遇地震作用下模型结构最大位移反应包络图

从这些结果可以看出：

(1) 同一烈度、同一水准下输入 El Centro 波、Pasadena 波和 SHW2 波，模型结构 *Y* 向的位移反应大于 *X* 向的位移反应，说明 *Y* 向刚度比 *X* 向弱。

(2) 层间位移在有连体桁架的楼层处变化趋缓，说明该区域楼层的刚度得到加强，连体桁架起到限制结构侧向位移的作用。但随着输入地震波加速度峰值的提高，连体桁架出现破坏后，这种作用效应逐渐减小。

(3) 图 C.55～图 C.59 反映出，同一烈度、同一水准的不同地震波输入时，多以 SHW2 波输入时模型结构的位移反应最大。这说明结构的最大位移不仅取决于输入烈度的大小，还取决于地震波的频谱特性及与结构自振特性的关系。

(4) 随着台面输入地震波加速度峰值的提高，主塔屋顶的扭转角明显增加，说明结构的扭转效应比较显著。

C.5.4　模型结构应变反应

不同水准地震作用下，各测点应变幅值最大值见表 C.27～表 C.31。从最大应变结果可以看出：

1) 核心筒墙体底部竖向应变

从 7 度多遇到 7 度基本地震作用下，核心筒甲底部应变总体上大于核心筒乙底部应变。在第一次 7 度罕遇地震（工况 23）作用下，核心筒甲底部测点应变 S1 达到峰值。核心筒乙底部测点 S2 应变测值一直较小。

表 C.27 7度多遇地震作用下模型结构应变最大值(单位：10^{-6})

工况 编号	El Centro		Pasadena		SHW2	
	Y 主向(2)	*X* 主向(3)	*Y* 主向(4)	*X* 主向(5)	*Y* 主向(6)	*X* 主向(7)
S1	−127.3	−108	204.0	158.0	140.0	157.0
S2	105.3	83.4	166.0	127.0	114.0	−97.9
S3	−15.4	−17.4	−23.9	−21.0	−14.9	−29.8
S4	55.4	43.8	−80.3	−68.4	−72.4	−58.8
S5	−44.7	−36.4	−51.1	−37.5	47.7	−25.3
S6	31.2	−24.3	−38.9	−32.5	−36.7	−26.4
S7	62.7	−51.8	−79.2	−68.6	−67.5	−64.3
S8	15.5	13.9	26.4	29.3	9.5	37.9
S9	−51.2	−43.8	−103.0	−106.0	−59.7	−117.0
S10	−26.8	24.9	46.9	49.3	−30.8	54.5
S11	−32.2	31.0	−64.0	−60.4	18.8	71.6
S12	−18.1	13.9	−24.6	−17.7	24.9	−9.9
S13	−0.6	0.6	1.47	−1.2	−0.7	0.57
S14	7.58	6.8	16.0	15.9	8.7	20.8
S15	30.9	25.5	47.2	46.9	28.8	51.4
S16	78.3	67.2	129.0	126.0	−68.0	−147.0
S17	−122	107	201.0	−212.0	−111.0	−277.0
S18	7.45	7.0	12.8	11.9	−5.3	12.5
S19	13.7	10.7	−19.7	−14.0	19.7	8.9
S20	16.3	12.1	24.3	22.5	19.0	−18.7
S21	−118.0	−104.0	160.0	160.0	129.0	−212.0
S22	11.4	13.5	−16.7	−16.7	−9.8	19.8
S23	3.2	3.0	4.3	4.3	−3.0	−3.3
S24	−36.5	−31.4	−43.0	−43	−22.9	53.4
S25	−7.4	8.0	5.7	5.7	−5.8	8.9

表 C.28 7度多遇地震(45°)作用下模型结构应变最大值(单位：10^{-6})

工况 编号	El Centro		Pasadena		SHW2	
	+45°向(9)	−45°向(10)	+45°向(11)	−45°向(12)	+45°向(13)	−45°向(14)
S1	114.0	116.0	−309.0	−289.0	−108.0	−107.0
S2	96.8	99.2	276.0	−320.0	−96.5	−95.8
S3	19.5	−17.6	−55.9	−56.4	−28.5	−28.9
S4	−52.8	−54.7	−148.0	−135.0	53.8	54.3
S5	−37.1	−34.3	69.6	62.7	40.6	38.9
S6	−26.3	26.7	62.2	55.7	28.2	27.8
S7	−53.3	52.0	133.0	132.0	63.4	60.8
S8	−15.2	14.8	71.2	73.7	−26.5	−24.4

续表

工况 编号	El Centro		Pasadena		SHW2	
	+45°向(9)	−45°向(10)	+45°向(11)	−45°向(12)	+45°向(13)	−45°向(14)
S9	−54.5	−58.0	−224.0	−220.0	−54.1	−57.6
S10	−31.1	−32.2	108.0	110.0	30.7	32.4
S11	40.4	43.3	−147.0	−145.0	53.2	54.8
S12	−14.5	−14.9	−34.7	−33.5	−16.2	−16.0
S13	−1.5	−1.6	1.4	−1.2	−1.6	−1.3
S14	9.2	9.9	40.5	40.4	10.9	11.4
S15	−31.0	−32.1	94.3	−95.8	−46.1	−43.0
S16	−87.3	−92.4	−273.0	−260.0	−90.4	−93.1
S17	−148.0	−152.0	−591.0	−545.0	−155.0	−159.0
S18	−7.2	7.2	22.0	22.5	7.7	8.1
S19	−11.5	−10.8	−27.9	−27.1	12.3	13.0
S20	16.8	16.8	−49.4	−49.0	19.2	19.9
S21	−121.0	−127.0	−438.0	−461.0	133.0	138.0
S22	−11.6	−11.8	36.9	37.2	11.6	−12.8
S23	2.5	2.0	7.2	−3.7	2.8	3.0
S24	26.3	20.3	−86.7	−87.4	28.6	−26.9
S25	6.0	5.2	−13.3	−16.4	−7.3	−7.9

表 C.29　7 度基本地震作用下模型结构应变最大值(单位：10^{-6})

工况 编号	El Centro		Pasadena		SHW2	
	Y 主向(16)	*X* 主向(17)	*Y* 主向(18)	*X* 主向(19)	*Y* 主向(20)	*X* 主向(21)
S1	569.0	524.0	527.0	485.9	483.1	369.4
S2	−246.0	−289.0	−372.0	330.3	361.8	166.6
S3	−48.5	55.5	−43.1	46.2	22.0	67.2
S4	159.0	172.0	−129.0	127.4	136.1	85.1
S5	101.0	88.1	78.8	67.6	110.5	30.0
S6	73.2	−67.3	−49.9	48.1	78.7	36.9
S7	171.0	162.0	118.0	125.6	141.1	87.8
S8	75.8	84.6	72.7	78.5	26.8	60.7
S9	−211.0	−232.0	−166.0	186.7	92.2	224.3
S10	112.0	123.0	88.5	102.1	40.2	67.0
S11	−145.0	152.0	−113.0	137.0	64.4	122.2
S12	−38.1	−41.7	−55.6	44.6	56.3	13.6
S13	1.3	1.5	1.3	1.4	0.6	0.6
S14	37.1	46.5	28.2	31.2	13.0	27.7
S15	105.0	141.0	107.0	113.6	78.7	95.4
S16	250.0	293.0	256.0	260.1	128.8	210.4
S17	−555.0	−582.0	−513.0	550.8	229.8	497.5

续表

工况 编号	El Centro		Pasadena		SHW2	
	Y 主向(16)	X 主向(17)	Y 主向(18)	X 主向(19)	Y 主向(20)	X 主向(21)
S18	23.1	26.1	20.3	22.7	15.4	13.6
S19	35.1	−35.4	−44.4	35.7	39.9	16.6
S20	−94.7	−91.1	−74.7	77.8	66.7	82.7
S21	−481.0	−525.0	−495.0	491.2	219.7	334.3
S22	69.8	67.8	−71.1	37.9	65.2	29.4
S23	20.9	157.0	−5.7	5.3	19.5	9.5
S24	−102.0	−103.0	−85.2	82.8	41.3	94.1
S25	−19.1	−23.4	21.4	17.4	17.5	19.2

表 C.30　7 度罕遇地震作用下模型结构应变最大值(单位：10^{-6})

工况 编号	El Centro		Pasadena		SHW2	
	Y 主向(23)	X 主向(24)	Y 主向(25)	X 主向(26)	Y 主向(27)	X 主向(28)
S1*	1731.7	—	—	—	—	—
S2	420.6	469.5	612.0	580.2	583.3	450.7
S3	89.1	101.4	74.8	97.9	47.5	109.3
S4	250.0	235.4	185.0	206.5	188.2	220.6
S5	142.5	135.4	152.6	148.5	146.4	92.0
S6	103.6	98.3	107.4	111.9	122.1	67.0
S7	220.6	214.3	196.9	231.0	176	213.1
S8	129.1	164.5	81.0	145.8	41.9	184.6
S9	407.2	449.9	348.6	307.7	78.9	494.6
S10	363.8	613.6	94.2	275.6	33.9	897.3
S11	240.2	296.0	197.4	270.9	125.9	311.6
S12	70.9	64.5	103.5	95.4	122.4	62.6
S13	1.3	1.5	1.6	1.3	0.6	0.5
S14	72.1	79.8	27.1	50.0	21.6	84.3
S15	178.7	193.0	154.1	221.4	152.3	203.5
S16	441.1	363.5	133.7	260.7	58.5	314.2
S17	1072.4	927.0	412.0	531.6	278.8	458.2
S18	43.5	63.5	36.7	60.2	38.7	44.5
S19	84.7	125.8	108.5	136.1	64.5	109.6
S20	128.5	154.0	129.0	155.2	136.1	163.6
S21	861.9	1046.9	792.7	1015.2	403.3	1220.2
S22	111.4	187.6	171.0	113.9	402.1	82.7
S23	42.8	40.9	11.0	15.9	89.2	16.2
S24	143.6	162.2	175.3	225.0	75.2	235.0
S25	38.7	36.0	34.7	36.0	31.2	23.0

*　S1 应变片损坏，故数据不全

表 C.31　8 度罕遇地震作用下模型结构应变最大值(单位：10^{-6})

编号＼工况	El Centro		Pasadena		SHW2	
	Y 主向(30)	X 主向(31)	Y 主向(32)	X 主向(33)	Y 主向(34)	X 主向(35)
S1*	—	—	—	—	—	—
S2	699.1	729.0	664.5	748.9	791.9	649.9
S3	146.8	212.2	105.8	166.2	56.0	185.4
S4	297.2	346.8	221.1	262.5	303.2	356.3
S5	170.5	175.8	348.1	309.7	300.6	135.7
S6	152.5	149.8	315.9	260.7	256.5	100.1
S7	314.0	278.8	1157.4	526.2	763.6	412.3
S8	176.7	326.4	98.7	189.5	31.4	1427.0
S9	551.2	589.3	44.0	133.7	49.4	407.1
S10	1064.5	1220.5	455.9	884.2	58.7	974.8
S11	387	412.6	229.7	343.8	148.7	399.8
S12	130.3	145.5	147.1	147.8	193.4	1172.2
S13	1.2	1.5	1.4	1.3	0.6	0.6
S14	95.8	166.3	74.6	82.8	45.8	326.6
S15	197.8	167.1	589.1	271.0	467.3	417.9
S16	422.5	641.4	129.5	123.4	124.3	409.6
S17	1186.7	952.0	969.0	925.0	790.9	960.5
S18	92.4	138.3	157.1	138.3	137.8	112.2
S19	131.0	91.6	152.5	163.8	156.6	52.4
S20	171.1	161.9	134.8	117.4	200.2	124.9
S21	1419.3	1626.7	1004.9	1054.1	805.8	1361.5
S22	438.2	671.7	782.3	852.8	921.7	632.7
S23	61.8	219.4	1056.5	1256.8	840.0	539.6
S24	333.8	454.1	296.3	309.5	85.3	392.6
S25	59.1	69.6	62.9	61.3	51.6	48.4

* S1 应变片损坏，故没有数据

2)外围框架柱的应变

总体而言，外围框架柱的竖向应变较小。11 层 6 轴交 F 轴框架柱与核心筒甲和连体桁架均直接相连。其测点(柱外表面)应变明显大于 6 轴交 G 轴框架柱，在工况 32(8 度罕遇 Pasadena 波，主向 Y)中前者测值达到后者的 3.3 倍，表明前者在侧向力作用下竖向应力较大。

3)连体桁架构件应变

F 轴连体桁架中，斜腹杆轴向应变最大，11 层吊杆轴向应变最小。G 轴连体桁架中，11 层主梁轴向应变最大，斜腹杆轴向应变仍较大，11 层吊杆轴向应变较小。由此可见，主、副塔间相互作用力的传递主要依赖于连体桁架的主梁和斜腹杆。

4)9 层梁上立柱

该部位斜柱轴向应变突变明显，8 层测点 S22 的测值远大于 9 层测点 S23。主梁和梁上立柱测点处的应变始终较小。

C.5.5　模型结构扭转反应

结构顶部扭转角可以通过同一楼层两端测点的位移时程相减得出相对位移时程，确定最大相对位移后计算出扭转角最大值。不同水准地震作用下模型结构顶部扭转角最大值见表 C.32。

表 C.32　各水准地震作用下模型结构屋顶扭转角最大值

7 度多遇	El Centro		Pasadena		SHW2		MAX
	Y 主向(2)	X 主向(3)	Y 主向(4)	X 主向(5)	Y 主向(6)	X 主向(7)	
ΔY/mm	2.451	1.900	2.877	1.639	1.513	0.791	1.513
φ	1/773	1/1000	1/661	1/1160	1/595	1/2401	1/595
7 度多遇 45°方向	+45°(9)	−45°(10)	+45°(11)	−45°(12)	+45°(13)	−45°(14)	MAX
ΔY/mm	2.275	2.323	3.777	4.121	2.334	2.393	4.121
φ	1/835	1/818	1/503	1/461	1/814	1/794	1/461
7 度基本	Y 主向(16)	X 主向(17)	Y 主向(18)	X 主向(19)	Y 主向(20)	X 主向(21)	MAX
ΔY/mm	5.191	5.249	9.694	8.333	10.497	2.144	10.497
φ	1/366	1/362	1/196	1/228	1/181	1/886	1/181
7 度罕遇	Y 主向(23)	X 主向(24)	Y 主向(25)	X 主向(26)	Y 主向(27)	X 主向(28)	MAX
ΔY/mm	9.896	8.837	20.652	22.093	22.093	5.507	22.093
φ	1/192	1/215	1/92	1/86	1/86	1/345	1/86
8 度罕遇	Y 主向(30)	X 主向(31)	Y 主向(32)	X 主向(33)	Y 主向(34)	X 主向(35)	MAX
ΔY/mm	19.388	20.652	57.576	48.718	26.399	11.515	26.399
φ	1/98	1/92	1/33	1/39	1/72	1/165	1/33

从这些结果可以看出，在小震作用下，模型结构反应主要是平动(X，Y 向)，扭转效应较小。随着地震作用加大，扭转效应显著增加。由表 C.32 可以看出，在 7 度多遇地震作用下，主塔楼屋顶两端测点 A 与测点 C 的 Y 向相对位移最大值为 4.121mm，最大扭转角达 1/461；在 7 度基本地震作用下，其 Y 向相对位移最大值为 10.497mm，扭转角达 1/181；在 7 度罕遇地震作用下，其 Y 向相对位移最大值达到 22.093mm，扭转角达到 1/86；在 8 度罕遇地震作用下，其 Y 向相对位移最大值达到 57.576mm，扭转角达到 1/33。

C.6　原型结构抗震性能分析

C.6.1　原型结构动力特性

根据相似关系可推算出原型结构在不同水准地震作用下的自振频率和振动形态，如表 C.33 所示。结构地震前的前三阶振型分别为 Y 向平动、X 向平动和扭转，前三阶频率分别为 0.389Hz、0.583Hz 和 0.826Hz，相应的周期分别为 2.571s、1.715s 和 1.211s。

表 C.33　原型结构自振频率与振型形态

序号		一	二	三	四	五	六	七	八	九
无地震	频率/Hz	0.389	0.583	0.826	1.361	1.702	2.139	3.306	3.500	4.181
	振型形态	Y 向平动	X 向平动	扭转	Y 向平扭	扭转				
7 度多遇地震后	频率/Hz	0.389	0.583	0.778	1.264	1.507	2.090	2.966	3.209	3.939
	振型形态	Y 向平动	X 向平动	扭转	Y 向平扭	扭转				
7 度多遇地震 45°后	频率/Hz	0.340	0.535	0.729	1.118	1.410	1.945	2.868	3.014	3.354
	振型形态	Y 向平动	X 向平动	扭转	Y 向平扭	扭转				
7 度基本地震后	频率/Hz	0.292	0.486	0.583	0.924	1.118	1.653	2.382	2.966	3.160
	振型形态	Y 向平动	X 向平动	扭转	Y 向平扭	扭转				
7 度罕遇地震后	频率/Hz	0.243	0.390	0.486	0.729	0.924	1.313	1.896	2.577	2.820
	振型形态	Y 向平动	X 向平动	扭转	Y 向平扭	扭转				
8 度罕遇地震后	频率/Hz	0.194	0.292	0.390	0.535	0.681	1.021	1.410	1.800	2.042
	振型形态	Y 向平动	X 向平动	扭转	Y 向平扭	扭转				

C.6.2　原型结构加速度反应

由模型试验结果推算原型结构最大加速度反应的公式如下：

$$a_i = K_i \times a_g \tag{C.1}$$

式中，a_i 为原型结构第 i 层最大加速度反应(g)；K_i 为与原型结构相对应的烈度水准下模型第 i 层的最大动力放大系数；a_g 为与相应烈度水准相对应的地面最大加速度，取值如下：

$$a_g = \begin{cases} 0.035\text{g}, & \text{7度多遇地震} \\ 0.100\text{g}, & \text{7度基本地震} \\ 0.220\text{g}, & \text{7度罕遇地震} \\ 0.400\text{g}, & \text{8度罕遇地震} \end{cases}$$

在不同水准地震作用下，原型结构各层在 X、Y 方向的最大加速度反应和动力放大系数 K_i 如表 C.34、表 C.35 所示。

表 C.34 不同水准地震作用原型结构主塔最大加速度反应(g)及加速度放大系数

位置	加速度及放大系数	7度多遇		7度多遇45°方向		7度基本		7度罕遇		8度罕遇	
		X	Y	X	Y	X	Y	X	Y	X	Y
主塔屋顶	MAX	0.185	0.102	0.170	0.077	0.259	0.229	0.646	0.462	0.915	0.644
	K	5.283	2.919	4.852	2.194	2.586	2.292	2.936	2.102	2.288	1.611
20层	MAX	0.105	0.074	0.078	0.085	0.143	0.197	0.312	0.406	0.563	0.669
	K	3.012	2.102	2.241	2.432	1.428	1.966	1.417	1.846	1.408	1.673
15层	MAX	0.056	0.072	0.092	0.083	0.167	0.202	0.342	0.431	0.558	0.571
	K	1.590	2.043	2.631	2.366	1.667	2.023	1.554	1.958	1.395	1.427
13层	MAX	0.060	0.073	0.077	0.086	0.177	0.194	0.302	0.347	0.520	0.830
	K	1.706	2.080	2.211	2.443	1.769	1.944	1.373	1.575	1.300	2.076
11层	MAX	0.046	0.062	0.067	0.063	0.146	0.178	0.295	0.298	0.500	0.654
	K	1.308	1.765	1.903	1.798	1.462	1.784	1.340	1.356	1.251	1.634
9层	MAX	0.058	0.063	0.062	0.060	0.124	0.167	0.286	0.314	0.494	0.859
	K	1.668	1.810	1.770	1.704	1.240	1.671	1.300	1.426	1.234	2.147
6层	MAX	0.053	0.058	0.059	0.060	0.122	0.219	0.308	0.403	0.544	0.577
	K	1.527	1.659	1.679	1.713	1.217	2.189	1.398	1.832	1.359	1.442
地下室顶板		0.035	0.035	0.035	0.035	0.100	0.100	0.220	0.220	0.400	0.400

表 C.35 不同水准地震作用原型结构副塔最大加速度反应(g)及加速度放大系数

位置	加速度及放大系数	7度多遇		7度多遇45°方向		7度基本		7度罕遇		8度罕遇	
		X	Y	X	Y	X	Y	X	Y	X	Y
13层	MAX	0.071	0.097	0.090	0.108	0.205	0.333	0.292	0.650	0.770	1.109
	K	2.016	2.762	2.574	3.096	2.048	3.325	1.325	2.954	1.925	2.772
11层	MAX	0.074	0.072	0.084	0.075	0.155	0.191	0.410	0.424	0.608	0.692
	K	2.102	2.047	2.410	2.146	1.546	1.908	1.865	1.925	1.520	1.731
9层	MAX	0.072	0.058	0.086	0.068	0.126	0.157	0.373	0.411	0.529	0.654
	K	2.062	1.655	2.460	1.935	1.256	1.569	1.695	1.869	1.323	1.635
6层	MAX	0.066	0.068	0.074	0.068	0.120	0.180	0.343	0.433	0.685	0.788
	K	1.898	1.931	2.121	1.948	1.200	1.803	1.558	1.966	1.712	1.969
地下室顶板		0.035	0.035	0.035	0.035	0.100	0.100	0.220	0.220	0.400	0.400

C.6.3 原型结构位移反应

由模型试验结果推算原型结构最大位移反应的公式如下：

$$D_i = \frac{a_{mg} \times D_{mi}}{a_{tg} \times S_d} \tag{C.2}$$

式中，D_i为原型结构第 i 层最大位移反应(mm)；D_{mi}为模型结构第 i 层最大位移反应(mm)；a_{mg}为按相似关系要求的模型试验底座最大加速度(g)；a_{tg}为模型试验时与D_{mi}对应的实测底座最大加速度(g)；S_d为模型位移相似系数。

在不同水准地震作用下，原型结构各层在X、Y方向的最大位移反应见表 C.36。将同一地震作用下楼层的位移时程相减，可以得到相应的层间位移时程反应。不同水准地震作用下原型结构层间位移角最大值、总位移角见表 C.37。

表 C.36　不同水准地震作用下原型结构相对于地下室顶板的位移最大值(mm)

位置	7 度多遇		7 度多遇 45°方向		7 度基本		7 度罕遇		8 度罕遇	
	X	Y	X	Y	X	Y	X	Y	X	Y
主塔屋顶	34.79	97.98	46.32	63.14	127.21	235.43	278.85	581.04	722.96	1502.68
20 层	28.56	79.40	35.82	51.09	96.90	183.98	205.67	446.14	521.64	1078.54
15 层	18.44	50.79	23.05	35.17	64.84	133.93	146.90	286.63	309.78	689.85
13 层	17.31	44.78	23.84	35.86	44.00	112.36	103.93	254.05	287.77	657.66
11 层	14.63	36.36	21.47	27.00	34.83	87.12	82.11	194.92	235.25	518.58
9 层	11.25	27.00	14.35	22.02	27.69	59.77	81.03	132.60	176.35	313.22
6 层	8.48	19.92	8.03	14.54	16.59	32.99	58.18	68.15	95.92	182.57
地下室顶板	0.00	0.00	0.00	0.00	0.00	0.00	0.00	0.00	0.00	0.00

表 C.37　不同水准地震作用下原型结构层间位移角和扭转角最大值

工况位置	7 度多遇		7 度多遇 45°方向		7 度基本		7 度罕遇		8 度罕遇	
	X	Y	X	Y	X	Y	X	Y	X	Y
总位移角	1/2762	1/981	1/1949	1/1522	1/755	1/408	1/344	1/165	1/133	1/64
25～20 层	1/1567	1/794	1/1342	1/984	1/461	1/363	1/235	1/147	1/92	1/46
20～15 层	1/1608	1/778	1/1189	1/1079	1/598	1/365	1/259	1/123	1/86	1/49
15～13 层	1/1236	1/936	1/866	1/841	1/178	1/371	1/249	1/169	1/133	1/80
13～11 层	1/1234	1/810	1/918	1/901	1/498	1/316	1/288	1/135	1/112	1/54
11～9 层	1/1617	1/820	1/992	1/1038	1/539	1/293	1/282	1/114	1/88	1/60
9～6 层	1/2293	1/802	1/1845	1/1234	1/915	1/352	1/410	1/175	1/147	1/79
6～1 层	1/2360	1/1006	1/2716	1/1378	1/1305	1/608	1/587	1/302	1/208	1/110
屋顶扭转角	1/668		1/1065		1/193		1/73		1/31	

C.6.4　原型结构剪力分布

根据原型结构的加速度反应和结构楼层的质量分布，得到原型结构在不同水准地震作用下的剪力分布、倾覆力矩以及剪重比。剪力分布如图 C.60 所示，倾覆力矩分布如图 C.61～图 C.65 所示，剪重比结果见表 C.38。

表 C.38 不同水准地震作用下原型结构剪重比

位置	7 度多遇		7 度多遇 45°方向		7 度基本		7 度罕遇		8 度罕遇	
	X	*Y*	*X*	*Y*	*X*	*Y*	*X*	*Y*	*X*	*Y*
底层	3.26%	3.16%	2.40%	2.94%	6.12%	8.96%	11.92%	15.02%	23.47%	29.98%

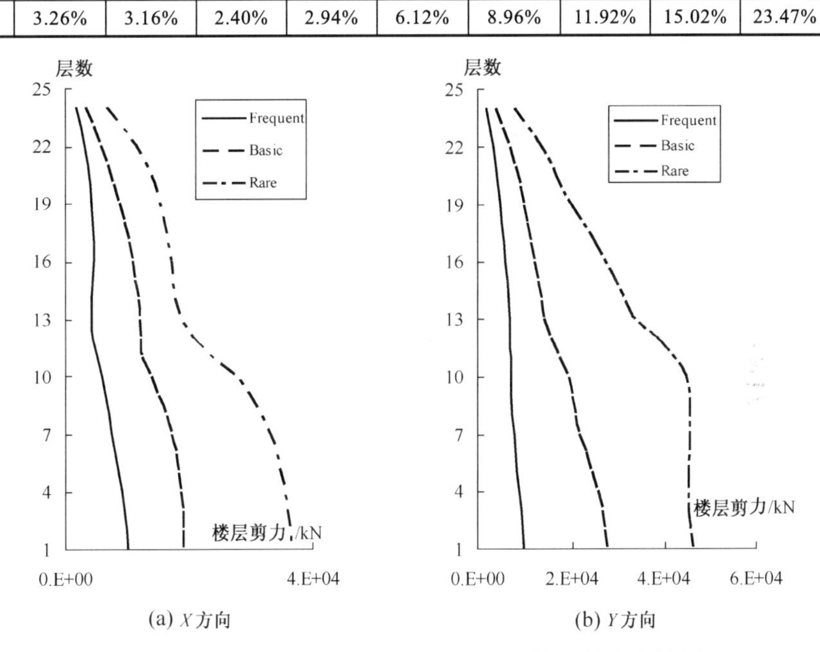

(a) *X* 方向 (b) *Y* 方向

图 C.60 原型结构 7 度各水准地震下楼层剪力包络图

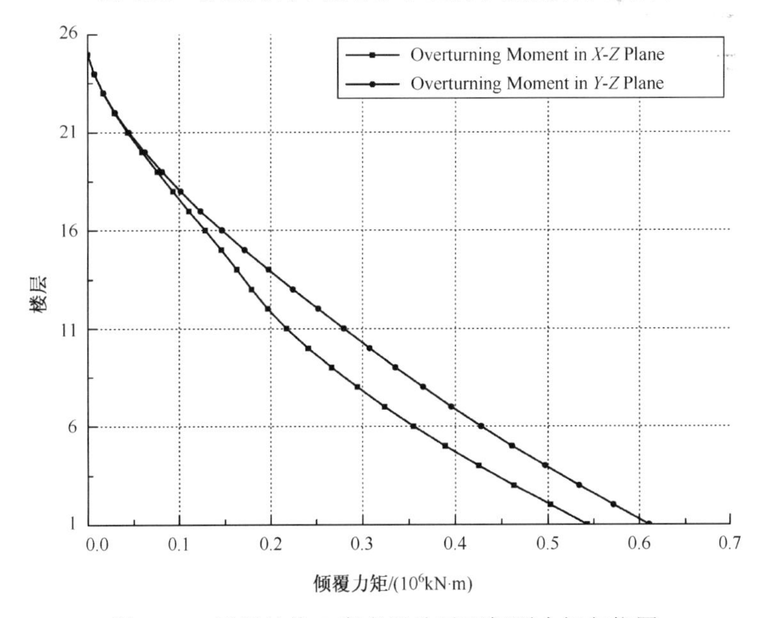

图 C.61 原型结构 7 度多遇地震下倾覆力矩包络图

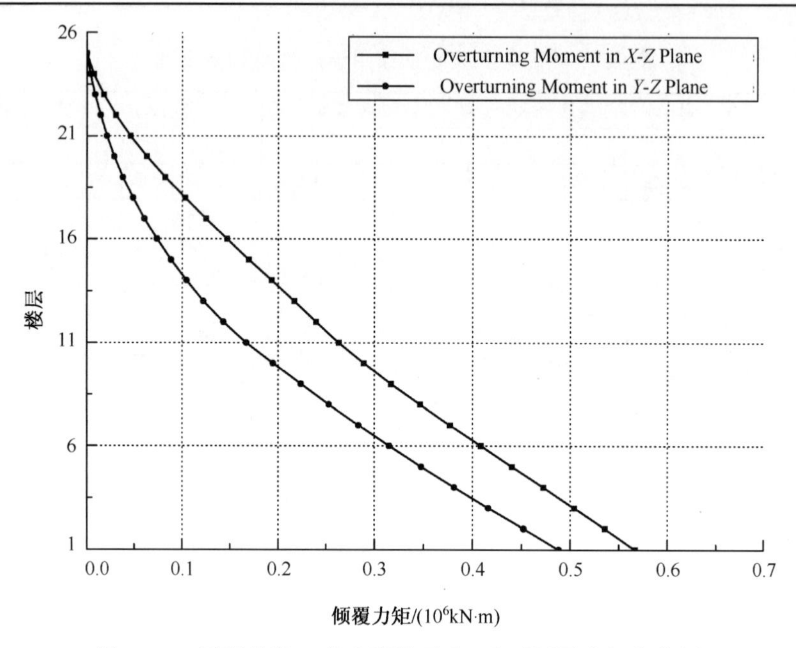

图 C.62　原型结构 7 度多遇地震(45°)下倾覆力矩包络图

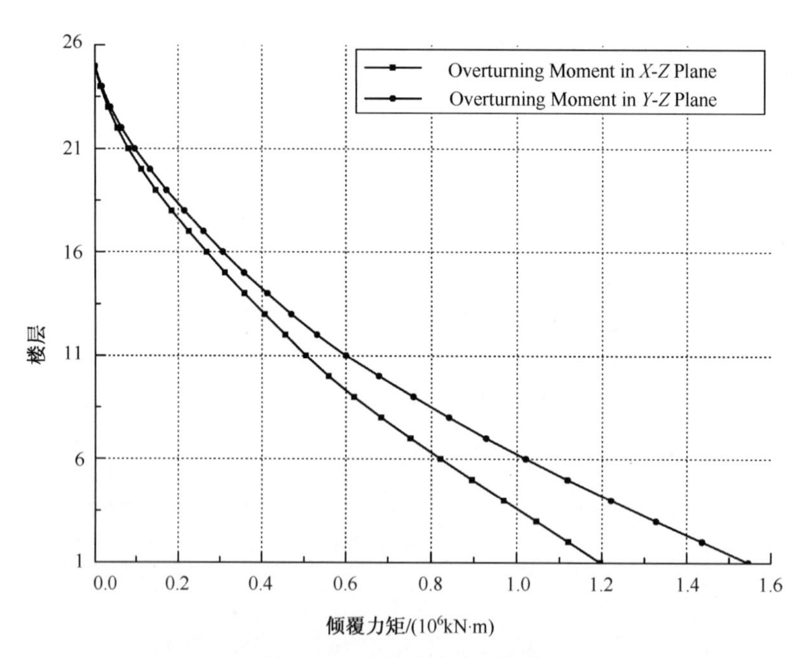

图 C.63　原型结构 7 度基本地震下倾覆力矩包络图

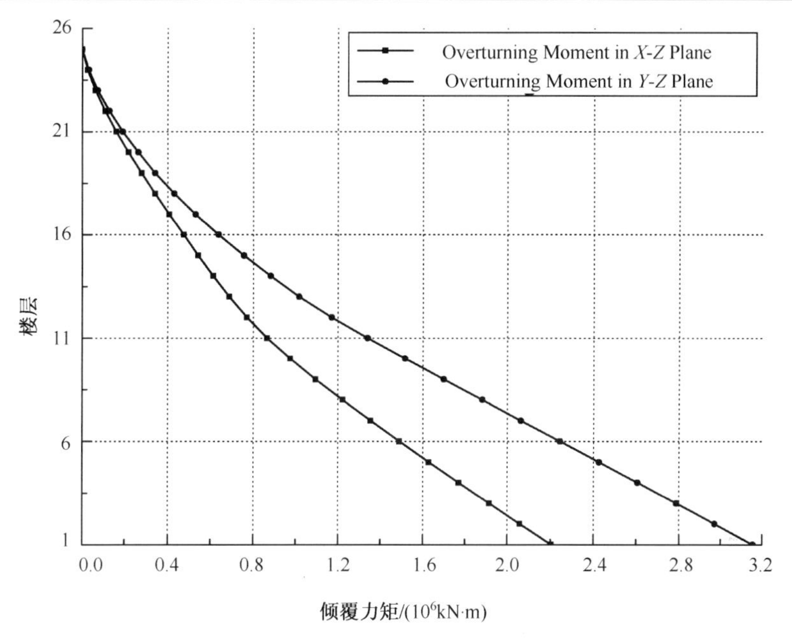

图 C.64 原型结构 7 度罕遇地震下倾覆力矩包络图

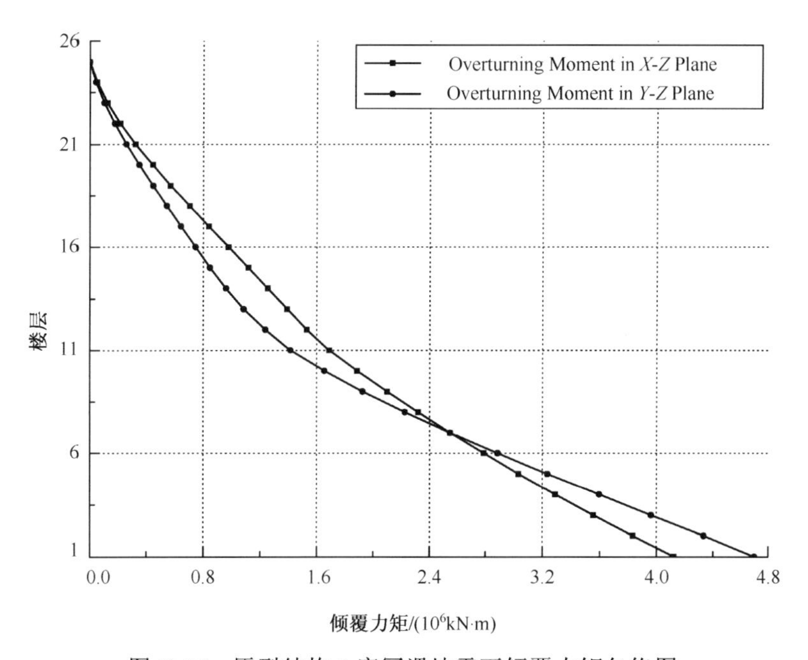

图 C.65 原型结构 8 度罕遇地震下倾覆力矩包络图

C.7 结 论

上海国际设计中心属于平面和竖向均特别不规则的不等高双塔连体结构，塔楼采用钢框架-钢筋混凝土核心筒结构体系，结构地震反应比较复杂。本次试验的目的就是更深入、直观、全面地研究该超限高层结构的抗震性能，确保该结构抗震安全性和可靠性。试验按原型结构设计资料，确定了相似关系，设计制作了整体结构模型，进行了模拟地震振动台试验。试验得出的结论如下：

C.7.1 结构动力特性

经模型第一次白噪声扫频得出频率后，再经相似关系推算原型结构第 1～5 阶自振频率为 0.389Hz、0.583Hz、0.826Hz、1.361Hz、1.702Hz；振型形态分别为 *Y* 向平动、*X* 向平动、扭转、*Y* 向平扭、扭转；相应的周期分别为 2.571s、1.715s、1.211s、0.735s、0.588s。另外，由表 C.33 可以看出，结构频率随输入地震振动幅值的增大而降低，而阻尼比则随结构破坏的加剧而提高；7 度罕遇地震后，结构第 1～5 阶自振频率分别为 0.243Hz、0.390Hz、0.486Hz、0.729Hz、0.924Hz。结构遭受 7 度罕遇地震后与遭遇地震前相比，*Y* 向第 1 阶频率下降 37.5%，*X* 向第 1 阶频率下降 33.1%，扭转频率下降 41.2%，高阶频率则下降更快。

C.7.2 结构地震反应及震害预测

在 7 度多遇地震作用下，结构有较小的位移、扭转变形。由表 C.37 可知，结构 *X* 向、*Y* 向总位移角最大值分别为 1/2762、1/981，扭转角最大值为 1/668；*X* 向、*Y* 向层间位移角最大值分别为 1/1234(13～11 层)、1/778(20～15 层)。其中 *X* 向层间位移角满足《高层建筑混凝土结构技术规程》(JGJ3—2002)限值 1/800 的要求，*Y* 向层间位移角略大于规程的限值。7 度多遇地震作用下结构基本处于弹性阶段，结构没有明显可见裂缝、变形等破坏，原型结构能够满足我国现行抗震规范“小震不坏”的抗震设防标准。另外，由以上数据可知，结构遭受沿 45°方向地震时，结构 *X* 向总位移角及层间位移角比同一烈度沿 *X* 主震方向的大，说明结构 45°方向是弱轴方向。

在 7 度基本地震作用下，结构自振频率和刚度已有一定的降低。主塔未出现明显裂缝；副塔混凝土筒乙 H 轴三层墙体出现三条斜裂缝。连体桁架节点完好，但部分杆件已产生局部屈曲。连体楼层楼板未见明显裂缝。可见，在基本地震作用下该结构已进入弹塑性阶段，但满足“中震可修”的抗震设防要求。

在 7 度罕遇地震作用下，副塔筒体上的裂缝继续开展，主塔核心筒上也有裂缝出现，连体桁架构件的屈曲变形更为普遍，结构自振频率已有较大下降。由表 C.37 可知，结构 X 向、Y 向位移角最大值分别为 1/344、1/165，扭转角最大值为 1/73；X 向、Y 向层间位移角最大值分别为 1/235(主塔屋顶至 20 层)、1/114(11～9 层)，均满足《高层建筑混凝土结构技术规程》(JGJ3—2002)限值 1/100 的要求。原型结构能满足我国抗震规范“大震不倒”的抗震设防标准。

C.7.3 结构薄弱部位

根据该模型结构模拟振动台试验结果，该结构存在以下薄弱部位：

(1)该结构扭转效应比较明显。副塔剪力墙在 7 度多遇地震下未出现可见裂缝，但在 7 度基本地震下剪力墙底部出现了裂缝，且随着输入地震动幅值的增大，墙身上产生的裂缝数量也相对较多；连梁与剪力墙节点区域在 7 度罕遇地震下普遍开裂。

(2)层间位移角较大值多位于连体附近楼层。7 度罕遇地震下主塔楼核心筒 10～13 层近 F 轴纵墙连梁端部开裂，13 层 2 轴外挑楼板与主塔楼板间上表面出现通长裂缝。

(3)连体桁架构件在 7 度基本地震下少数杆件局部屈曲，7 度罕遇地震下杆件局部屈曲现象比较普遍。连体桁架与主、副塔连接节点保持完好。

C.7.4 结构设计建议

根据上海国际设计中心模拟地震振动台试验现象和数据分析，并考虑到 7 度罕遇地震作用下结构某些部位的破坏情况，建议对以下部分在结构设计中应予以重视，以改善结构的抗震性能。具体如下：

(1)应重视连体楼层的延性设计。

(2)提高主塔楼连体以上 2～3 层筒体及副塔剪力墙的延性。建议部分采用暗埋型钢钢筋混凝土剪力墙。

(3)改善主、副塔楼剪力墙底部加强区与连梁的延性。

(4)加强主塔楼板与外挑板间的连接。

(5)重视连体桁架构件与节点的抗震设计，保证构件的整体与局部稳定及构件间的有效连接。

附录 D 高层隔震结构振动台试验实例

D.1 概　　述

D.1.1 项目概况

同济大学土木工程防灾国家重点实验室振动台试验室(以下简称试验室)于2015年4月对四川省西昌市某酒店项目(高层隔震结构)结构模型实施模拟地震振动台试验。

该酒店采用框架-核心筒结构体系及基础隔震技术，结构设计使用年限为 50 年。平面最大尺寸为 33.60m×30.00m，建筑总高度为 58.3m(不计入隔震层)，地下 1 层、隔震层 1 层、地上 16 层，隔震层拟建于地下室顶部，地下室顶板同时作为结构嵌固面和隔震层支座面，隔震层层高为 2m，1 层层高为 5.4m，2～13 层层高为 3.6m，14 层层高为 1.5m，15 层层高为 4.4m，16 层层高为 3.8m。

西昌市位于高烈度区，抗震设防烈度 9 度，设计基本地震加速度峰值为 0.4g，设计地震分组第二组，Ⅱ类场地，场地特征周期 0.4s。隔震层以上结构的设计目标为按照抗震设防烈度 8 度(地震加速度 0.20g)，设计地震分组第二组设计，即比原设计降低一度。

D.1.2 试验内容

采用模拟地震振动台试验方法，研究高层隔震结构在不同水准地震作用下的整体抗震性能，主要研究内容如下：

(1)研究整体结构在 9 度设防烈度多遇、设防、罕遇不同水准地震作用下的主要动力特性：自振周期、振型和阻尼比。

(2)采集试验过程中不同水准地震作用下隔震结构特定部位的加速度、位移和应变反应的数据，以检验该结构是否满足不同水准地震下的性能要求和隔震层设计的合理性及隔震效果。

(3)观测隔震结构在不同水准地震作用下的动力反应及破坏情况，判断结构的薄弱部位。

(4)测试橡胶支座的滞回效果，研究橡胶隔震支座反应特性与协调工作。

(5)进行抗拉装置安装与否对隔震性能、效果的对比以及影响评估。

D.2　试验设备与仪器

D.2.1　模型地震振动台

同济大学模拟地震振动台基本性能指标见表D.1。

表D.1　同济大学模拟地震振动台性能指标

性　能		指　标	备　注
最大试件质量		25t	
台面尺寸		4m×4m	
激振方向		*X*、*Y*、*Z*三方向	*X*、*Y*：水平 *Z*：竖直
控制自由度		六自由度	
振动激励		简谐振动、冲击、地震	
最大驱动位移		*X*：±100mm，*Y* & *Z*：±50mm	
最大驱动速度		*X*：1000mm/s，*Y* & *Z*：600mm/s	
最大驱动加速度	*X*	4.0*g*(空台)、1.2～0.8*g*(15t～25t负载)	
	Y	2.0*g*(空台)、0.8～0.6*g*(15t～25t负载)	
	Z	4.0*g*(空台)、0.7～0.5*g*(15t～25t负载)	
范围频率		0.1～50Hz	
数据采集系统		STEX3、128通道	

D.2.2　测试设备及仪器

试验采用的测试设备和仪器有MTS-STEX3数据采集处理系统、CA-YD压电式加速度传感器、ASM拉线式位移传感器和电阻式应变片。

D.3　模型设计与制作

进行模拟地震振动台试验的首要工作是在充分考虑振动台设备性能参数、试验室软硬件条件的基础上，根据试验技术规范和设计院提供的相关资料，按照动力相似理论完成试验模型的设计与加工制作，具体内容及过程如下。

D.3.1　动力模型设计依据

模型设计、制作和地震激励输入应严格按照相似理论进行，要求做到模型与原型尺寸几何相似并保持一定的比例，要求模型与原型结构的材料相似或具有某种相似关系，要求施加于模型的荷载按原型荷载的某一比例缩小或放大，要求确定模型结构试验过程中各物理量的相似常数，并由此求得反应相似模型整个物理过程的相似条件。模型结构只有在满足上述相似理论的前提下，才可按相似关系由模型试验结果推算出原型结构的相应地震反应，并和设计计算分析结果进行对比、分析。

通常情况下，模型要做到与原型完全相似十分困难，因此模型设计时往往根据试验研究目的及内容的不同，重点突出主要结构材料及结构构件之间的相似，而忽略一些次要因素影响，同时还需要适当考虑试验室实际施工条件、吊装能力和振动台性能参数等因素的影响。

试验主要研究水平及竖向地震作用下结构的整体抗震性能，因此模型设计时重点强调模型和原型主要抗侧力构件之间相似。

D.3.2 相似关系(模型/原型)

1. 上部结构相似设计

综合考虑同济大学振动台性能参数、试验室施工条件和吊装能力等因素，首先确定模型结构几何相似常数 $S_l = 1/15$；其次，考虑到振动台噪声、台面承载力和振动台性能参数及模型材料等因素，应力相似常数 $S_\sigma = 0.20$，加速度相似常数 $S_a = 1.5$。试验最终采用的模型相似关系见表 D.2。

表 D.2 上部结构模型相似关系

物理特性	物理量	关系式	1/15 模型	备注
几何特性	长度 l	S_l	1/15	控制尺寸
	面积 S	$S_s = S_l^2$	1/225	
	线位移 X	$S_X = S_l$	1/15	
	角位移 β	$S_\beta = 1.0$	1.0	
材料特性	应变 ε	$S_\varepsilon = 1.0$	1.0	
	应力 σ	$S_\sigma = S_E$	1/5	
	弹模 E	S_E	1/5	控制材料
	泊松比 μ	$S_\mu = 1.0$	1.0	
	密度 ρ	S_ρ	2.0	
荷载	集中力 F	$S_F = S_E \cdot S_l^2$	8.89×10^{-4}	
	线荷载 p	$S_p = S_E \cdot S_l$	1.33×10^{-2}	
	面荷载 q	$S_q = S_E$	0.20	
	力矩 M	$S_M = S_E \cdot S_l^3$	5.93×10^{-5}	
动力特性	质量 m	$S_m = S_\rho \cdot S_l^3$	5.93×10^{-4}	
	刚度 k	$S_k = S_E \cdot S_l$	1.33×10^{-2}	
	时间 t	$S_t = (S_l / S_a)^{1/2}$	0.21	

续表

物理特性	物理量	关系式	1/15 模型	备注
动力特性	频率 f	$S_f=(S_a/S_l)^{1/2}$	4.74	
	阻尼 c	$S_c=S_m/S_t$	2.81×10^{-3}	
	速度 v	$S_v=(S_a\cdot S_l)^{1/2}$	0.32	
	加速度 a	S_a	1.5	控制试验

2. 隔震层相似设计

隔震结构振动台模型设计不同于普通结构的模型，重点在于隔震结构存在一个特殊的隔震层。隔震层如何进行相似设计，隔震支座如何实现由实际结构到模型结构的等效及隔震后模型的周期如何估算等问题都是在隔震结构振动台模型设计中需要重点把握的几个问题。

D.3.3　模型材料

设计直径为 100mm 的隔震支座，其中铅芯直径为 14mm；橡胶层共 11 层，每层厚度 1.2mm，橡胶层总厚 13.2mm；钢板层共 10 层，每层厚度 1.2mm；上下封板后 14.9mm，除上下连接板支座总高为 55mm。支座的其他参数见表 D.3。

表 D.3　LRB100 支座理论性能指标

序号	支座参数	参数值	序号	支座参数	参数值
1	外径 D/mm	100	9	1 次形状系数 S1	17.9
2	总高度 H/mm	55	10	2 次形状系数 S2	7.6
3	橡胶层厚度/mm	1.2	11	一次刚度/(kN/mm)	2.44
4	钢板层厚度/mm	1.2	12	二次刚度/(kN/mm)	0.19
5	橡胶层数/层	11	13	屈服荷载/kN	1.05
6	钢板层数/层	10	14	等效刚度/(kN/mm)	0.28
7	橡胶层总厚度/mm	13.2	15	竖向刚度 K_V/(kN/mm)	297.93
8	钢板层总厚度/mm	12			

D.3.4　模型施工

由于模型几何相似比较小，故模型尺寸较小，精度要求较高，因此对模型制作有较高的要求。结构模型外模采用木模整体滑升，内模采用泡沫塑料，泡沫塑料易成形，易拆模，即使局部不能拆除，由于泡沫塑料和混凝土相比，在密度、抗弯模量、抗剪模量方面都很小，对模型刚度的影响也很小。模型上部框架结构的梁、板、柱均设计为逐层现浇，施工中严格控制构件尺寸和微粒混凝土的配合比。试验模型制作过程见图 D.1～图 D.6，施工完成后的结构模型见图 D.7，完成的结构模型总高度为 3.89m，其中模型底座厚 0.30m，模型总高度为 4.19m。

图 D.1　首层泡沫模板的制作

图 D.2　柱钢筋的制作

图 D.3　固定泡沫模板、放置钢筋

图 D.4　楼板钢筋网的铺设

图 D.5　混凝土浇筑

图 D.6　预留混凝土材性试验试块

图 D.7　施工完成后模型

D.3.5　模型配重计算、布置及试验准备

隔震层中隔震支座、三向力传感器、高度调节装置的布置见图 D.8。

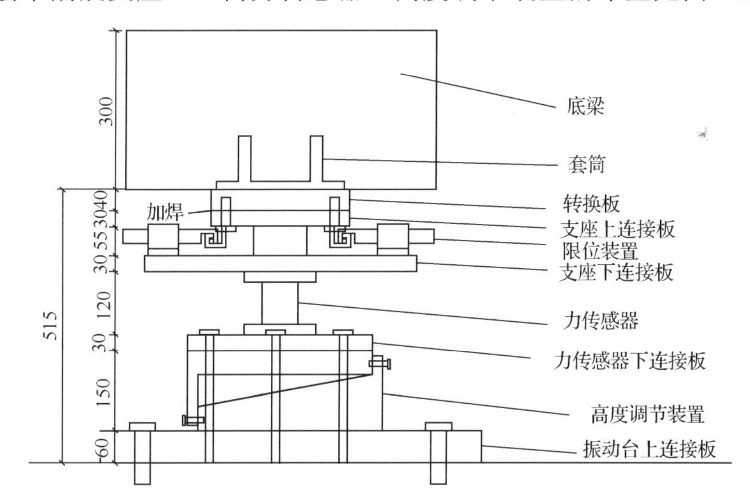

图 D.8　底梁下部隔震支座及三向力传感器安装立面示意图

由原型结构质量按相似关系可计算得到模型理论总质量，模型理论总质量减去模型自身质量即得需要配重。表 D.4 为模型模拟地震振动台试验配重分布表。模型吊装后附加质量块的布置、应变片、加速度传感器及位移传感器、三向力传感器、隔震支座的安装分别见图 D.9～图 D.14。完成质量块布置和传感器安装后的模型结构见图 D.15。模型总质量为 11.768t，其中模型质量 2.862t，底座质量 8.906t。

表 D.4　模型各层配重分布

结构层	原型楼层总重/t	模型楼层总重/t	模型自重/t	配重质量/kg
16	181	0.108	0.035	73
15	235	0.139	0.037	102
14	204	0.121	0.024	97
13	1345	0.798	0.188	610
12	1353	0.802	0.190	612
11	1353	0.802	0.190	612
10	1353	0.802	0.190	612
9	1484	0.880	0.212	668
8	1484	0.880	0.212	668
7	1484	0.880	0.212	668
6	1484	0.880	0.212	668
5	1484	0.880	0.212	668
4	1547	0.917	0.226	691
3	1547	0.917	0.226	691
2	1547	0.917	0.226	691
1	1760	1.044	0.269	775
总计	19845	11.768	2.861	**8906**

图 D.9　高度调节装置及三向力传感器安装

图 D.10　橡胶隔震支座安装

图 D.11　上部结构吊装

图 D.12　应变片布置

图 D.13　配重质量块布置

图 D.14　加速度传感器布置

图 D.15 试验前模型全景

D.4　模拟地震振动台试验

D.4.1　试验过程简述

模拟地震振动台试验台面激励的选择主要根据地震危险性分析、场地类别和建筑结构动力特性等因素确定。试验时根据模型所要求的动力相似关系对原型地震记录进行修正后作为模拟地震振动台的台面激励输入。根据抗震设防要求，输入地震波的加速度幅值从小到大依次增加，以模拟从多遇到罕遇等不同水准地震对结构的作用。

在经历台面输入地震激励后，模型结构的频率和阻尼比都将发生变化。因此，在输入不同水准台面地震激励前后，均采用白噪声对模型结构进行扫频，以得到模型自振频率和结构阻尼比的变化情况，并由此确定结构振型的变化和刚度下降的幅度。

试验过程中采集模型结构在不同水准地震作用下不同部位的加速度、位移和应变等数据，同时对结构变形和开裂状况进行观察。试验进行了9度多遇单双向、9度设防单双向、9度罕遇单向等多种工况的模拟地震振动台试验。9度罕遇工况出现角支座拉应力后，四个角支座安装抗拉装置，进行9度设防等试验工况。

D.4.2 测点布置

根据项目的结构特点，试验中隔震层数据计划采集竖向轴力位移、水平力位移和加速度反应。上部结构数据采集各层加速度、层间变形、柱的剪切应变和下层柱的轴力。

隔震层各向力采用三向力传感器采集，隔震层与上部结构层位移采用拉线式位移计，加速度采用压电式加速度计。应变片主要分布在底层筒体剪力墙根部、各层框架柱根部和部分主梁及连梁中部，用于获取各个构件在各工况下的应变状态及应力变化情况。

1. 应变片布置

应变片布置见表D.5，应变片和测点布置示意图分别见图D.16和图D.17。

表 D.5 应变片布置

编号	楼层	位置	导线号	通道号	备注
S1	1	3轴与B轴交接处剪力墙根部	104	104	竖向
S2		1轴与B轴交接处柱根部	105	105	竖向
S3		4.1轴、4.2轴与B轴交接处连梁底	101	101	
S4		2轴与3轴间斜梁底部	102	102	
S5		1轴处A、B轴间主梁底	103	103	
S6	4	3轴与B轴交接处剪力墙根部	108	108	竖向(位置同S1)
S7		1轴与B轴交接处柱根部	107	107	竖向(位置同S2)
S8	5	3轴与B轴交接处剪力墙根部	110	110	竖向(位置同S1)
S9		1轴与B轴交接处柱根部	109	109	竖向(位置同S2)
S10	9	3轴与B轴交接处剪力墙根部	112	112	竖向(位置同S1)
S11		1轴与B轴交接处柱根部	111	111	竖向(位置同S2)
S12	10	3轴与B轴交接处剪力墙根部	119	119	竖向(位置同S1)
S13		1轴与B轴交接处柱根部	118	118	竖向(位置同S2)
S14	14	3轴与B轴交接处剪力墙根部	120	120	

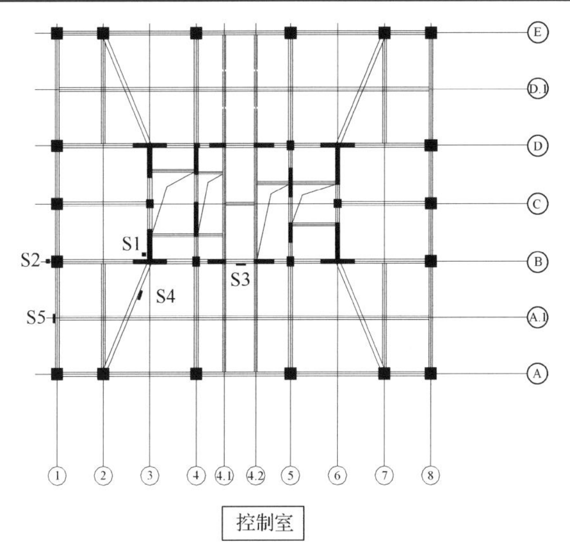

图 D.16　应变片布置示意图

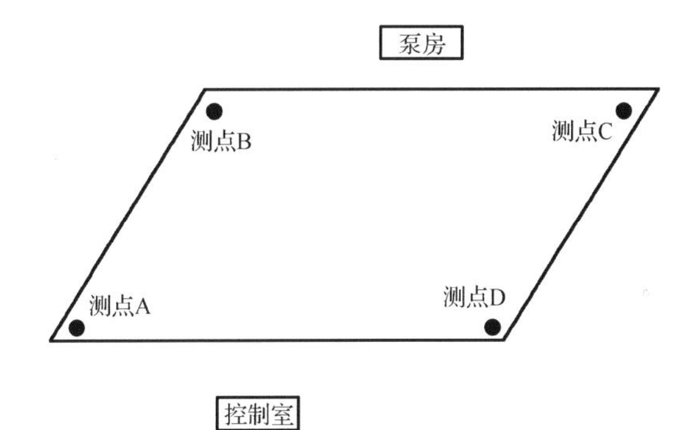

图 D.17　测点布置示意图

2. 位移传感器布置

位移传感器布置见表 D.6。

表 D.6　位移传感器布置

编号	层数	方向	测点	导线号	通道号	备注
D12	支座下连接板	*Y*	IS1	99	69	
D11		*X*	IS3	98	68	
D10	13	*Y*	C	91	91	
D9		*X*	B	80	80	
D8	10	*Y*	C	94	94	
D7		*X*	B	79	79	
D6	4	*Y*	C	93	93	
D5		*X*	B	76	76	

续表

编号	层数	方向	测点	导线号	通道号	备注
D4	隔震层	*Z*	D	75	75	
D3		*Z*	B	78	78	
D2		*Y*	C	92	92	
D1		*X*	B	77	77	

3. 加速度传感器布置

加速度传感器布置见表 D.7。加速度计及位移计布置示意图见图 D.18。

表 D.7　加速度传感器布置

编号	楼层	方向	测点	导线号	通道号	备注
A42	IS1 下连接板	*Z*	长边方向 靠近振动 台边缘	50	50	
A41		*Y*		45	45	
A40		*X*		44	44	
A39	IS2 下连接板	*Z*	长边方向 靠近振动 台边缘	43	43	
A38		*Y*		42	42	
A37		*X*		41	41	
A36	IS3 下连接板	*Z*	长边方向 靠近振动 台边缘	40	40	
A35		*Y*		35	35	
A34		*X*		34	34	
A33	IS4 下连接板	*Z*	长边方向 靠近振动 台边缘	39	39	
A32		*Y*		38	38	
A31		*X*		30	30	
A30	16	*Y*	D	12	12	
A29		*Y*	C	13	13	
A28		*X*	B	16	16	
A27		*X*	A	14	14	
A26	13	*Z*	A	17	17	
A25		*Y*	D	1	1	
A24		*Y*	C	21	21	
A23		*X*	B	22	22	
A22		*X*	A	15	15	
A21	10	*Z*	A	19	19	
A20		*Y*	D	3	3	
A19		*X*	A	18	18	
A18	7	*Z*	A	8	8	
A17		*Y*	D	4	4	
A16		*Y*	C	23	23	
A15		*X*	B	24	24	
A14		*X*	A	20	20	
A13	4	*Z*	A	10	10	
A12		*Y*	D	5	5	
A11		*X*	A	9	9	

续表

编号	楼层	方向	测点	导线号	通道号	备注
A10	1	Y	D	6	6	
A9		Y	C	25	25	
A8		X	B	26	26	
A7		X	A	31	31	
A6	隔震层	Z	C	29	29	
A5		Z	A	33	33	
A4		Y	D	7	7	
A3		Y	C	28	28	
A2		X	B	27	27	
A1		X	A	32	32	

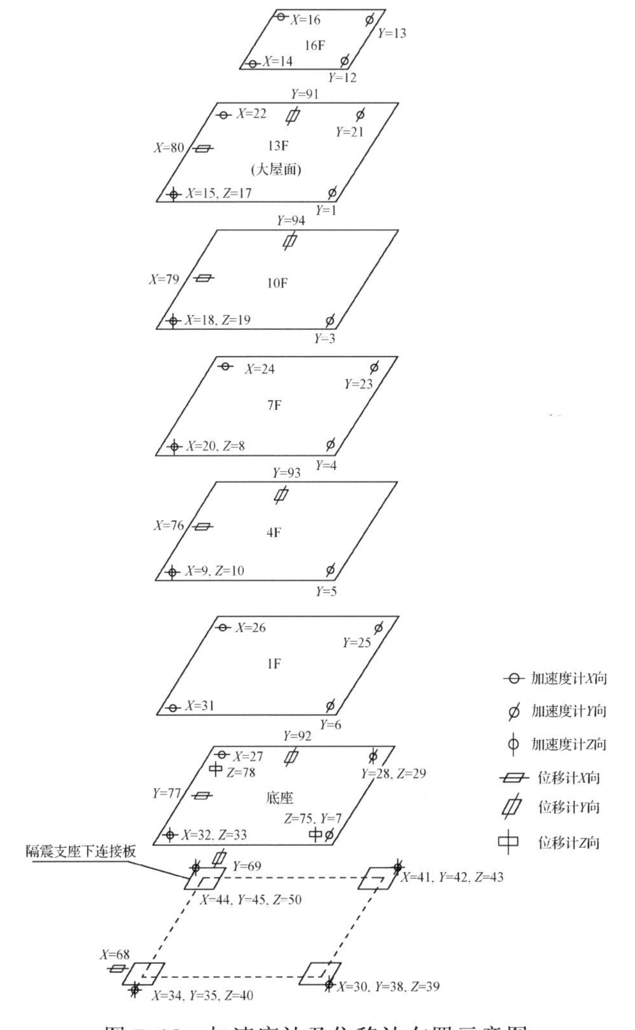

图 D.18　加速度计及位移计布置示意图

4. 三向力传感器

支座和三向力传感器布置示意图见图 D.19。

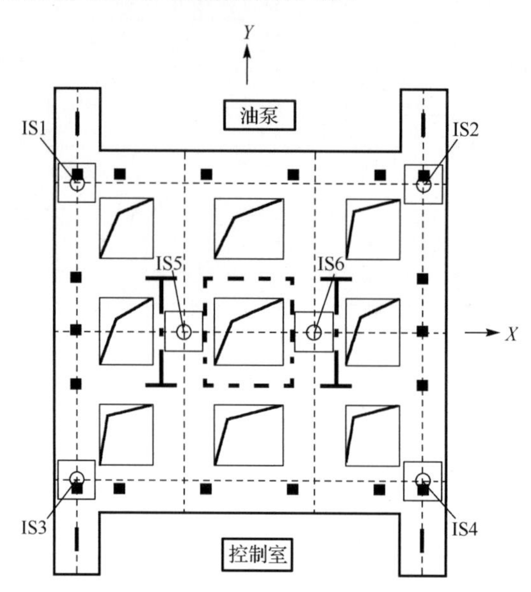

图 D.19　支座和三向力传感器布置示意图

5. 传感器数量总计

加速度传感器：　42 个
位移传感器：　12 个
三向力传感器：　6 个(18 个通道)
应变片：　14 个
总计：　86 个

D.4.3　试验输入地震波

试验中采用两组天然波、一组人工波，各组地震波信息见表 D.8，各地震动各方向地震动加速度时程及反应谱分别见图 D.20～图 D.26。

表 D.8　振动台试验用地震动信息

编号	名称	地震名称	发生时间	台站	持时/s	步长/s
Northridge-M	NGA_no_949_ARL360	Northridge-01	1994	Arleta-Nordhoff Fire Sta	39.94	0.02
Northridge-S	NGA_no_949_ARL090					
Northridge-V	NGA_no_949_ARL_UP					

续表

编号	名称	地震名称	发生时间	台站	持时/s	步长/s
ChiChi-M	NGA_no_2958_CHY054-N	Chi-Chi, Taiwan-05	1999	CHY054	74.98	0.02
ChiChi-S	NGA_no_2958_CHY054-E					
ChiChi-V	NGA_no_2958_CHY054-V					
AW	—	人工波	—	—	40.00	0.02

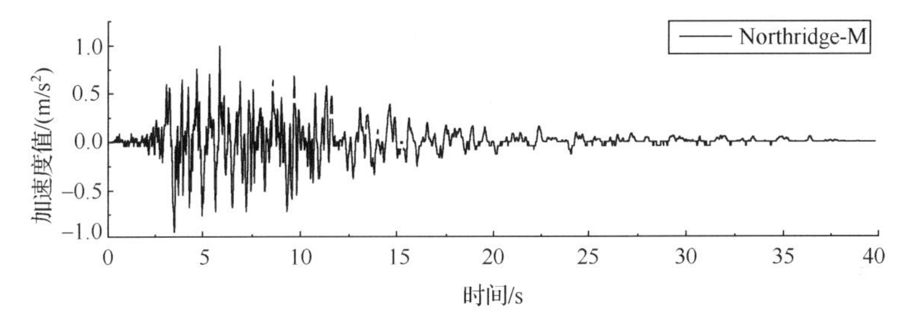

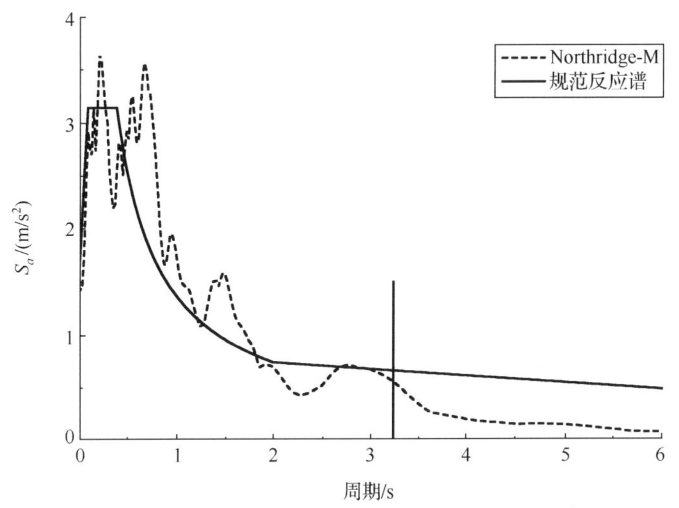

图 D.20　Northridge-M 波时程及其反应谱

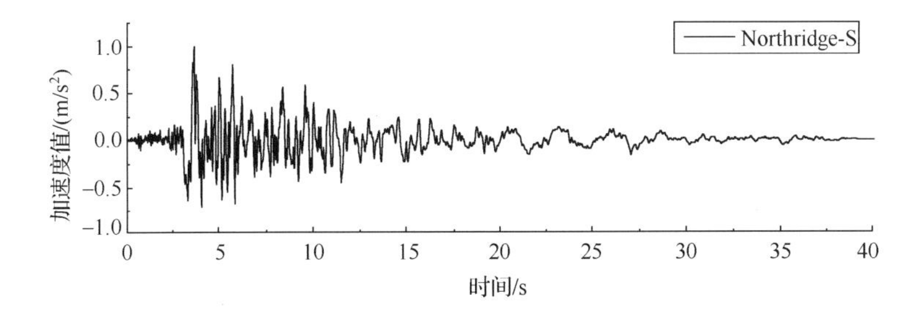

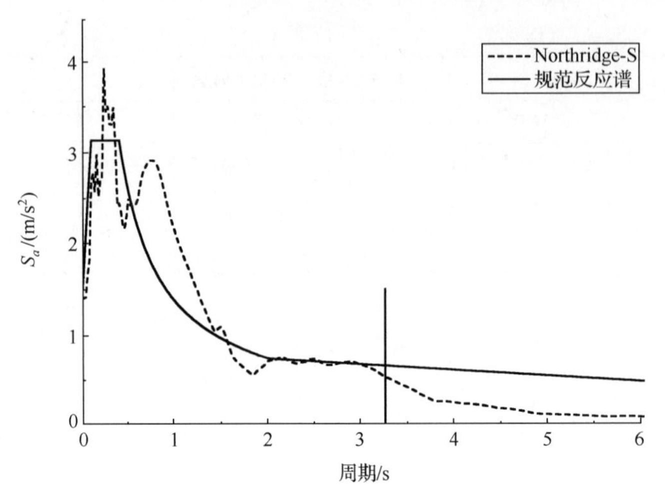

图 D.21　Northridge-S 波时程及其反应谱

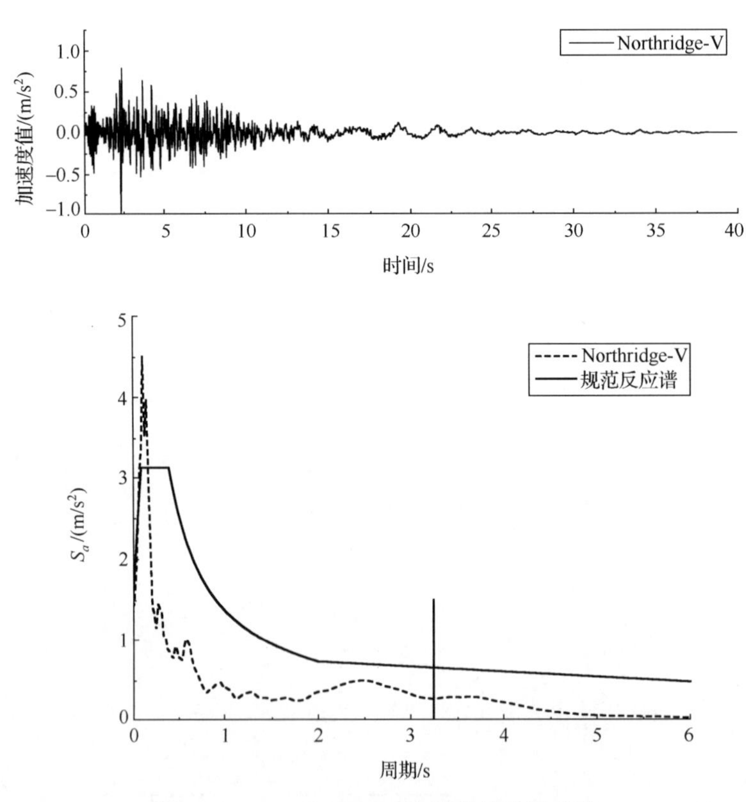

图 D.22　Northridge-V 波时程及其反应谱

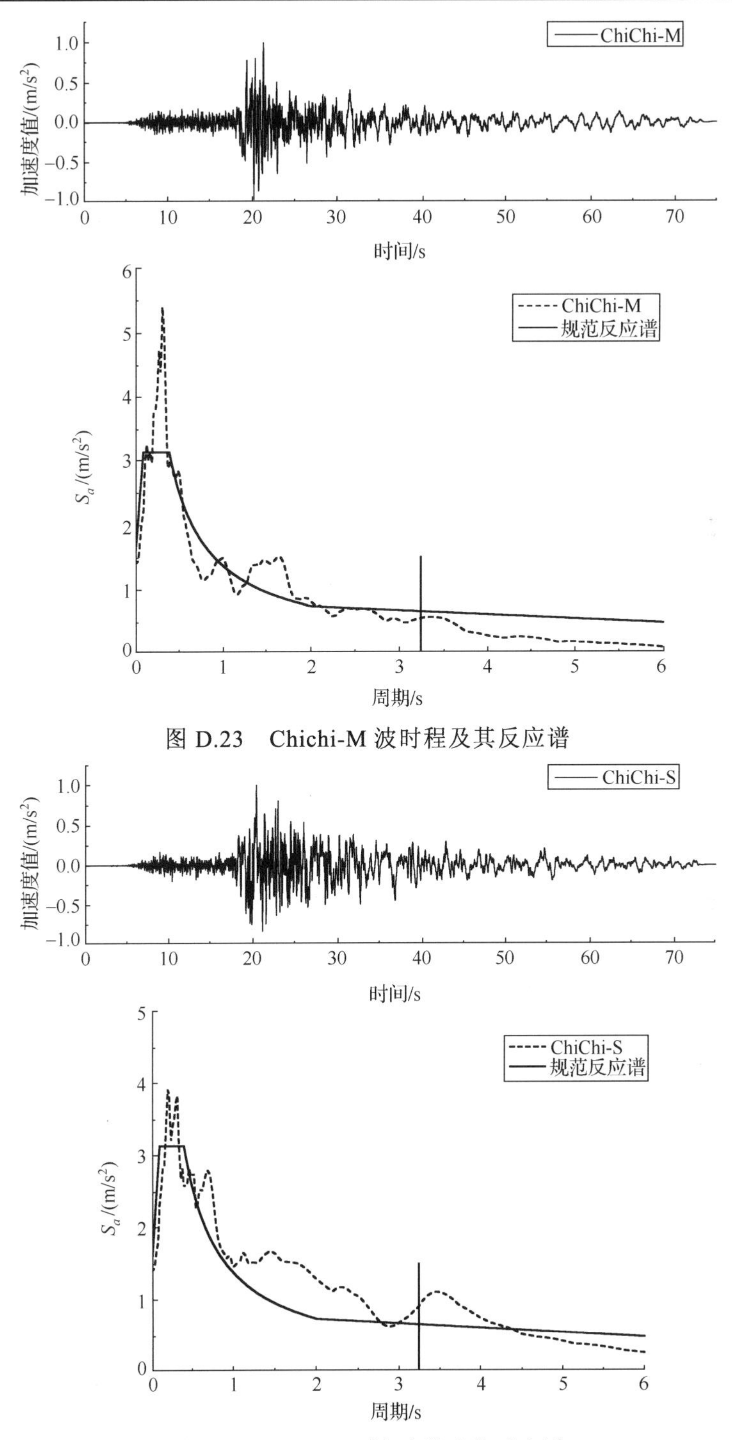

图 D.23　Chichi-M 波时程及其反应谱

图 D.24　Chichi-S 波时程及其反应谱

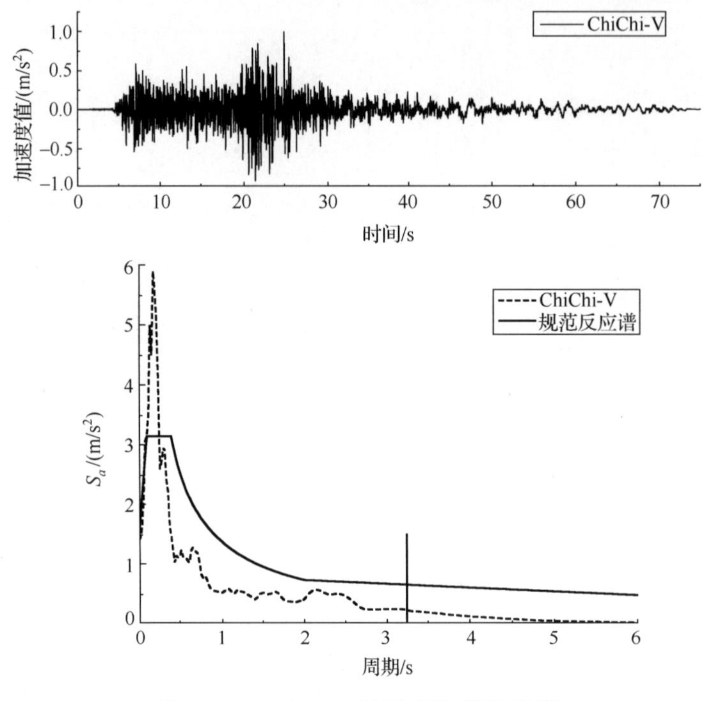

图 D.25　Chichi-V 波时程及其反应谱

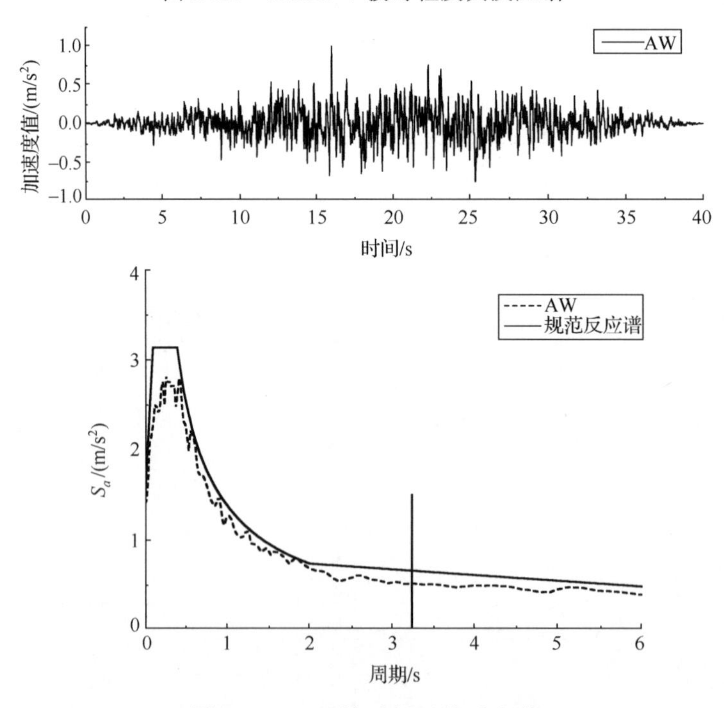

图 D.26　AW 波时程及其反应谱

D.4.4　试验步骤

试验中，台面输入加速度峰值按小量级分级递增，按相似关系调整加速度峰值和时间间隔。地震波的持续时间压缩为原地震波的0.21，每次改变加速度输入大小时都输入小振幅的白噪声激励，观察模型系统动力特性，对结构安全性进行评估，满足安全要求方可继续试验。试验工况见表D.9。

表D.9　结构模型振动台试验工况表

工况	工况代号	烈度	地震激励			地震输入值(*g*)			实际输入值(*g*)			备注
			*X*向	*Y*向	*Z*向	*X*向	*Y*向	*Z*向	*X*向	*Y*向	*Z*向	
1	W1	第一次白噪声				0.07	0.07	0.07	0.06	0.06	0.06	
2	F9NX	9度多遇	N-M	—	—	0.21	—	—	0.2112	—	—	
3	F9NY		—	N-M	—	—	0.21	—	—	0.2102	—	
4	F9CX		C-M	—	—	0.21	—	—	0.2272	—	—	
5	F9CY		—	C-M	—	—	0.21	—	—	0.2336	—	
6	F9AX		AW	—	—	0.21	—	—	0.1915	—	—	
7	F9AY		—	AW	—	—	0.21	—	—	0.1964	—	
8	F9NXY		N-M	N-S	—	0.21	0.18	—	0.2105	0.1769	—	
9	F9NYX		N-S	N-M	—	0.18	0.21	—	0.1693	0.2153	—	
10	F9CXY		C-M	C-S	—	0.21	0.18	—	0.2210	0.1889	—	
11	F9CYX		C-S	C-M	—	0.18	0.21	—	0.1667	0.2307	—	
12	W2	第二次白噪声				0.07	0.07	0.07				
13	A9NX		N-M	—	—	0.40	—	—	0.4070	—	—	
14	A9NY		—	N-M	—	—	0.40	—	—	0.4201	—	
15	A9CX		C-M		—	0.40	—	—	0.4079	—	—	
16	A9CY		—	C-M	—	—	0.40	—	—	0.3884	—	
17	A9AX		AW	—	—	0.40	—	—	0.4279	—	—	
18	A9AY		—	AW	—	—	0.40	—	—	0.3948	—	
19	A9NXY		N-M	N-S	—	0.40	0.34	—	0.4047	0.3352	—	
20	A9NYX		N-S	N-M	—	0.34	0.40	—	0.3760	0.4055	—	
21	A9CXY		C-M	C-S	—	0.40	0.34	—	0.4168	0.3418	—	
22	A9CYX		C-S	C-M	—	0.34	0.40	—	0.3422	0.4025	—	
23	W3	第三次白噪声				0.07	0.07	0.07				
24	B9NX	9度设防	N-M	—	—	0.61	—	—	0.5989	—	—	
25	B9NY		—	N-M	—	—	0.61	—	—	0.5934	—	
26	B9CX		C-M		—	0.61	—	—	0.5908	—	—	
27	B9CY		—	C-M	—	—	0.61	—	—	0.6394	—	
28	B9AX		AW	—	—	0.61	—	—	0.5840	—	—	
29	B9AY		—	AW	—	—	0.61	—	—	0.6249	—	
30	B9NXY		N-M	N-S	—	0.61	0.52	—	0.6170	0.5066	—	

续表

工况	工况代号	烈度	地震激励			地震输入值(*g*)			实际输入值(*g*)			备注
			X 向	*Y* 向	*Z* 向	*X* 向	*Y* 向	*Z* 向	*X* 向	*Y* 向	*Z* 向	
31	B9NYX		N-S	N-M	—	0.52	0.61	—	0.5332	0.5870	—	
32	B9CXY		C-M	C-S	—	0.61	0.52	—	0.5961	0.5286	—	
33	B9CYX		C-S	C-M	—	0.52	0.61	—	0.4886	0.6154	—	
34	W4	第四次白噪声				0.07	0.07	0.07				
35	R9NX	9 度罕遇	N-M	—	—	0.95	—	—	0.9865	—	—	
36	R9NY		—	N-M	—	—	0.95	—	—	0.9113	—	
37	R9CX		C-M	—	—	0.95	—	—	0.9394	—	—	
38	R9CY		—	C-M	—	—	0.95	—	—	0.9570	—	
39	R9AX		AW	—	—	0.95	—	—	0.9413	—	—	
40	R9AY		—	AW	—	—	0.95	—	—	0.9690	—	
41	F9CZ	9 度多遇	—	—	C-V	—	—	0.14	0.1683	—	—	
42	B9CZ	9 度设防	—	—	C-V	—	—	0.40	0.4076	—	—	
43	R9CZ	9 度罕遇	—	—	C-V	—	—	0.62	0.7373	—	—	
44	W5	第五次白噪声				0.07	0.07	0.07				
安装抗拉装置												
45	W6	第六次白噪声				0.07	0.07	0.07				
46	B9NX	9 度设防	N-M	—	—	0.61	—	—	0.5865	—	—	
47	B9NY		—	N-M	—	—	0.61	—	—	0.5968	—	
48	B9CX		C-M		—	0.61	—	—	0.5797	—	—	
49	B9CY		—	C-M	—	—	0.61	—	—	0.6349	—	
50	B9AX		AW	—	—	0.61	—	—	0.5771	—	—	
51	B9AY		—	AW	—	—	0.61	—	—	0.6211	—	
52	W7	第七次白噪声				0.07	0.07	0.07				
53	AWX7		AW	—	—	0.70	—	—	0.7150	—	—	
54	AWX8		AW	—	—	0.80	—	—	0.8021	—	—	
55	AWX9		AW	—	—	0.90	—	—	0.8832	—	—	
56	W8	第八次白噪声				0.07	0.07	0.07				
57	F9NXY		N-M	N-S	—	0.21	0.18	—	0.2145	0.1769	—	
58	A9NXY		N-M	N-S	—	0.40	0.34	—	0.3915	0.3350	—	
59	W9	第九次白噪声				0.07	0.07	0.07				

D.4.5　试验现象描述

1. 9 度多遇地震试验阶段

按加载顺序依次输入Northridge波单向、Chichi波单向、AW波单向、Northridge波双向、Chichi 波双向，地震波输入结束后用白噪声扫频，发现模型自振频率 *X* 向降幅为 1.65%，*Y* 向降幅为 0.21%，频率变化很小，模型表面基本未见明显裂缝。

2. 峰值 0.4g 地震试验阶段

在 9 度 0.4g 地震试验阶段各地震波输入顺序基本同多遇地震，地震波输入结束后用白噪声扫频，发现模型结构自振频率在 X 和 Y 方向分别下降 3.10%和 0.30%，频率变化较小，模型表面基本未见明显裂缝。

3. 9 度设防地震试验阶段

在 9 度设防地震试验阶段，部分框架梁端出现轻微裂缝。结构自振频率在 X 和 Y 方向分别下降 6.10%和 4.2%。典型裂缝情况见图 D.27，图 D.28。

图 D.27　3 层 E 轴右侧梁端

图 D.28　2 层 1 轴右侧梁端

4. 9 度罕遇地震试验阶段

在 9 度罕遇地震试验阶段，多处框架梁梁端出现裂缝，上阶段出现裂缝的部分梁端裂缝延伸，少数柱底及楼板出现轻微裂缝，此外 10～12 层剪力墙上均出现较多裂缝。结构自振频率在 X 和 Y 方向分别下降 21.22%和 18.94%，下降幅度较大，说明结构已出现较多裂缝。裂缝的具体位置如图 D.29～图 D.32 所示。

图 D.29　4 层 5 轴左侧梁端及柱顶

图 D.30　2 层 1 轴左侧梁端

图 D.31　2 层 7 轴左侧楼板

图 D.32　10 层剪力墙

5. 安装抗拉装置阶段

安装抗拉装置进行试验后对结构进行整体检查，多数框架梁梁端出现裂缝，部分柱的柱顶、柱底及楼板出现裂缝，剪力墙上的裂缝继续扩展。结构自振频率在 X 和 Y 方向分别下降 37.02%和 19.94%，下降幅度较大，说明结构已破坏地较为严重。裂缝的具体位置见图 D.33 和图 D.34。

图 D.33　8 层 1 轴柱顶及柱底

图 D.34　4 层 4 轴左右两侧梁端

D.5　模型结构试验结果分析

D.5.1　模型结构动力特性

在不同水准地震作用前后，均采用白噪声对结构模型进行扫频。通过对各加速度测点的频谱特性、传递函数以及时程反应进行分析，得到模型结构在不同水准地震前后的自振频率、阻尼比和振型形态，见表 D.10。由试验结果推算出模型结构 X、Y 向第一阶振型简图见图 D.35 和图 D.36。

表 D.10　模型结构自振频率、阻尼比与振型形态

序号		一	二	三	四	五
第一次白噪声	频率/Hz	1.96	2.02	2.25	5.94	6.46
	阻尼比/%	6.63	6.59	5.62	1.80	0.55
	振型形态	Y 向平动	X 向平动	扭转	X 向平动	Y 向平动
第二次白噪声	频率/Hz	1.95	1.98	2.25	5.71	6.25
	阻尼比/%	7.85	9.91	5.69	1.10	2.16
	振型形态	Y 向平动	X 向平动	扭转	X 向平动	Y 向平动
第三次白噪声	频率/Hz	1.95	1.95	2.25	5.69	5.71
	阻尼比/%	10.30	9.27	5.86	2.10	1.60
	振型形态	X 向平动	Y 向平动	扭转	Y 向平动	X 向平动
第四次白噪声	频率/Hz	1.88	1.89	2.14	4.44	4.79
	阻尼比/%	10.68	11.83	6.06	6.57	3.95
	振型形态	Y 向平动	X 向平动	扭转	X 向平动	Y 向平动
第五次白噪声	频率/Hz	1.59	1.59	1.55	3.84	3.94
	阻尼比/%	10.36	7.89	6.01	6.91	6.13
	振型形态	X 向平动	Y 向平动	扭转	X 向平动	Y 向平动
安装抗拉装置						
第六次白噪声	频率/Hz	1.56	1.61	1.55	3.90	5.02
	阻尼比/%	11.56	6.49	5.98	2.03	2.14
	振型形态	X 向平动	Y 向平动	扭转	Y 向平动	X 向平动
第七次白噪声	频率/Hz	1.47	1.57	1.49	3.71	4.44
	阻尼比/%	11.56	7.98	6.24	2.65	1.89
	振型形态	X 向平动	Y 向平动	扭转	Y 向平动	X 向平动
第八次白噪声	频率/Hz	1.33	1.69	1.39	3.72	4.13
	阻尼比/%	12.82	9.17	6.84	1.17	1.91
	振型形态	X 向平动	Y 向平动	扭转	Y 向平动	X 向平动
第九次白噪声	频率/Hz	1.27	1.57	1.29	3.42	4.44
	阻尼比/%	11.10	8.45	6.53	3.99	1.40
	振型形态	X 向平动	Y 向平动	扭转	Y 向平动	X 向平动

各试验阶段结束后模型结构在 X、Y 向的频率与它处于同一位置的第一次扫频结果的对比情况分别依次见图 D.37～图 D.52。虚线部分为对应表 D.10 各阶段工况结束后白噪声扫频后传递函数曲线，各峰值点对应的横坐标为结构的各阶自振频率。

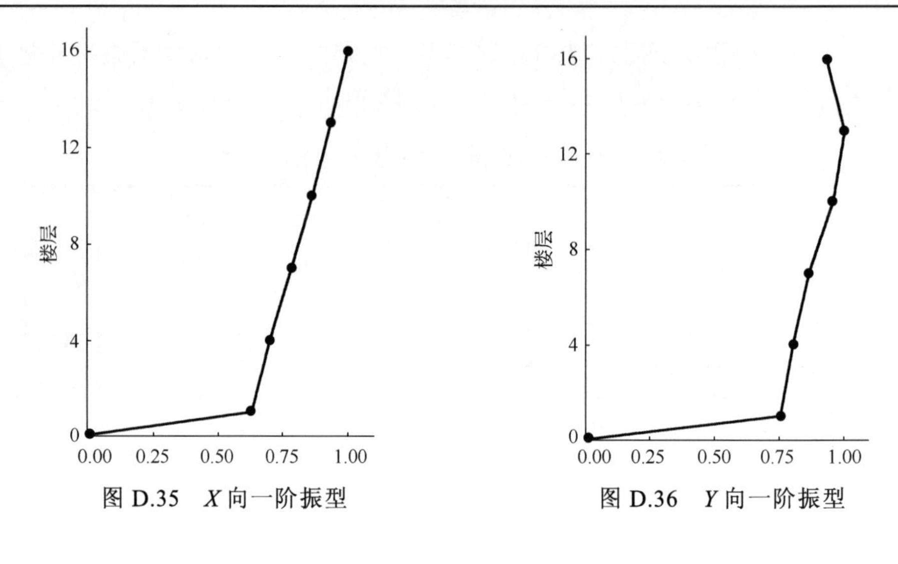

图 D.35　*X* 向一阶振型　　图 D.36　*Y* 向一阶振型

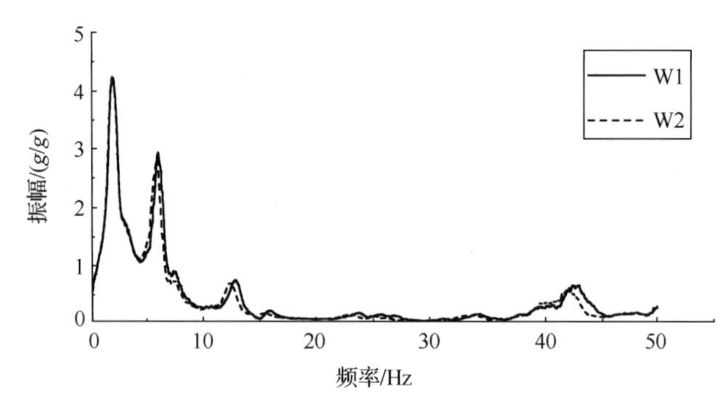

图 D.37　大屋面 *X* 向测点 9 度多遇地震输入后模型结构频率变化

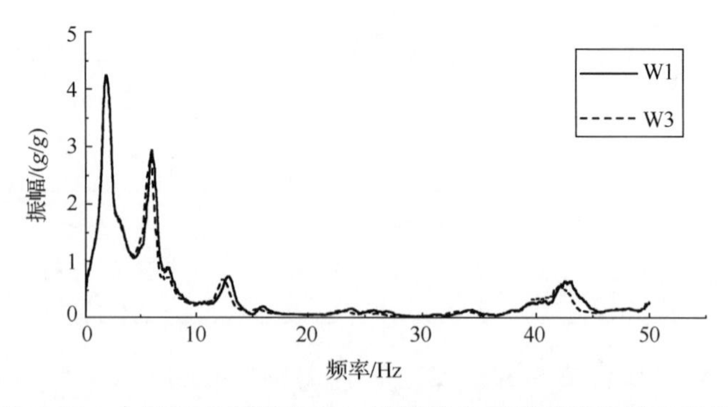

图 D.38　大屋面 *X* 向测点 0.4g 地震输入后模型结构频率变化

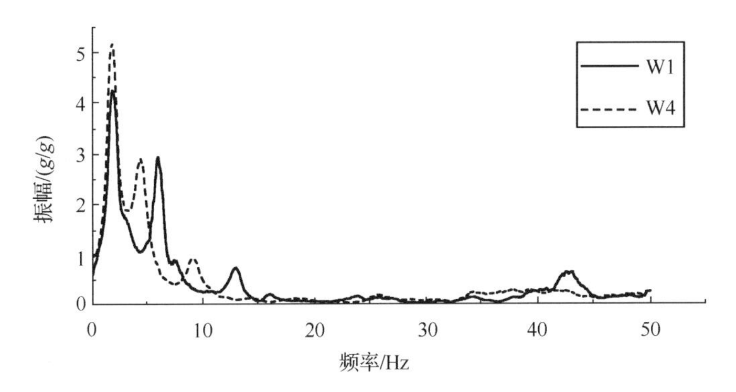

图 D.39　大屋面 X 向测点 9 度设防地震输入后模型结构频率变化

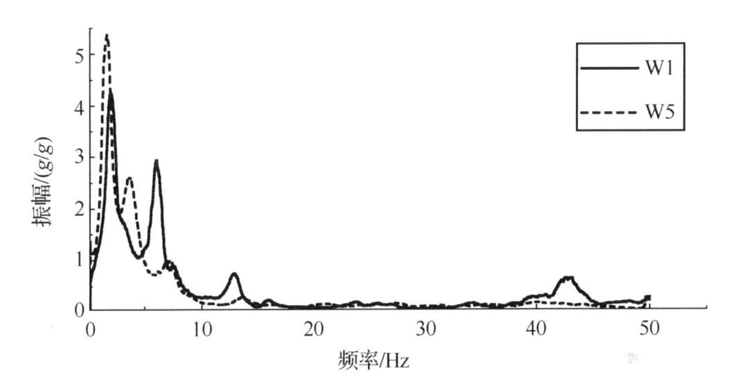

图 D.40　大屋面 X 向测点 9 度罕遇地震输入后模型结构频率变化

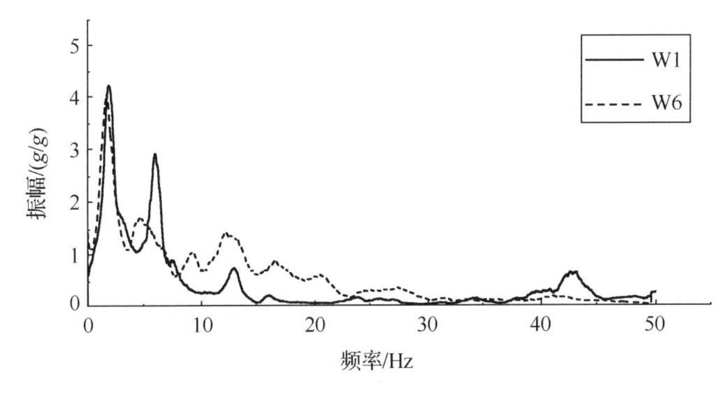

图 D.41　大屋面 X 向测点安装抗拉装置后模型结构频率变化

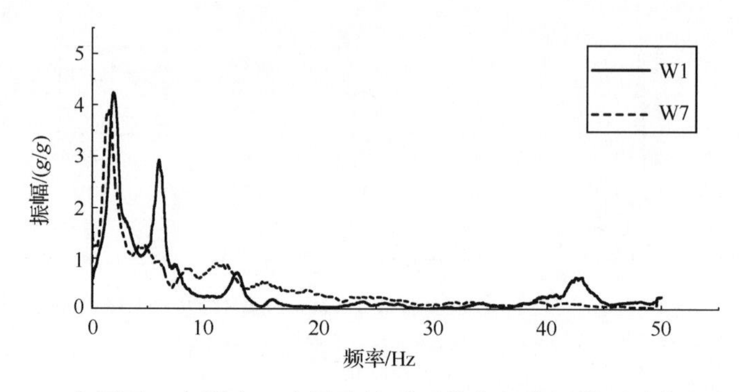

图 D.42　大屋面 X 向测点 9 度设防地震后带抗拉装置模型结构频率变化

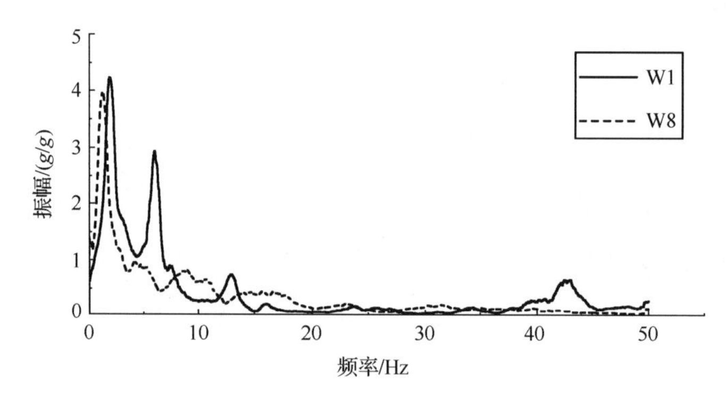

图 D.43　大屋面 X 向测点 9 度罕遇地震后带抗拉装置模型结构频率变化

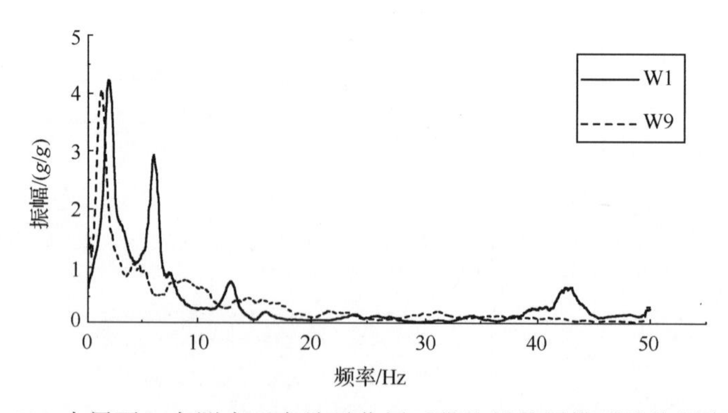

图 D.44　大屋面 X 向测点双向地震作用后带抗拉装置模型结构频率变化

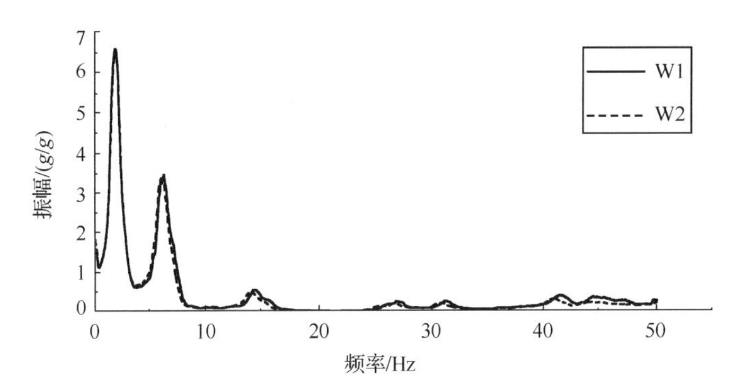

图 D.45　大屋面 Y 向测点 9 度多遇地震输入后模型结构频率变化

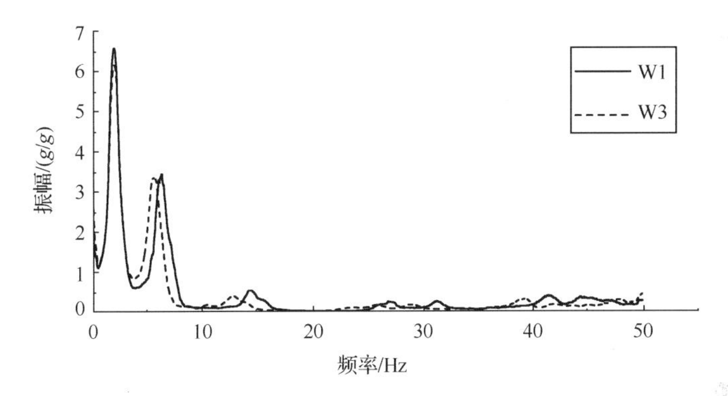

图 D.46　大屋面 Y 向测点 0.4g 地震输入后模型结构频率变化

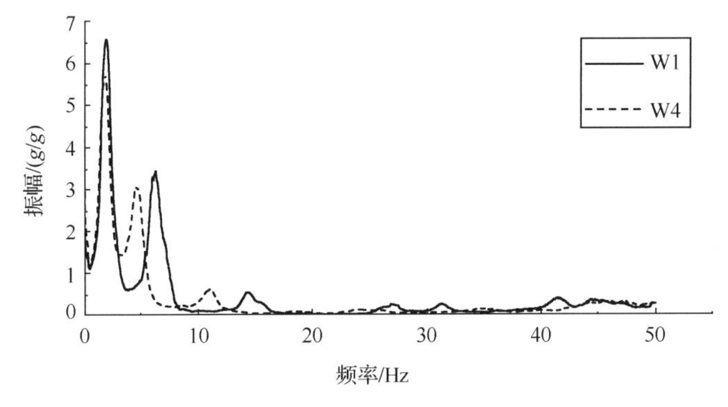

图 D.47　大屋面 Y 向测点 9 度设防地震输入后模型结构频率变化

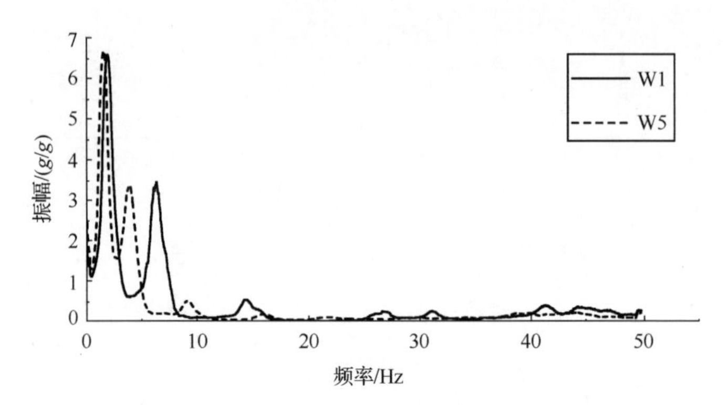

图 D.48　大屋面 Y 向测点 9 度罕遇地震输入后模型结构频率变化

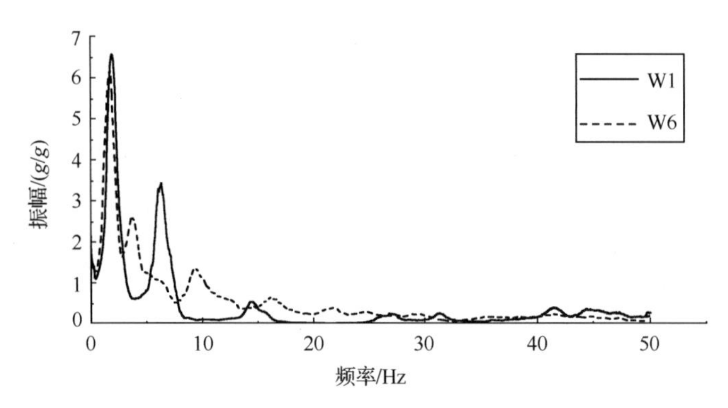

图 D.49　大屋面 Y 向测点安装抗拉装置后模型结构频率变化

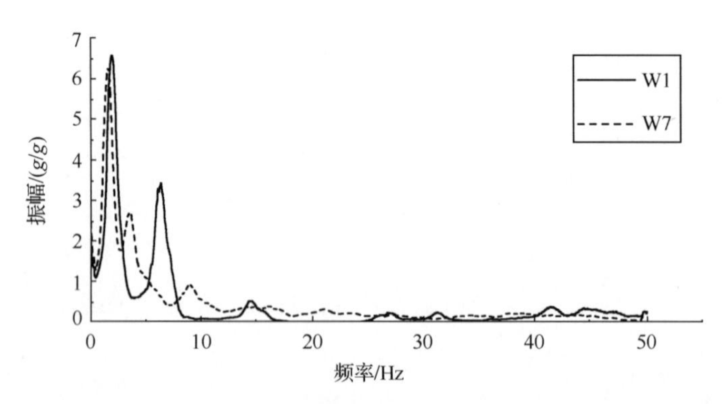

图 D.50　大屋面 Y 向测点 9 度设防地震后带抗拉装置模型结构频率变化

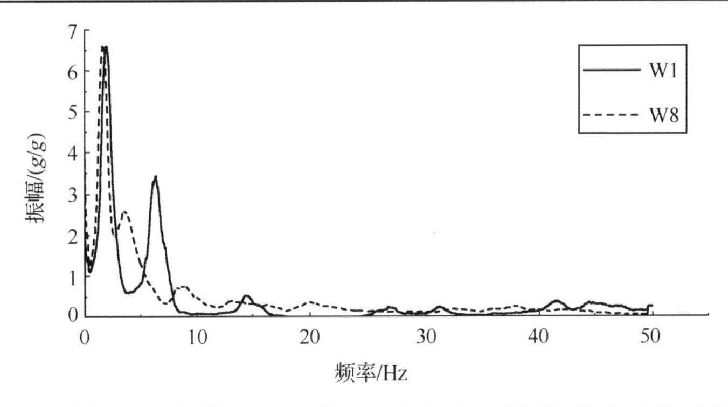

图 D.51　大屋面 Y 向测点 9 度罕遇地震后带抗拉装置模型结构频率变化

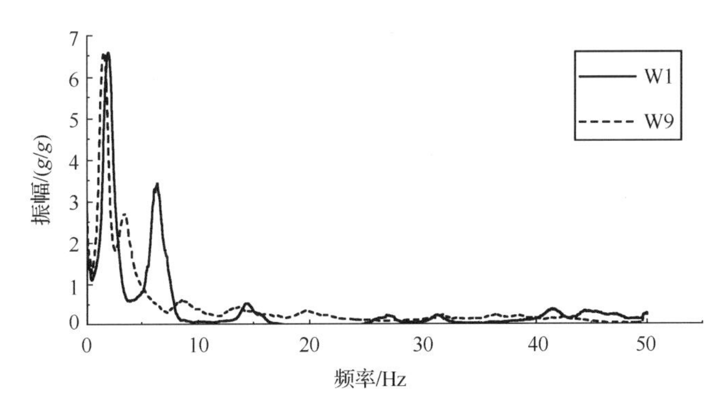

图 D.52　大屋面 Y 向测点 9 度双向地震后带抗拉装置模型结构频率变化

从模型的前几阶频率可以看出：

(1) 模型结构初始状态前三阶振型频率分别为 1.96Hz(*Y* 向平动)、2.02Hz(*X* 向平动)、2.25Hz(扭转)。

(2) 模型结构频率随输入地震动幅值的加大而降低，随着结构破坏加剧，模型实测阻尼比逐渐增大。

(3) 在完成 9 度罕遇地震试验阶段后，模型结构前两阶平动频率分别降低至 1.59Hz(*X* 向平动)、1.59Hz(*Y* 向平动)，*X*、*Y* 向频率降幅分别为 21.22%、18.94%。

(4) 在完成所有装有带抗拉装置支座结构的试验工况后，模型结构前两阶频率分别降低至 1.27Hz(*X* 向平动)、1.57Hz(*Y* 向平动)，*X*、*Y* 向频率降幅分别为 37.02%、19.94%。安装抗拉装置后，工况 53、54、55 为 *X* 向单向输入，输入幅值较大，结构 *X* 向损伤较大，故 *X* 向频率下降较 *Y* 向更大。

D.5.2　模型结构加速度反应

通过 MTS 数据采集系统可以获得各水准地震作用下模型结构加速度传感器

的反应信号，通过系统标定及对反应信号进行分析处理，可得到模型结构的加速度反应。在不同水准地震作用下模型各层最大加速度反应和动力放大系数 K 见表 D.11～表 D.19 和图 D.53～图 D.62。从这些结果可以看出：

(1)模型结构底座的加速度放大系数基本小于 0.5，说明隔震层起到了一定的减震效果，台面的原地震动输入传递到隔震层上后，可减少至原来的一半以下。

(2)随着台面输入地震波加速度峰值的提高，模型结构自振频率下降、刚度退化、阻尼比增大，模型结构出现一定程度的破坏，动力放大系数有所降低。

(3)由于鞭鞘效应，大屋面以上楼层加速度反应比下几层有所增大。

表 D.11　9 度多遇地震模型的最大加速度反应(g)和加速度放大系数(单向地震)

位置	Northridge		Northridge		Chichi		Chichi		AW		AW	
	工况 2		工况 3		工况 4		工况 5		工况 6		工况 7	
	X		Y		X		Y		X		Y	
	MAX	K	MAX	K	MAX	K	MAX	K	MAX	K	MAX	K
16F	0.247	1.167	0.218	1.038	0.236	1.040	0.214	0.916	0.212	1.107	0.221	1.127
13F	0.168	0.793	0.160	0.762	0.151	0.664	0.153	0.655	0.149	0.778	0.131	0.667
10F	0.105	0.497	0.093	0.440	0.123	0.541	0.135	0.576	0.107	0.561	0.095	0.482
7F	0.101	0.476	0.075	0.356	0.099	0.436	0.103	0.442	0.094	0.493	0.088	0.446
4F	0.083	0.391	0.069	0.327	0.086	0.380	0.088	0.377	0.094	0.490	0.080	0.409
1F	0.095	0.448	0.092	0.437	0.090	0.396	0.090	0.386	0.087	0.453	0.081	0.410
底座	0.100	0.474	0.099	0.469	0.087	0.382	0.083	0.355	0.090	0.467	0.087	0.444
台面	0.211	1.000	0.210	1.000	0.227	1.000	0.234	1.000	0.191	1.000	0.196	1.000

表 D.12　9 度多遇地震模型的最大加速度反应(g)和加速度放大系数(双向地震)

位置	Northridge(X 主向)				Northridge(Y 主向)				Chichi(X 主向)				Chichi(Y 主向)			
	工况 8				工况 9				工况 10				工况 11			
	X		Y		X		Y		X		Y		X		Y	
	MAX	K	MAX	K	MAX	K	MAX	K	MAX	K	MAX	K	MAX	K	MAX	K
16F	0.252	1.176	0.201	1.135	0.253	1.491	0.232	1.075	0.220	0.997	0.217	1.149	0.196	1.173	0.155	0.674
13F	0.177	0.826	0.139	0.788	0.148	0.871	0.151	0.702	0.144	0.649	0.173	0.916	0.129	0.772	0.120	0.520
10F	0.112	0.522	0.095	0.538	0.101	0.595	0.094	0.435	0.112	0.504	0.129	0.684	0.095	0.572	0.098	0.426
7F	0.102	0.475	0.078	0.442	0.077	0.452	0.070	0.324	0.089	0.402	0.096	0.507	0.078	0.469	0.075	0.323
4F	0.087	0.404	0.071	0.403	0.070	0.412	0.071	0.330	0.075	0.339	0.092	0.487	0.066	0.395	0.070	0.302
1F	0.096	0.446	0.075	0.426	0.066	0.388	0.090	0.417	0.079	0.359	0.099	0.523	0.074	0.441	0.069	0.297
底座	0.102	0.477	0.074	0.420	0.074	0.436	0.095	0.443	0.081	0.366	0.093	0.494	0.075	0.450	0.065	0.283
台面	0.215	1.000	0.177	1.000	0.169	1.000	0.215	1.000	0.221	1.000	0.189	1.000	0.167	1.000	0.231	1.000

表 D.13　峰值 0.4g 地震模型的最大加速度反应(g)和加速度放大系数(单向地震)

位置	Northridge		Northridge		Chichi		Chichi		AW		AW	
	工况 13		工况 14		工况 15		工况 16		工况 17		工况 18	
	X		Y		X		Y		X		Y	
	MAX	K	MAX	K	MAX	K	MAX	K	MAX	K	MAX	K
16F	0.441	1.084	0.424	1.009	0.366	0.898	0.314	0.809	0.558	1.305	0.567	1.436
13F	0.273	0.669	0.280	0.668	0.222	0.545	0.205	0.527	0.278	0.649	0.257	0.651
10F	0.169	0.416	0.169	0.401	0.173	0.425	0.164	0.422	0.202	0.472	0.183	0.463
7F	0.152	0.374	0.132	0.315	0.127	0.312	0.144	0.370	0.181	0.422	0.152	0.386
4F	0.149	0.366	0.141	0.336	0.120	0.293	0.114	0.294	0.173	0.404	0.154	0.391
1F	0.157	0.386	0.171	0.406	0.129	0.317	0.127	0.326	0.161	0.376	0.175	0.443
底座	0.164	0.403	0.187	0.445	0.136	0.333	0.127	0.328	0.166	0.388	0.176	0.445
台面	0.407	1.000	0.420	1.000	0.408	1.000	0.389	1.000	0.428	1.000	0.395	1.000

表 D.14　峰值 0.4g 地震模型的最大加速度反应(g)和加速度放大系数(双向地震)

位置	Northridge(X主向)				Northridge(Y主向)				Chichi(X主向)				Chichi(Y主向)			
	工况 19				工况 20				工况 21				工况 22			
	X		Y		X		Y		X		Y		X		Y	
	MAX	K	MAX	K	MAX	K	MAX	K	MAX	K	MAX	K	MAX	K	MAX	K
16F	0.440	1.088	0.323	0.962	0.470	1.251	0.363	0.896	0.386	0.927	0.392	1.145	0.496	1.450	0.278	0.690
13F	0.272	0.673	0.210	0.626	0.259	0.690	0.228	0.562	0.234	0.562	0.239	0.700	0.304	0.889	0.197	0.489
10F	0.180	0.444	0.130	0.387	0.163	0.433	0.176	0.434	0.164	0.394	0.199	0.582	0.246	0.718	0.155	0.384
7F	0.143	0.353	0.104	0.311	0.121	0.320	0.128	0.316	0.107	0.258	0.147	0.429	0.190	0.555	0.100	0.249
4F	0.147	0.364	0.098	0.293	0.109	0.289	0.138	0.339	0.127	0.305	0.140	0.410	0.168	0.489	0.102	0.254
1F	0.152	0.375	0.096	0.285	0.115	0.307	0.136	0.336	0.134	0.320	0.151	0.440	0.155	0.453	0.107	0.266
底座	0.166	0.410	0.102	0.305	0.127	0.339	0.142	0.350	0.141	0.337	0.152	0.445	0.168	0.491	0.110	0.274
台面	0.405	1.000	0.335	1.000	0.376	1.000	0.406	1.000	0.417	1.000	0.342	1.000	0.342	1.000	0.402	1.000

表 D.15　9 度设防地震模型的最大加速度反应(g)和加速度放大系数(单向地震)

位置	Northridge		Northridge		Chichi		Chichi		AW		AW	
	工况 24		工况 25		工况 26		工况 27		工况 28		工况 29	
	X		Y		X		Y		X		Y	
	MAX	K	MAX	K	MAX	K	MAX	K	MAX	K	MAX	K
16F	0.723	1.207	0.504	0.849	0.781	1.322	0.538	0.841	0.632	1.082	0.496	0.793
13F	0.432	0.721	0.301	0.507	0.355	0.601	0.360	0.563	0.375	0.643	0.327	0.522
10F	0.282	0.470	0.248	0.418	0.217	0.367	0.278	0.434	0.252	0.432	0.238	0.381
7F	0.207	0.346	0.161	0.271	0.149	0.253	0.198	0.309	0.237	0.406	0.216	0.346
4F	0.208	0.348	0.187	0.314	0.187	0.317	0.189	0.296	0.222	0.380	0.191	0.305
1F	0.212	0.354	0.186	0.313	0.159	0.269	0.188	0.294	0.221	0.379	0.191	0.306
底座	0.228	0.380	0.180	0.304	0.168	0.284	0.187	0.292	0.225	0.385	0.191	0.306
台面	0.599	1.000	0.593	1.000	0.591	1.000	0.639	1.000	0.584	1.000	0.625	1.000

表 D.16 9 度设防地震模型的最大加速度反应(*g*)和加速度放大系数(双向地震)

位置	Northridge(*X* 主向)				Northridge(*Y* 主向)				Chichi(*X* 主向)				Chichi(*Y* 主向)			
	工况 30				工况 31				工况 32				工况 33			
	X		*Y*		*X*		*Y*		*X*		*Y*		*X*		*Y*	
	MAX	*K*	MAX	*K*	MAX	*K*	MAX	*K*	MAX	*K*	MAX	*K*	MAX	*K*	MAX	*K*
16F	0.686	1.111	0.465	0.918	0.696	1.305	0.576	0.981	0.697	1.169	0.563	1.064	0.450	0.920	0.465	0.755
13F	0.419	0.680	0.309	0.610	0.382	0.716	0.370	0.630	0.333	0.559	0.402	0.761	0.273	0.559	0.347	0.564
10F	0.281	0.456	0.183	0.362	0.236	0.443	0.268	0.456	0.213	0.357	0.337	0.638	0.196	0.401	0.236	0.384
7F	0.254	0.411	0.152	0.300	0.172	0.323	0.205	0.350	0.161	0.270	0.253	0.479	0.138	0.282	0.157	0.255
4F	0.214	0.348	0.131	0.259	0.151	0.284	0.185	0.315	0.132	0.222	0.231	0.437	0.135	0.277	0.145	0.236
1F	0.234	0.378	0.131	0.258	0.148	0.278	0.199	0.340	0.145	0.243	0.237	0.448	0.135	0.276	0.133	0.216
底座	0.251	0.408	0.147	0.290	0.161	0.301	0.199	0.339	0.164	0.275	0.240	0.454	0.144	0.294	0.141	0.229
台面	0.617	1.000	0.507	1.000	0.534	1.000	0.587	1.000	0.596	1.000	0.529	1.000	0.489	1.000	0.615	1.000

表 D.17 9 度罕遇地震模型的最大加速度反应(*g*)和加速度放大系数(单向地震)

位置	Northridge		Northridge		Chichi		Chichi		AW		AW	
	工况 35		工况 36		工况 37		工况 38		工况 39		工况 40	
	X		*Y*		*X*		*Y*		*X*		*Y*	
	MAX	*K*	MAX	*K*	MAX	*K*	MAX	*K*	MAX	*K*	MAX	*K*
16F	1.346	1.365	0.846	0.928	1.296	1.380	0.778	0.813	1.292	1.373	1.043	1.077
13F	0.631	0.640	0.559	0.613	0.603	0.642	0.554	0.578	0.611	0.697	0.552	0.570
10F	0.483	0.489	0.446	0.489	0.386	0.411	0.362	0.379	0.450	0.494	0.471	0.486
7F	0.331	0.335	0.269	0.295	0.326	0.347	0.312	0.326	0.326	0.347	0.325	0.336
4F	0.313	0.317	0.284	0.312	0.244	0.260	0.260	0.272	0.259	0.275	0.294	0.303
1F	0.290	0.294	0.284	0.312	0.219	0.233	0.255	0.266	0.238	0.253	0.317	0.327
底座	0.305	0.309	0.285	0.312	0.227	0.242	0.254	0.265	0.245	0.261	0.316	0.326
台面	0.987	1.000	0.911	1.000	0.939	1.000	0.957	1.000	0.941	1.000	0.969	1.000

表 D.18 9 度设防带抗拉装置模型的最大加速度反应(*g*)和加速度放大系数(单向地震)

位置	Northridge		Northridge		Chichi		Chichi		AW		AW	
	工况 46		工况 47		工况 48		工况 49		工况 50		工况 51	
	X		*Y*		*X*		*Y*		*X*		*Y*	
	MAX	*K*	MAX	*K*	MAX	*K*	MAX	*K*	MAX	*K*	MAX	*K*
16F	0.837	1.427	0.731	1.226	0.868	1.497	0.839	1.322	0.833	1.444	0.769	1.238
13F	0.539	0.920	0.465	0.779	0.433	0.748	0.471	0.742	0.423	0.734	0.539	0.868
10F	0.316	0.539	0.305	0.512	0.253	0.437	0.369	0.580	0.303	0.526	0.396	0.637
7F	0.262	0.446	0.252	0.422	0.239	0.413	0.276	0.434	0.285	0.494	0.323	0.520
4F	0.277	0.472	0.187	0.314	0.242	0.417	0.205	0.323	0.310	0.537	0.228	0.367
1F	0.224	0.382	0.191	0.320	0.206	0.355	0.203	0.319	0.213	0.369	0.212	0.342
底座	0.232	0.396	0.190	0.318	0.209	0.361	0.196	0.309	0.218	0.378	0.214	0.345
台面	0.586	1.000	0.597	1.000	0.580	1.000	0.635	1.000	0.577	1.000	0.621	1.000

表 D.19　带抗拉装置模型的最大加速度反应(g)和加速度放大系数

位置	Northridge		Northridge		Chichi		Chichi		AW	
	工况 53		工况 54		工况 55		工况 57		工况 58	
	X		Y		X		Y		X	
	MAX	K	MAX	K	MAX	K	MAX	K	MAX	K
16F	2.130	2.978	2.443	3.046	2.781	3.149	0.274	1.317	0.262	1.507
13F	1.037	1.450	1.262	1.574	1.411	1.597	0.137	0.659	0.153	0.879
10F	0.595	0.832	0.730	0.911	0.806	0.913	0.074	0.356	0.110	0.629
7F	0.427	0.597	0.487	0.608	0.575	0.651	0.078	0.378	0.092	0.529
4F	0.383	0.536	0.379	0.473	0.409	0.463	0.083	0.399	0.075	0.429
1F	0.252	0.353	0.313	0.390	0.333	0.377	0.079	0.379	0.073	0.419
底座	0.270	0.378	0.293	0.365	0.324	0.367	0.086	0.415	0.073	0.419
台面	0.715	1.000	0.802	1.000	0.883	1.000	0.208	1.000	0.174	1.000

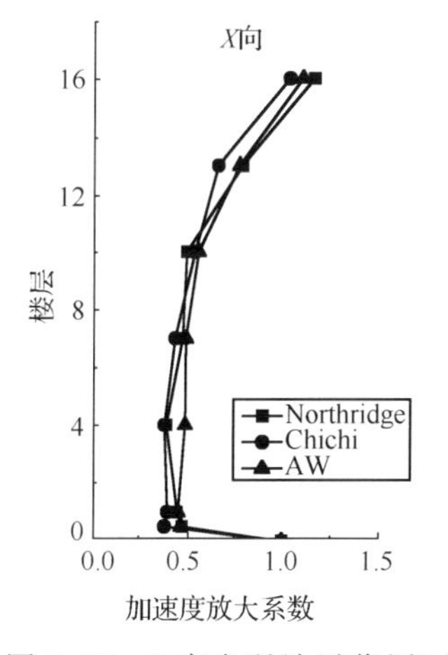

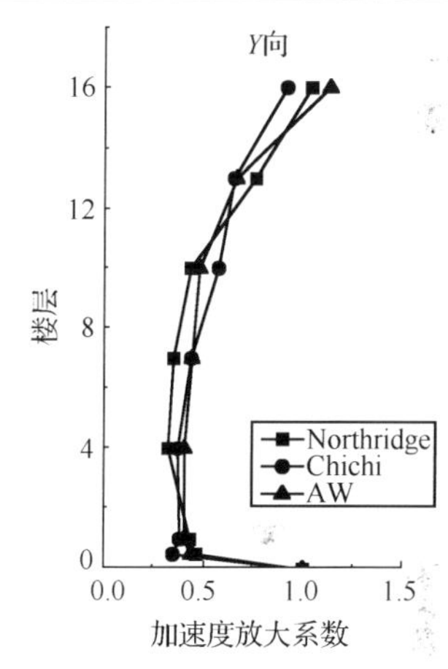

图 D.53　9 度多遇地震作用下模型结构加速度放大系数图(单向地震)

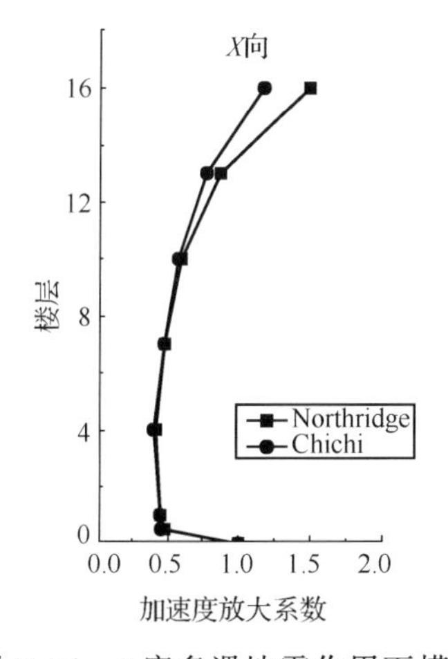

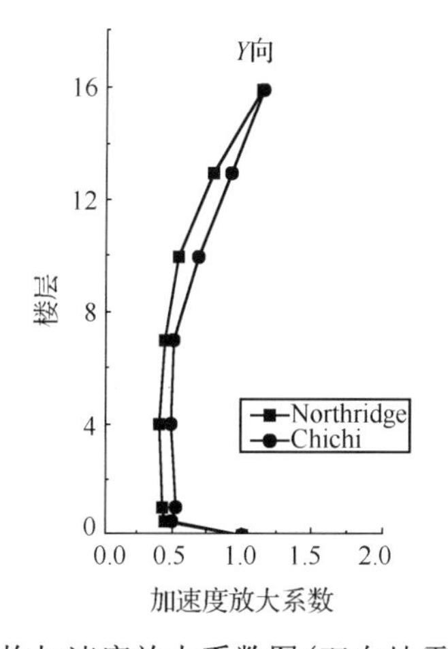

图 D.54　9 度多遇地震作用下模型结构加速度放大系数图(双向地震)

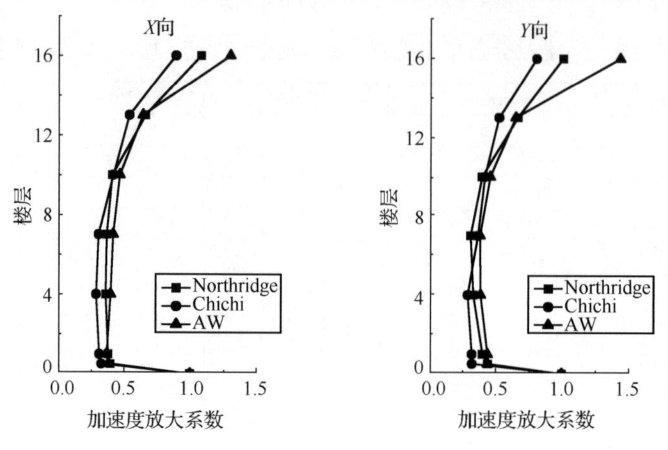

图 D.55　峰值 0.4g 地震作用下模型结构加速度放大系数图(单向地震)

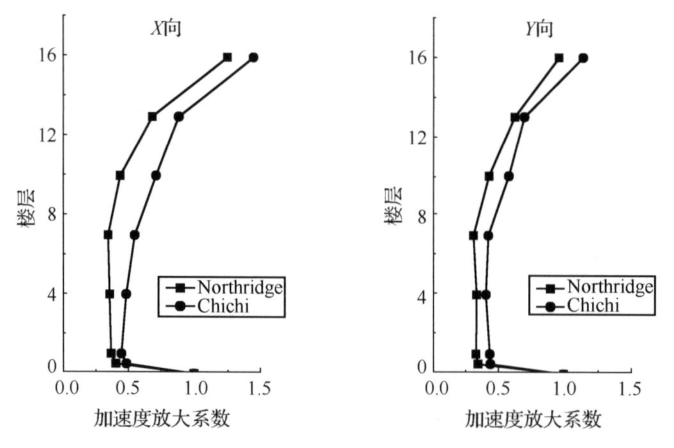

图 D.56　峰值 0.4g 地震作用下模型结构加速度放大系数图(双向地震)

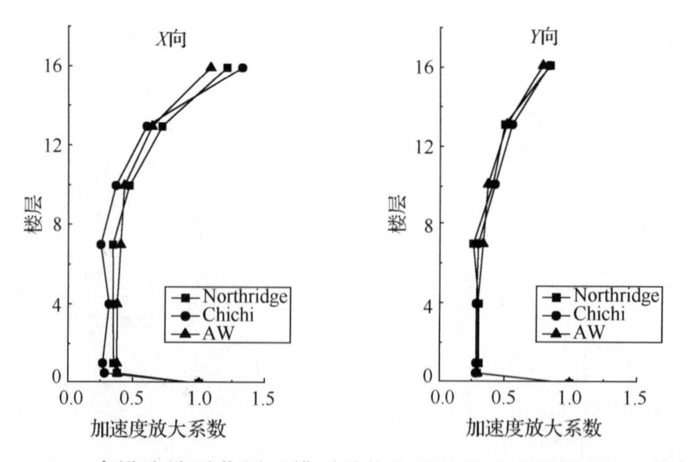

图 D.57　9 度设防地震作用下模型结构加速度放大系数图(单向地震)

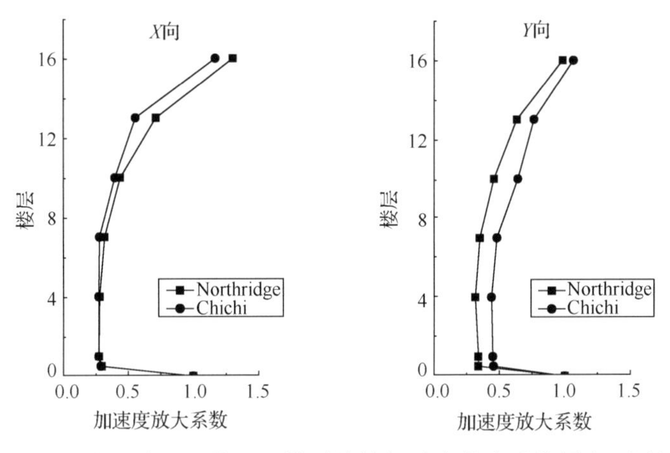

图 D.58　9 度设防地震作用下模型结构加速度放大系数图(双向地震)

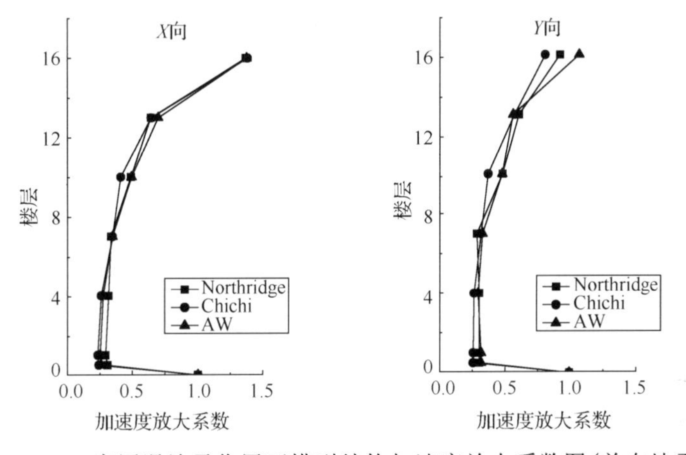

图 D.59　9 度罕遇地震作用下模型结构加速度放大系数图(单向地震)

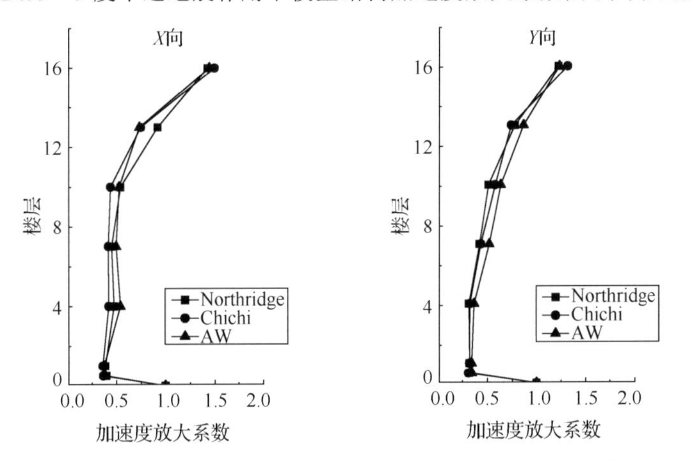

图 D.60　9 度设防地震作用下带抗拉装置模型结构加速度放大系数图(单向地震)

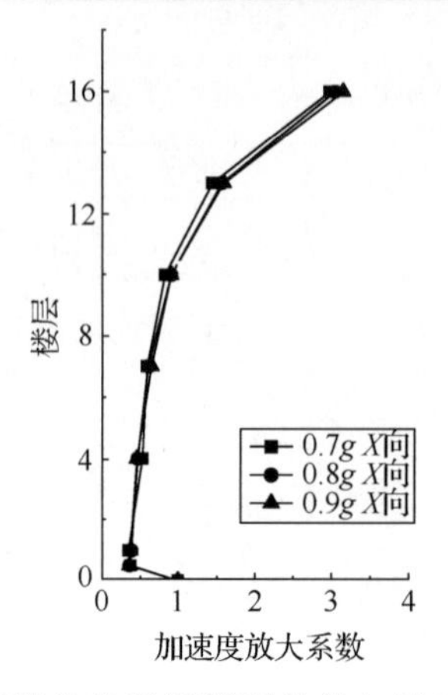

图 D.61　AW 地震作用下带抗拉装置模型结构加速度放大系数图(单向地震)

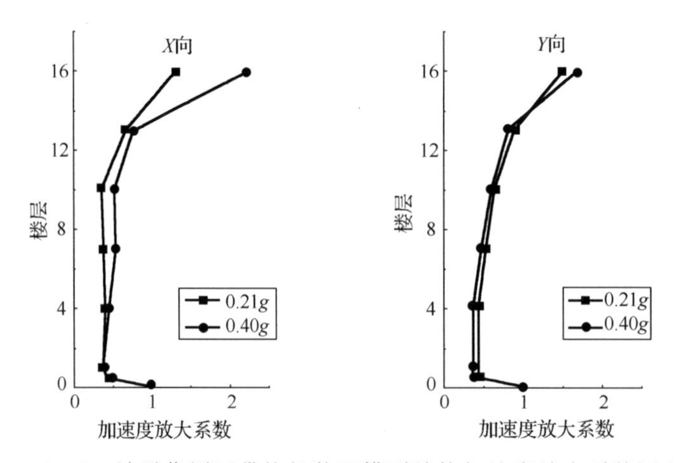

图 D.62　Northridge 地震作用下带抗拉装置模型结构加速度放大系数图(双向地震)

D.5.3　模型结构位移反应

模型位移反应值可从两方面获得：一方面由 ASM 位移传感器获得；另一方面由加速度值积分获得。

不同工况地震作用下结构各层相对于底座的位移最大值见表 D.20～表 D.28，不同水准地震作用下模型结构各层相对于底座的位移最大值见表 D.29，模型结构在各水准地震作用下的最大位移见图 D.63～图 D.72。不同工况水准地震作用下模型结构层间位移角见表 D.30～表 D.33。

表 D.20 9度多遇地震模型结构相对于台面的位移最大值(单向地震)(mm)

位置	Northridge		Chichi		AW		包络值	
	工况 2	工况 3	工况 4	工况 5	工况 6	工况 7		
	X	*Y*	*X*	*Y*	*X*	*Y*	*X*	*Y*
16F	5.59	5.73	5.87	6.08	5.04	5.40	5.87	6.08
13F	5.19	5.15	5.35	5.63	4.59	5.09	5.35	5.63
10F	4.92	5.10	4.99	5.38	4.36	5.28	4.99	5.38
7F	4.51	4.48	4.69	5.07	4.04	4.68	4.69	5.07
4F	3.99	4.01	4.04	4.40	3.46	4.32	4.04	4.40
1F	3.60	3.74	3.70	4.18	2.97	4.14	3.70	4.18
底座	3.53	3.55	3.53	4.10	3.01	3.78	3.53	4.10
台面	0.00	0.00	0.00	0.00	0.00	0.00	0.00	0.00

表 D.21 9度多遇地震模型结构相对于台面的位移最大值(双向地震)(mm)

位置	Northridge		Northridge		Chichi		Chichi		包络值	
	工况 8		工况 9		工况 10		工况 11			
	X	*Y*	*X*	*Y*	*X*	*Y*	*X*	*Y*	*X*	*Y*
16F	5.29	5.40	5.15	5.66	5.95	5.51	5.27	5.44	5.95	5.66
13F	5.05	4.87	4.99	5.13	5.54	5.24	5.14	4.83	5.54	5.24
10F	4.74	4.91	4.57	4.97	5.08	5.13	4.80	4.75	5.08	5.13
7F	4.29	4.30	4.06	4.33	4.45	4.94	4.51	4.20	4.51	4.94
4F	3.80	3.89	3.46	3.82	4.02	4.62	4.00	3.78	4.02	4.62
1F	3.38	3.68	3.03	3.56	3.71	4.46	3.64	3.50	3.71	4.46
底座	3.46	3.48	3.03	3.33	3.79	4.12	3.59	3.36	3.79	4.12
台面	0.00	0.00	0.00	0.00	0.00	0.00	0.00	0.00	0.00	0.00

表 D.22 峰值0.4g地震模型结构相对于台面的位移最大值(单向地震)(mm)

位置	Northridge		Chichi		AW		包络值	
	工况 13	工况 14	工况 15	工况 16	工况 17	工况 18		
	X	*Y*	*X*	*Y*	*X*	*Y*	*X*	*Y*
16F	10.68	9.21	9.43	9.73	11.29	11.13	11.29	11.13
13F	10.17	8.20	8.60	8.89	10.41	10.05	10.41	10.05
10F	9.30	8.09	8.16	8.89	9.91	10.27	9.91	10.27
7F	8.54	7.12	7.29	7.93	9.23	9.15	9.23	9.15
4F	7.44	6.47	6.42	7.50	7.92	8.40	7.92	8.40
1F	6.68	6.19	5.79	7.03	6.87	7.96	6.87	7.96
底座	6.67	5.82	5.83	6.68	6.97	7.21	6.97	7.21
台面	0.00	0.00	0.00	0.00	0.00	0.00	0.00	0.00

表 D.23　峰值 0.4g 地震模型结构相对于台面的位移最大值(双向地震)(mm)

位置	Northridge 工况 19		Northridge 工况 20		Chichi 工况 21		Chichi 工况 22		包络值	
	X	*Y*	*X*	*Y*	*X*	*Y*	*X*	*Y*	*X*	*Y*
16F	10.56	9.12	10.32	9.76	9.52	11.42	10.08	9.54	10.56	11.42
13F	10.10	8.25	9.92	8.64	10.87	9.80	9.73	7.81	10.87	9.80
10F	9.29	8.26	9.32	8.53	9.49	9.92	9.09	8.34	9.49	9.92
7F	8.39	7.25	8.42	7.45	7.74	8.50	7.98	6.95	8.42	8.50
4F	7.22	6.54	7.41	6.66	7.28	7.66	6.80	6.34	7.41	7.66
1F	6.38	6.11	6.66	6.37	6.20	7.17	6.15	6.04	6.66	7.17
底座	6.38	5.80	6.68	6.01	6.19	6.77	6.07	5.80	6.68	6.77
台面	0.00	0.00	0.00	0.00	0.00	0.00	0.00	0.00	0.00	0.00

表 D.24　9 度设防地震模型结构相对于台面的位移最大值(单向地震)(mm)

位置	Northridge		Chichi		AW		包络值	
	工况 24	工况 25	工况 26	工况 27	工况 28	工况 29		
	X	*Y*	*X*	*Y*	*X*	*Y*	*X*	*Y*
16F	18.37	15.58	14.14	15.38	17.94	18.13	18.37	18.13
13F	16.86	13.82	13.60	14.00	16.52	15.85	16.86	15.85
10F	16.11	13.43	12.51	13.55	15.28	16.34	16.11	16.34
7F	14.32	11.77	10.85	12.03	13.50	14.35	14.32	14.35
4F	12.24	10.50	9.23	10.80	11.55	12.90	12.24	12.90
1F	10.86	9.79	8.05	10.27	10.17	12.35	10.86	12.35
底座	10.79	9.21	7.89	9.70	10.40	11.31	10.79	11.31
台面	0.00	0.00	0.00	0.00	0.00	0.00	0.00	0.00

表 D.25　9 度设防地震模型结构相对于台面的位移最大值(双向地震)(mm)

位置	Northridge 工况 30		Northridge 工况 31		Chichi 工况 32		Chichi 工况 33		包络值	
	X	*Y*	*X*	*Y*	*X*	*Y*	*X*	*Y*	*X*	*Y*
16F	20.59	16.33	16.83	19.36	15.08	15.92	15.94	19.91	20.59	19.91
13F	18.46	14.85	16.34	17.52	15.60	14.37	15.49	17.26	18.46	17.52
10F	17.79	14.84	15.46	16.82	14.66	14.35	14.51	17.87	17.79	17.87
7F	15.88	13.06	13.81	14.74	12.52	12.56	12.66	15.61	15.88	15.61
4F	13.47	11.87	11.91	12.99	11.43	11.38	11.09	14.29	13.47	14.29
1F	11.84	11.07	10.56	12.03	10.58	10.67	9.97	13.51	11.84	13.51
底座	11.75	10.57	10.48	11.26	10.32	10.13	9.93	12.90	11.75	12.90
台面	0.00	0.00	0.00	0.00	0.00	0.00	0.00	0.00	0.00	0.00

表 D.26 9 度罕遇地震模型结构相对于台面的位移最大值(单向地震)(mm)

位置	Northridge		Chichi		AW		包络值	
	工况 35	工况 36	工况 37	工况 38	工况 39	工况 40		
	X	Y	X	Y	X	Y	X	Y
16F	31.23	31.21	36.95	40.97	53.88	45.25	53.88	45.25
13F	28.87	28.81	34.78	37.18	49.86	39.16	49.86	39.16
10F	27.84	28.17	32.55	36.95	47.36	38.36	47.36	38.36
7F	24.86	24.60	27.52	31.95	40.48	31.57	40.48	31.95
4F	21.45	21.76	22.18	28.15	32.42	27.80	32.42	28.15
1F	19.30	20.13	19.31	25.86	27.38	26.33	27.38	26.33
底座	19.07	19.11	19.11	24.49	27.02	24.40	27.02	24.49
台面	0.00	0.00	0.00	0.00	0.00	0.00	0.00	0.00

表 D.27 9 度设防地震带抗拉装置模型结构相对于台面的位移最大值(单向地震)(mm)

位置	Northridge		Chichi		AW		包络值	
	工况 46	工况 47	工况 48	工况 49	工况 50	工况 51		
	X	Y	X	Y	X	Y	X	Y
16F	20.70	17.71	18.19	17.59	20.09	21.35	20.70	21.35
13F	18.62	16.09	15.93	16.03	19.37	18.68	19.37	18.68
10F	17.87	15.14	14.33	14.94	18.03	18.06	18.03	18.06
7F	15.81	14.14	12.64	14.08	15.55	16.87	15.81	16.87
4F	13.07	13.25	11.99	14.08	14.12	14.47	14.12	14.47
1F	10.05	13.79	9.75	13.24	12.12	13.77	12.12	13.79
底座	9.54	13.11	8.76	11.59	11.18	12.68	11.18	13.11
台面	0.00	0.00	0.00	0.00	0.00	0.00	0.00	0.00

表 D.28 不同水准地震带抗拉装置模型结构相对于台面的位移最大值(mm)

位置	AW 0.7g	AW 0.8g	AW 0.9g	Northridge 0.21g		Northridge 0.4g	
	工况 53	工况 54	工况 55	工况 57		工况 58	
	X	X	X	X	Y	X	Y
16F	44.58	55.96	64.63	7.23	7.54	13.95	13.71
13F	39.31	47.41	54.90	6.37	6.90	12.75	12.42
10F	34.13	42.32	49.77	5.55	6.66	12.50	11.92
7F	27.40	33.93	39.59	4.45	5.70	9.89	9.87
4F	19.96	24.72	28.86	4.01	5.01	8.27	8.44
1F	15.75	19.75	23.31	3.42	4.61	7.02	8.07
底座	14.79	18.65	22.22	3.06	4.34	6.42	7.60
台面	0.00	0.00	0.00	0.00	0.00	0.00	0.00

表 D.29　9 度各水准地震作用下模型结构相对于台面的位移最大值(mm)

位置	9 度多遇		0.4g		9 度设防		9 度罕遇	
	X	*Y*	*X*	*Y*	*X*	*Y*	*X*	*Y*
16F	5.95	6.08	11.29	11.42	20.59	19.91	53.88	45.25
13F	5.54	5.63	10.87	10.05	18.46	17.52	49.86	39.16
10F	5.08	5.38	9.91	10.27	17.79	17.87	47.36	38.36
7F	4.69	5.07	9.23	9.15	15.88	15.61	40.48	31.95
4F	4.04	4.62	7.92	8.40	13.47	14.29	32.42	28.15
1F	3.71	4.46	6.87	7.96	11.84	13.51	27.38	26.33
底座	3.79	4.12	6.97	7.21	11.75	12.90	27.02	24.49
台面	0.00	0.00	0.00	0.00	0.00	0.00	0.00	0.00

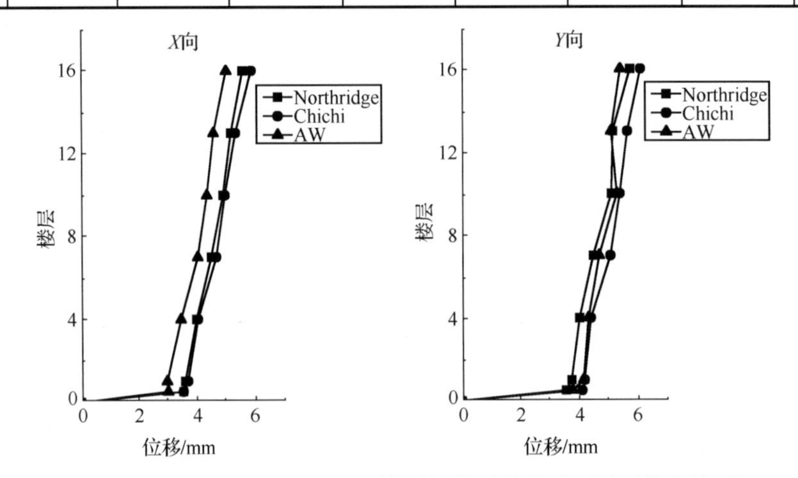

图 D.63　9 度多遇地震作用下模型结构最大位移反应(单向地震)

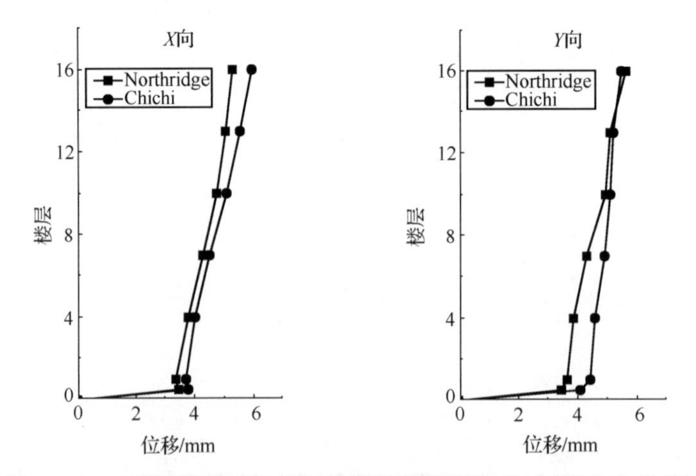

图 D.64　9 度多遇地震作用下模型结构最大位移反应(双向地震)

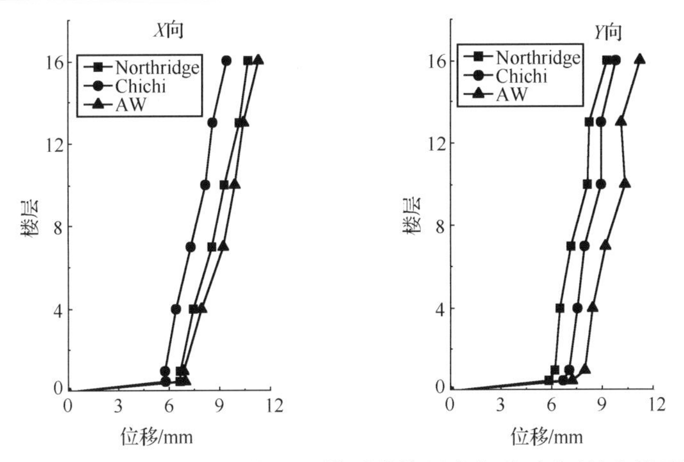

图 D.65　峰值 0.4g 地震作用下模型结构最大位移反应(单向地震)

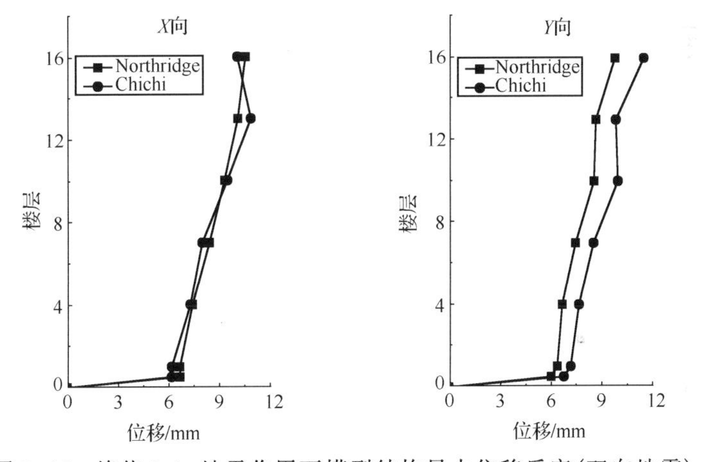

图 D.66　峰值 0.4g 地震作用下模型结构最大位移反应(双向地震)

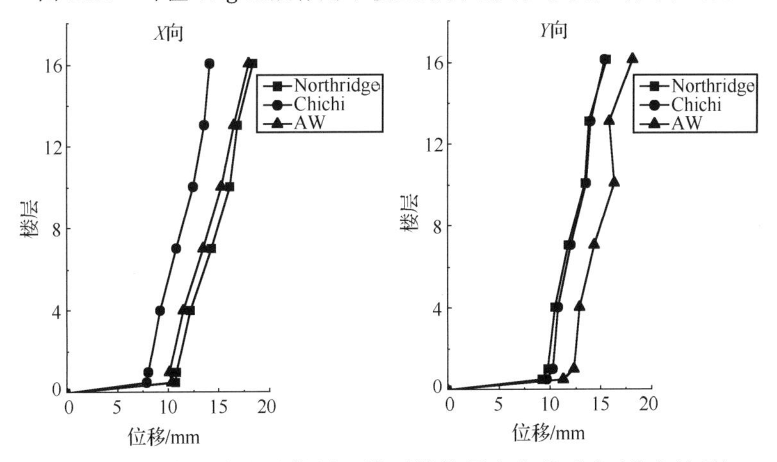

图 D.67　9 度设防地震作用下模型结构最大位移反应(单向地震)

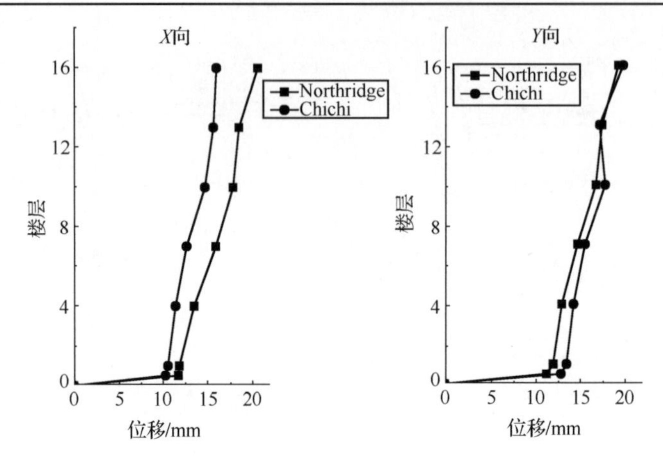

图 D.68　9 度设防地震作用下模型结构最大位移反应(双向地震)

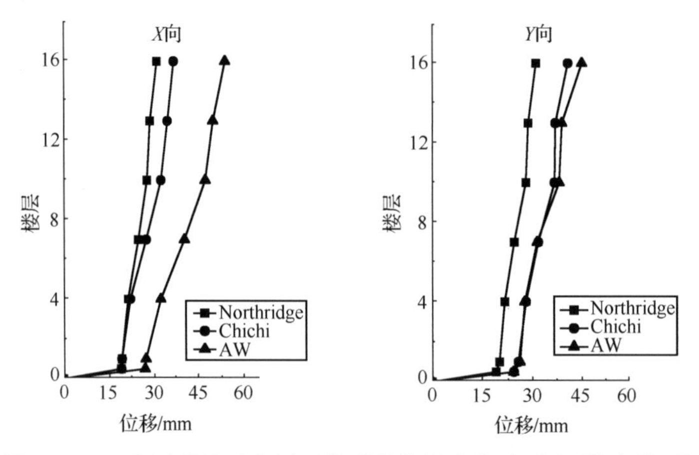

图 D.69　9 度罕遇地震作用下模型结构最大位移反应(单向地震)

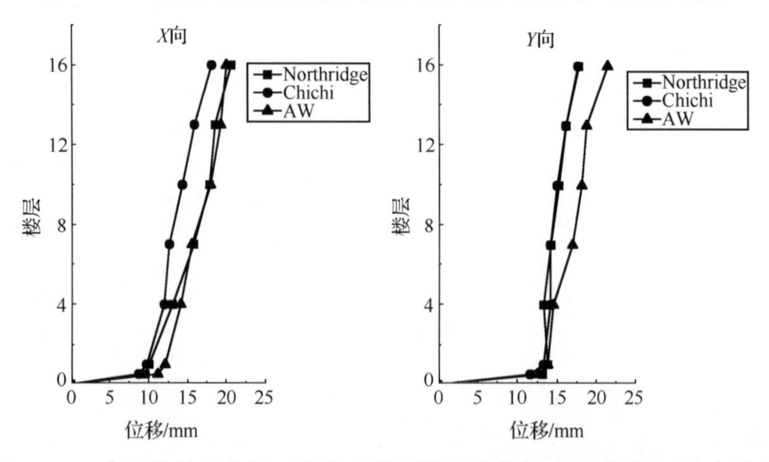

图 D.70　9 度设防地震作用下带抗拉装置模型结构最大位移反应(单向地震)

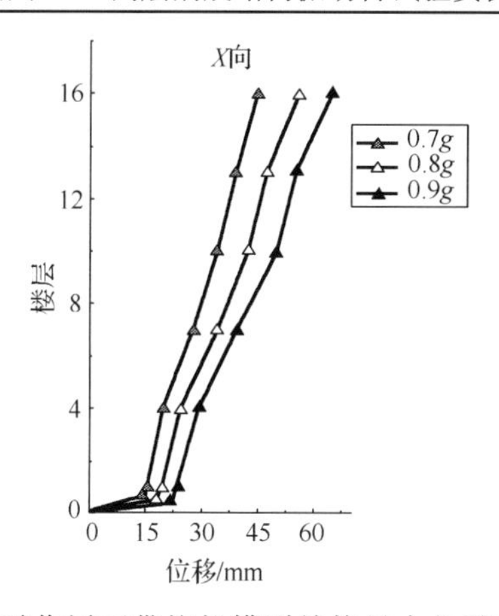

图 D.71　AW 地震作用下带抗拉模型结构最大位移反应(单向地震)

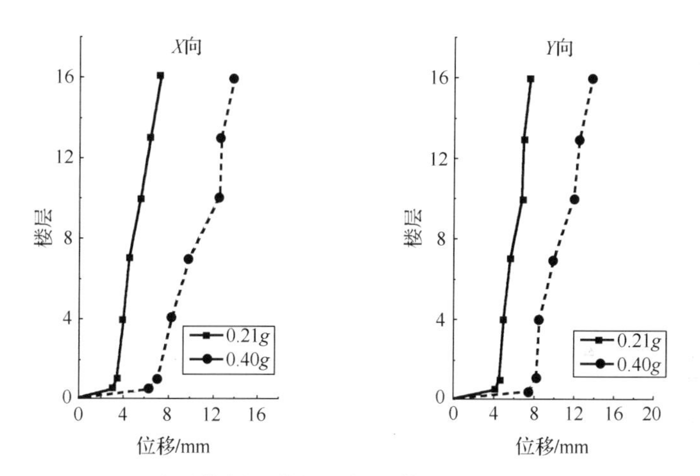

图 D.72　Northridge 地震作用下带抗拉装置模型结构最大位移反应(双向地震)

表 D.30　不同水准地震作用下模型结构层间位移角最大值(单向地震)

位置	9 度多遇		0.4g		9 度设防		9 度罕遇	
	X	Y	X	Y	X	Y	X	Y
16F～13F	1/814	1/836	1/376	1/443	1/261	1/255	1/106	1/106
13F～10F	1/808	1/986	1/513	1/1136	1/306	1/604	1/106	1/363
10F～7F	1/1178	1/836	1/728	1/598	1/364	1/337	1/108	1/104
7F～4F	1/1033	1/855	1/550	1/789	1/296	1/444	1/103	1/141
4F～1F	1/1434	1/2175	1/679	1/1305	1/424	1/821	1/233	1/290
1F～隔震层	1/1091	1/974	1/1873	1/980	1/1063	1/344	1/642	1/172

表 D.31 不同水准地震作用下模型结构层间位移角最大值(双向地震)

位置	9 度多遇		0.4g		9 度设防	
	X	Y	X	Y	X	Y
16F～13F	1/807	1/867	1/298	1/295	1/200	1/191
13F～10F	1/845	1/1323	1/319	1/591	1/213	1/383
10F～7F	1/936	1/848	1/363	1/363	1/208	1/195
7F～4F	1/1017	1/1048	1/391	1/606	1/234	1/319
4F～1F	1/1360	1/1546	1/612	1/800	1/347	1/543
1F～隔震层	1/1104	1/1076	1/1027	1/554	1/881	1/364

表 D.32 9 度设防地震作用下带抗拉装置模型结构层间位移角最大值(单向地震)

位置	Northridge		Chichi		AW		包络值	
	工况 46	工况 47	工况 48	工况 49	工况 50	工况 51		
	X	Y	X	Y	X	Y	X	Y
16F～13F	1/190	1/238	1/194	1/187	1/101	1/155	1/101	1/155
13F～10F	1/170	1/422	1/164	1/318	1/112	1/401	1/112	1/318
10F～7F	1/100	1/153	1/114	1/111	1/100	1/123	1/100	1/111
7F～4F	1/132	1/204	1/143	1/153	1/101	1/172	1/101	1/143
4F～1F	1/278	1/357	1/295	1/251	1/194	1/311	1/194	1/251
1F～隔震层	1/272	1/481	1/343	1/318	1/346	1/239	1/272	1/239

表 D.33 不同水准地震作用下带抗拉装置模型结构层间位移角最大值

位置	AW 0.7g	AW 0.8g	AW 0.9g	Northridge 0.21g		Northridge 0.4g	
	工况 53	工况 54	工况 55	工况 57		工况 58	
	X	X	X	X	Y	X	Y
16F～13F	1/108	1/92	1/83	1/703	1/1070	1/455	1/450
13F～10F	1/108	1/94	1/74	1/880	1/1398	1/609	1/558
10F～7F	1/101	1/85	1/72	1/680	1/602	1/258	1/417
7F～4F	1/104	1/95	1/83	1/883	1/904	1/384	1/609
4F～1F	1/202	1/174	1/161	1/1446	1/1494	1/630	1/946
1F～隔震层	1/396	1/441	1/429	1/1453	1/1790	1/951	1/1140

从上述结果可以看出：

对于未装抗拉装置的模型结构：

(1)9 度单双向多遇地震作用下，隔震层的水平位移最大值为 4.12mm；0.4g 单双向地震作用下，隔震层的水平位移最大值为 7.21mm；9 度单双向设防地震作用下，隔震层的水平位移最大值为 12.90mm；9 度单向罕遇地震作用下，隔震层的水平位移最大值为 27.02mm。

(2) 9 度多遇地震作用下，层间位移角最大值为 1/807，9 度罕遇地震作用下，层间位移角最大值为 1/103，满足规范对于框架——核心筒结构的抗震设防要求。

(3) 在同一水准单向地震作用下，结构在人工波 AW 波下位移反应最大。

对于装有抗拉装置的模型结构：

(1) 9 度单向设防地震作用下，结构隔震层位移最大值为 13.11mm；0.7g、0.8g、0.9g 地震作用下，结构隔震层的位移分别为 14.79、18.65mm、22.22mm；0.21g 双向 Northridge 地震输入下，结构隔震层的最大位移为 4.34mm；0.4g 双向 Northridge 地震输入下，结构隔震层的最大位移为 7.60mm。

(2) 在同一水准单向地震作用下，结构在人工波 AW 波下位移反应最大。

D.5.4 模型结构扭转反应

结构顶部扭转角可以通过同一楼层两端测点的位移时程相减得出相对位移时程，确定最大相对位移后计算出扭转角。不同水准地震作用下屋面扭转角见表 D.34。由表可得，随着台面输入地震动峰值的加大，结构的扭转反应有一定的增加。

表 D.34 不同水准地震作用下模型结构大屋面扭转角

地震动类型		工况	扭转角	最大值
多遇地震	Northridge 单向	2	1/3277	1/1397
		3	1/2095	
	Chichi 单向	4	1/1758	
		5	1/1397	
	AW 单向	6	1/3176	
		7	1/1364	
	Northridge 双向	8	1/1404	
		9	1/1956	
	Chichi 双向	10	1/1347	
		11	1/1380	
峰值 0.4g	Northridge 单向	13	1/2500	1/1055
		14	1/1681	
	Chichi 单向	15	1/2499	
		16	1/1356	
	AW 单向	17	1/1618	
		18	1/1230	
	Northridge 双向	19	1/1903	
		20	1/1732	
	Chichi 双向	21	1/1055	
		22	1/1095	
设防地震	Northridge 单向	24	1/1471	1/800
		25	1/2866	
	Chichi 单向	26	1/1644	

续表

地震动类型		工况	扭转角	最大值
设防地震	Chichi 单向	27	1/2324	
	AW 单向	28	1/1021	
		29	1/1167	
	Northridge 双向	30	1/1125	
		31	1/1185	
	Chichi 双向	32	1/800	
		33	1/876	
罕遇地震	Northridge 单向	35	1/634	1/797
		36	1/797	
	Chichi 单向	37	1/465	
		38	1/620	
	AW 单向	39	1/325	
		40	1/619	

D.5.5　模型结构应变反应

不同水准地震作用下，得到模型各测点应变响应。分析应变数据，可得以下规律。

(1)柱底及剪力墙根部的应变。对于同一工况，模型结构 1 层、9 层、10 层的柱底即剪力墙根部的应变值大于试验中布置应变片的其他楼层；随着台面输入地震动峰值的增大，各层同一位置上的柱底及剪力墙根部的应变基本随之增大。

(2)梁的应变。对于同一工况，实际测出剪力墙连梁上的应变要大于斜梁的应变，斜梁上的应变大于框架梁上的应变；随着台面输入地震动峰值的增大，各梁上的应变值基本呈逐渐增大的趋势。

(3)应变片 14 在试验中损坏，未测到有效数值。

D.5.6　橡胶支座竖向力

表 D.35 列出了各个工况下 6 个支座上所受的最小压力/最大拉力，以及各自所对应的支座应力，图 D.73 为角部支座 IS1 在各个工况下的支座应力图。由表 D.35 及图 D.73 看出，支座上的最小压应力随着台面输入地震动峰值的增加而减小，逐渐有出现拉应力的趋势；支座 IS1 在工况 39、54、55 下出现拉应力，但未超过 1MPa，其他支座上未发现拉应力。

表 D.35　各个工况下模型结构支座力及支座应力

工况	支座力/kN						支座应力/MPa					
	IS1	IS2	IS3	IS4	IS5	IS6	IS1	IS2	IS3	IS4	IS5	IS6
1	W1						W1					
2	−23.34	−26.55	−25.21	−26.08	−29.76	−24.54	−2.97	−3.38	−3.21	−3.32	−3.79	−3.13
3	−23.91	−25.11	−23.35	−23.41	−30.00	−25.63	−3.05	−3.20	−2.97	−2.98	−3.82	−3.26
4	−23.22	−25.59	−25.33	−25.38	−29.30	−23.22	−2.96	−3.26	−3.23	−3.23	−3.73	−2.96
5	−22.64	−24.39	−24.40	−24.45	−29.76	−25.27	−2.88	−3.11	−3.11	−3.11	−3.79	−3.22
6	−22.87	−26.91	−24.40	−26.19	−29.65	−24.18	−2.91	−3.43	−3.11	−3.34	−3.78	−3.08
7	−24.26	−25.83	−23.58	−23.87	−29.76	−24.91	−3.09	−3.29	−3.00	−3.04	−3.79	−3.17
8	−20.11	−24.27	−24.05	−23.75	−29.18	−23.94	−2.56	−3.09	−3.06	−3.03	−3.72	−3.05
9	−21.61	−23.30	−23.47	−20.85	−29.41	−23.70	−2.75	−2.97	−2.99	−2.66	−3.75	−3.02
10	−21.61	−22.34	−19.98	−23.41	−29.30	−21.54	−2.75	−2.85	−2.55	−2.98	−3.73	−2.74
11	−19.53	−22.94	−21.72	−24.34	−28.83	−22.62	−2.49	−2.92	−2.77	−3.10	−3.67	−2.88
12	W2						W2					
13	−19.18	−23.18	−21.38	−23.17	−28.48	−20.58	−2.44	−2.95	−2.72	−2.95	−3.63	−2.62
14	−19.18	−22.10	−20.91	−21.08	−29.18	−23.70	−2.44	−2.82	−2.66	−2.69	−3.72	−3.02
15	−20.34	−24.27	−22.54	−24.80	−28.48	−20.58	−2.59	−3.09	−2.87	−3.16	−3.63	−2.62
16	−19.07	−21.98	−20.79	−21.32	−29.41	−23.82	−2.43	−2.80	−2.65	−2.72	−3.75	−3.03
17	−17.45	−23.79	−20.33	−24.10	−28.01	−20.10	−2.22	−3.03	−2.59	−3.07	−3.57	−2.56
18	−20.45	−22.94	−18.24	−19.34	−28.95	−22.38	−2.61	−2.92	−2.32	−2.46	−3.69	−2.85
19	−16.53	−22.34	−22.07	−21.32	−27.90	−20.58	−2.11	−2.85	−2.81	−2.72	−3.55	−2.62
20	−17.34	−20.78	−21.14	−17.25	−27.78	−20.22	−2.21	−2.65	−2.69	−2.20	−3.54	−2.58
21	−20.22	−16.93	−12.08	−19.57	−28.36	−18.42	−2.58	−2.16	−1.54	−2.49	−3.61	−2.35
22	−12.73	−18.86	−14.06	−22.48	−27.66	−18.30	−1.62	−2.40	−1.79	−2.86	−3.52	−2.33
23	W3						W3					
24	−16.30	−18.98	−19.52	−20.15	−26.85	−15.53	−2.08	−2.42	−2.49	−2.57	−3.42	−1.98
25	−13.65	−17.42	−17.89	−18.65	−28.48	−22.14	−1.74	−2.22	−2.28	−2.38	−3.63	−2.82
26	−18.38	−22.70	−21.03	−22.13	−27.08	−18.42	−2.34	−2.89	−2.68	−2.82	−3.45	−2.35
27	−15.03	−17.78	−17.66	−19.34	−28.36	−21.66	−1.91	−2.26	−2.25	−2.46	−3.61	−2.76
28	−14.11	−21.98	−18.12	−23.17	−27.20	−16.49	−1.80	−2.80	−2.31	−2.95	−3.46	−2.10
29	−16.42	−19.94	−15.91	−17.48	−28.01	−21.06	−2.09	−2.54	−2.03	−2.23	−3.57	−2.68
30	−12.96	−19.58	−16.96	−18.88	−25.92	−14.81	−1.65	−2.49	−2.16	−2.40	−3.30	−1.89
31	−10.77	−16.21	−16.73	−15.51	−27.08	−17.70	−1.37	−2.07	−2.13	−1.98	−3.45	−2.25
32	−16.42	−11.17	−4.29	−12.14	−26.96	−16.13	−2.09	−1.42	−0.55	−1.55	−3.43	−2.06
33	−6.15	−8.04	−7.55	−20.27	−26.50	−14.33	−0.78	−1.02	−0.96	−2.58	−3.38	−1.83
34	W4						W4					
35	−13.19	−15.73	−17.08	−19.34	−25.33	−11.21	−1.68	−2.00	−2.18	−2.46	−3.23	−1.43
36	−6.61	−11.53	−15.10	−16.90	−27.55	−20.46	−0.84	−1.47	−1.92	−2.15	−3.51	−2.61
37	−9.84	−13.81	−14.64	−17.60	−26.03	−10.97	−1.25	−1.76	−1.86	−2.24	−3.32	−1.40

续表

工况	支座力/kN						支座应力/MPa					
	IS1	IS2	IS3	IS4	IS5	IS6	IS1	IS2	IS3	IS4	IS5	IS6
38	−2.00	−8.16	−8.94	−12.72	−27.55	−19.38	−0.25	−1.04	−1.14	−1.62	−3.51	−2.47
39	**4.57**	−9.84	−1.04	−14.70	−24.87	−9.04	**0.58**	−1.25	−0.13	−1.87	−3.17	−1.15
40	−5.81	−10.08	−3.36	−7.03	−27.66	−18.54	−0.74	−1.28	−0.43	−0.90	−3.52	−2.36
41	−29.68	−30.88	−29.97	−29.21	−28.48	−25.03	−3.78	−3.93	−3.82	−3.72	−3.63	−3.19
42	−27.72	−28.35	−27.53	−27.12	−26.38	−22.62	−3.53	−3.61	−3.51	−3.46	−3.36	−2.88
43	−25.64	−26.79	−26.26	−25.61	−24.75	−20.94	−3.27	−3.41	−3.34	−3.26	−3.15	−2.67
44	W5						W5					
45	W6						W6					
46	−18.95	−17.30	−21.61	−16.90	−26.50	−14.93	−2.41	−2.20	−2.75	−2.15	−3.38	−1.90
47	−12.03	−15.97	−20.79	−21.20	−28.01	−20.70	−1.53	−2.03	−2.65	−2.70	−3.57	−2.64
48	−16.76	−20.66	−20.91	−21.20	−26.50	−14.09	−2.14	−2.63	−2.66	−2.70	−3.38	−1.79
49	−9.04	−13.45	−15.45	−16.90	−27.66	−19.74	−1.15	−1.71	−1.97	−2.15	−3.52	−2.51
50	−6.61	−19.58	−12.43	−20.50	−26.73	−12.77	−0.84	−2.49	−1.58	−2.61	−3.41	−1.63
51	−14.92	−18.14	−8.01	−10.40	−28.25	−19.62	−1.90	−2.31	−1.02	−1.32	−3.60	−2.50
52	W7						W7					
53	−2.58	−17.30	−8.94	−18.65	−26.38	−10.73	−0.33	−2.20	−1.14	−2.38	−3.36	−1.37
54	**0.19**	−12.85	−6.04	−14.93	−25.92	−8.68	**0.02**	−1.64	−0.77	−1.90	−3.30	−1.11
55	**2.27**	−10.93	−3.71	−13.65	−25.92	−7.48	**0.29**	−1.39	−0.47	−1.74	−3.30	−0.95
56	W8						W8					
57	−24.83	−25.71	−24.40	−26.08	−28.36	−22.74	−3.16	−3.27	−3.11	−3.32	−3.61	−2.90
58	−20.68	−20.06	−19.75	−23.52	−27.31	−20.58	−2.63	−2.56	−2.52	−3.00	−3.48	−2.62
59	W9						W9					

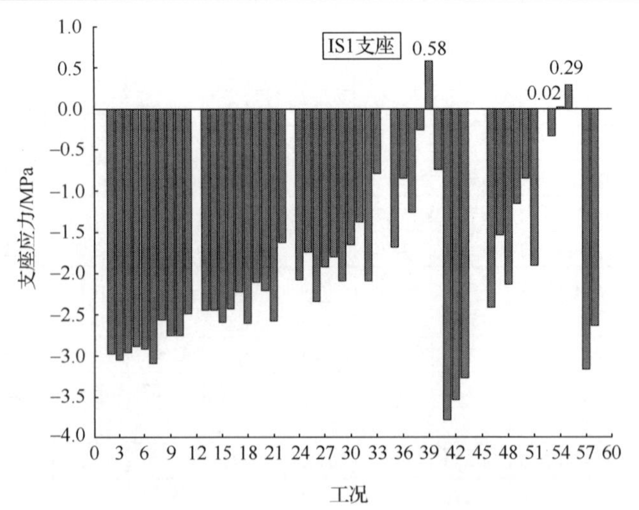

图 D.73　各个工况下支座 IS1 支座应力图

D.6 原型结构抗震性能分析

D.6.1 原型结构动力特性

根据相似关系可推算出原型结构在不同水准地震作用下的自振频率和振动形态，如表D.36所示。原型结构初始前三阶自振周期分别2.44s、2.33s、2.08s，对应的振型分别为*Y*向平动(一阶)、*X*向平动(二阶)、扭转(三阶)。

表D.36　原型结构自振频率与振型形态

序号		一	二	三	四	五
地震前	频率/Hz	0.41	0.43	0.48	1.25	1.36
	振型形态	*Y*向平动	*X*向平动	扭转	*X*向平动	*Y*向平动
9度多遇地震后	频率/Hz	0.41	0.42	0.47	1.21	1.32
	振型形态	*Y*向平动	*X*向平动	扭转	*X*向平动	*Y*向平动
9度设防地震后	频率/Hz	0.40	0.40	0.45	0.94	1.01
	振型形态	*Y*向平动	*X*向平动	扭转	*X*向平动	*Y*向平动
9度罕遇地震后	频率/Hz	0.34	0.34	0.33	0.81	0.83
	振型形态	*X*向平动	*Y*向平动	扭转	*X*向平动	*Y*向平动

根据以往的模型试验结果，此次模型试验结果得到的频率一般比计算结果高，主要原因如下：

(1)理论计算结构自振频率时采用的是支座剪应变100%时的等效刚度，而采用白噪声扫频时，支座水平位移未能达到100%，此时支座的刚度比软件计算采用的刚度略高。故结构的自振频率比软件计算偏大。

(2)试验中使用的隔震支座经性能试验后刚度的实测值比理论值略有增大。

(3)由于模型比例小，施工有一定难度，一些次要构件，如楼板、楼面刚梁、钢柱在制作时有所加强，会使结构整体刚度略有增大，从而引起结构自振频率的增大。

(4)模型结构上增加质量块时，用以将其固定的砂浆，会使楼板的刚度增加，导致整体模型刚度增大，从而引起结构自振频率的增大。

D.6.2 原型结构加速度反应

由模型试验结果推算原型结构最大加速度反应的公式如下：

$$a_i = K_i \times a_g$$

式中，a_i为原型结构第 i 层最大加速度反应(g)；K_i为与原型结构相对应的烈度

水准下模型第 i 层的最大动力放大系数；a_g 为与相应烈度水准相对应的地面最大加速度，取值如下：

$$a_g = \begin{cases} 0.14g & \text{多遇地震} \\ 0.41g & \text{设防地震} \\ 0.63g & \text{罕遇地震} \end{cases}$$

在不同水准地震作用下，原型结构各层在 X、Y 方向的最大加速度反应和动力放大系数 K 见表 D.37 和表 D.38。

表 D.37　9 度不同水准地震作用下原型的最大加速度反应(g)和加速度放大系数(单向地震)

位置	9 度多遇				9 度设防				9 度罕遇			
	X		Y		X		Y		X		Y	
	MAX	K	MAX	K	MAX	K	MAX	K	MAX	K	MAX	K
16F	0.163	1.167	0.158	1.127	0.542	1.322	0.348	0.849	0.869	1.380	0.678	1.077
13F	0.111	0.793	0.107	0.762	0.295	0.721	0.231	0.563	0.409	0.649	0.386	0.613
10F	0.079	0.561	0.081	0.576	0.193	0.470	0.178	0.434	0.308	0.489	0.308	0.489
7F	0.069	0.493	0.062	0.442	0.167	0.406	0.142	0.346	0.219	0.347	0.211	0.336
4F	0.069	0.490	0.057	0.409	0.156	0.380	0.129	0.314	0.200	0.317	0.196	0.312
1F	0.063	0.448	0.061	0.437	0.155	0.379	0.129	0.313	0.185	0.294	0.206	0.327
隔震层	0.066	0.474	0.066	0.469	0.158	0.385	0.125	0.306	0.195	0.309	0.205	0.326
地面	0.140	1.000	0.140	1.000	0.410	1.000	0.410	1.000	0.630	1.000	0.630	1.000

表 D.38　9 度不同水准地震作用下原型的最大加速度反应(g)和加速度放大系数(双向地震)

位置	9 度多遇				9 度设防			
	X		Y		X		Y	
	MAX	K	MAX	K	MAX	K	MAX	K
16F	0.178	1.491	0.151	1.075	0.479	1.169	0.402	0.981
13F	0.116	0.826	0.109	0.916	0.279	0.680	0.265	0.761
10F	0.073	0.522	0.082	0.684	0.187	0.456	0.223	0.638
7F	0.067	0.475	0.060	0.507	0.169	0.411	0.167	0.479
4F	0.057	0.404	0.058	0.487	0.143	0.348	0.152	0.437
1F	0.062	0.446	0.062	0.446	0.155	0.378	0.156	0.448
隔震层	0.067	0.477	0.062	0.443	0.167	0.408	0.158	0.454
地面	0.140	1.000	0.140	1.000	0.410	1.000	0.410	1.000

D.6.3　原型结构位移反应

由模型试验结果推算原型结构最大位移反应的公式如下：

$$D_i = \frac{a_{mg} \times D_{mi}}{a_{tg} \times S_d}$$

式中，D_i为原型结构第i层最大位移反应(mm)；D_{mi}为模型结构第i层最大位移反应(mm)；a_{mg}为按相似关系要求的模型试验底座最大加速度(g)；a_{tg}为模型试验时与D_{mi}对应的实测底座最大加速度(g)；S_d为模型位移相似系数。

在不同水准地震作用下，原型结构各层的最大位移反应见表D.39。在不同水准的不同输入波情况下的原型层间位移角及大屋面扭转角最大值见表D.40。

表D.39 9度各水准地震作用下原型结构相对于地面的位移包络值(mm)

位置	9度多遇		9度设防		9度罕遇	
	X	*Y*	*X*	*Y*	*X*	*Y*
16F	89.25	91.20	308.85	298.65	808.23	678.81
13F	83.10	84.45	276.90	262.80	747.90	587.36
10F	76.20	80.70	266.85	268.05	710.35	575.33
7F	70.35	76.05	238.20	234.15	607.18	479.26
4F	60.60	69.30	202.05	214.35	486.37	422.22
1F	55.65	66.90	177.60	202.65	410.65	394.89
隔震层	56.85	61.80	176.25	193.50	405.37	367.32
地面	0.00	0.00	0.00	0.00	0.00	0.00

表D.40 9度各水准地震作用下原型结构层间位移角及扭转角最大值

位置	9度多遇		9度设防		9度罕遇	
	X	*Y*	*X*	*Y*	*X*	*Y*
16F～13F	1/807	1/836	1/200	1/191	1/106	1/104
13F～10F	1/808	1/986	1/213	1/383	1/106	1/363
10F～7F	1/936	1/836	1/208	1/195	1/108	1/104
7F～4F	1/1017	1/855	1/234	1/319	1/103	1/141
4F～1F	1/1360	1/1546	1/347	1/543	1/233	1/290
1F～隔震层	1/1091	1/974	1/881	1/344	1/642	1/255
扭转角	1/1397		1/800		1/797	

根据表格结果，可得结论如下：

在9度多遇地震作用下，*X*向、*Y*向最大层间位移角分别为1/807、1/836，满足《高层建筑混凝土结构技术规程》(JGJ3—2010)限值1/800的要求。在9度罕遇地震作用下，*X*向、*Y*向最大层间位移角分别为1/103，1/104，满足《高层建筑混凝土结构技术规程》(JGJ3—2010)限值1/100的要求。

D.6.4 原型结构剪力和弯矩分布

根据原型结构的加速度反应和结构楼层质量分布，可计算得到原型结构在不同水准地震作用下的剪力分布、倾覆力矩及剪重比。

计算得到的原型结构剪力分布如图D.74和图D.75所示，倾覆力矩分布如图D.76和图D.77所示。结构首层剪重比结果见表D.41，最小剪重比为8.16%大于规范中所规定的9度地震作用下，结构最小剪重比为6.4%的要求。

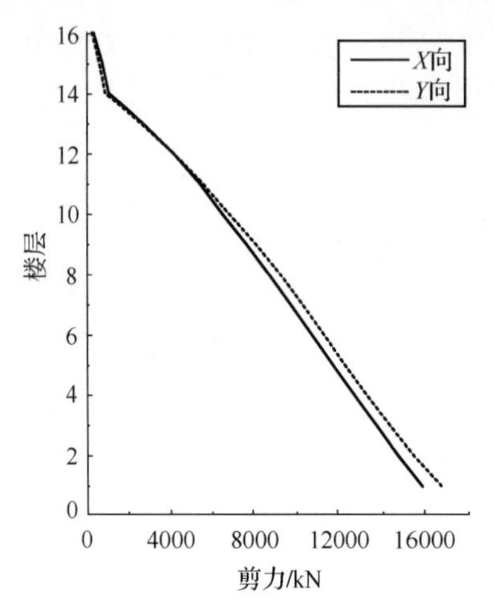

图D.74　9度多遇地震作用下楼层剪力分布

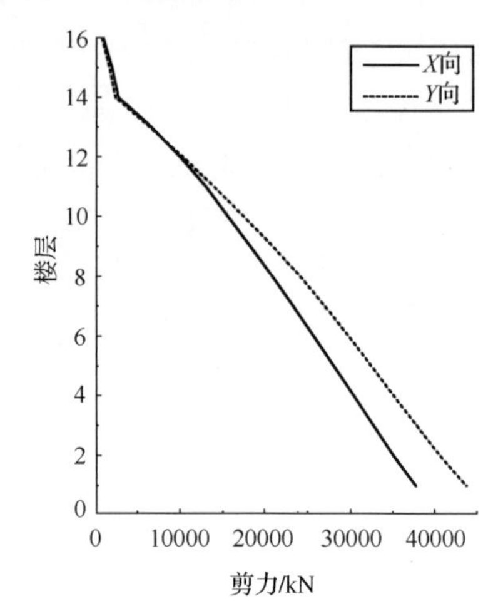

图D.75　9度设防地震作用下楼层剪力分布

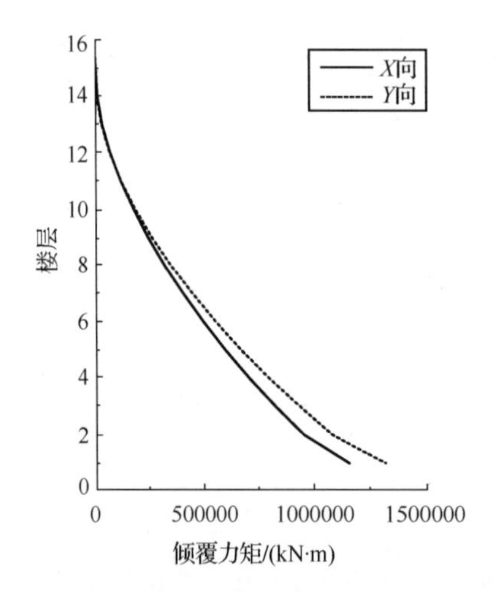

图D.76　9度设防地震作用下倾覆力矩分布

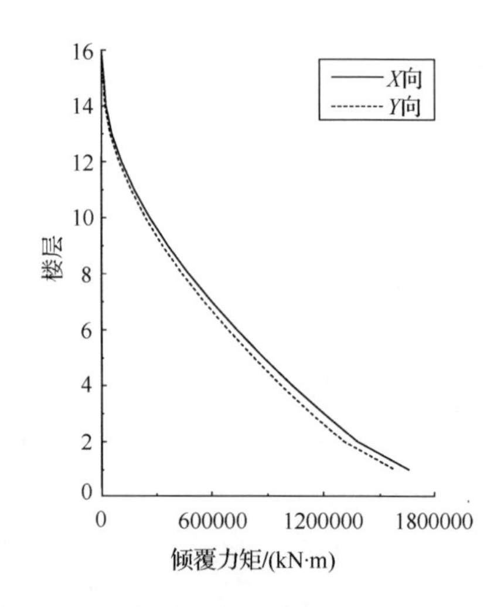

图D.77　9度罕遇地震作用下倾覆力矩分布

表D.41　不同水准地震作用下原型结构剪重比

位置	9度多遇		9度设防		9度罕遇	
	X向	Y向	X向	Y向	X向	Y向
基底	8.16%	8.62%	19.47%	22.58%	26.88%	26.26%

D.7　结构隔震效果评估

D.7.1　加速度反应

上部结构首层加速度放大系数均小于0.5，且设防地震作用下台面输入0.61g，模型结构首层的最大加速度记录为0.251g，小于0.3g。反推原型，即原型9度0.4g地震作用下，结构首层的加速度最大输入为0.167g，小于0.2g。结构隔震层上受到的地震作用降为原来的一半，达到上部结构可减1度设计的要求，达到预期的隔震效果。

D.7.2　位移反应

在9度罕遇地震作用下，原型结构隔震层的最大水平位移为405.37mm小于0.55D=440mm（D为最小隔震支座直径，本工程采用隔震支座最小直径为800mm）及3Tr=444mm（Tr为最小隔震支座的橡胶层总厚度）中的较小值，满足抗震规范的要求。

D.7.3　橡胶支座剪切性能

模型结构在峰值0.4g地震作用下，隔震层的位移约为6mm，橡胶支座剪应变基本达到50%；在9度设防地震作用下，隔震层的位移约为10mm，橡胶支座剪应变基本达到100%；在9度罕遇地震作用下，隔震层的位移约为20mm，橡胶支座剪应变基本达到200%。

本节以IS1支座（左上角）为例，研究支座在峰值0.4g地震作用、9度设防地震作用及9度罕遇地震作用下支座的滞回特性，分别见图D.78～图D.80。

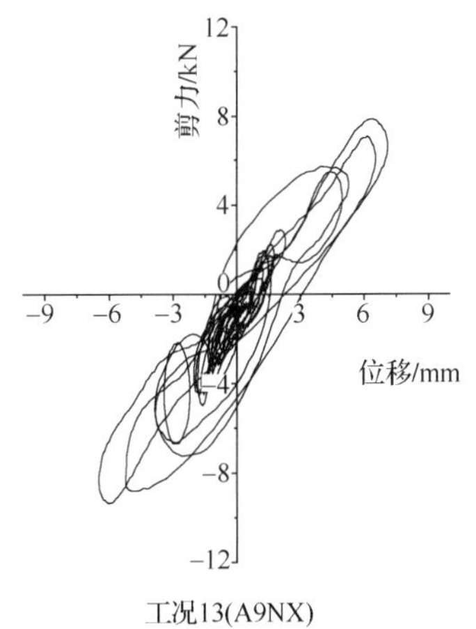

图D.78　峰值0.4g地震作用下支座IS1滞回曲线

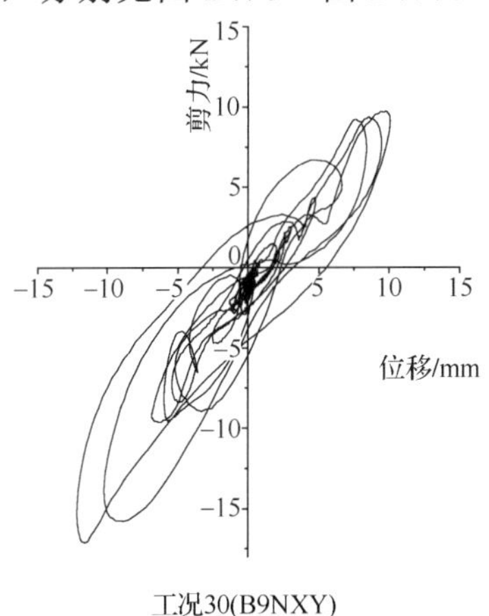

图D.79　9度设防地震作用下支座IS1滞回曲线

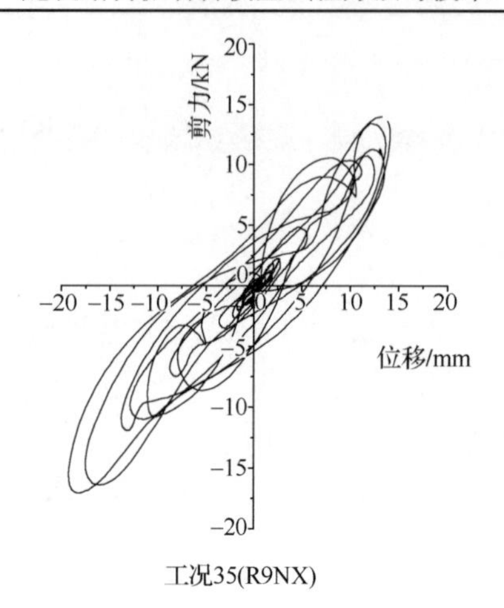

图 D.80　9 度罕遇地震作用下支座 IS1 滞回曲线

由图可知，不同地震动输入下，支座的滞回曲线的形状有所区别，且随着地震作用峰值的加大，支座的滞回曲线更为饱满，耗能作用更大。

D.8　抗拉装置效果评估

D.8.1　抗拉装置竖向运动

本节以试验中出现拉应力的 IS1 支座为例，通过比较有无抗拉装置对应工况橡胶竖向变形情况(根据首层竖向位移时程 $U1$–振动台竖向位移时程 $U2$，得到橡胶竖向变形时程)，检验支座的竖向运动。

9 度单向设防地震作用 B9AX 工况下，对带抗拉装置的支座与普通支座进行对比，支座的竖向时程对比见图 D.81；9 度双向多遇地震作用 F9NXY 及 9 度双向 0.4g 地震作用下橡胶支座的竖向时程对比见图 D.82 和图 D.83；9 度罕遇地震(R9AX)作用下橡胶支座的竖向时程对比见图 D.84。在此说明，图 D.81～图 D.84 中纵坐标的零点代表支座在工况进行前的初始状态，故纵坐标的正负并不能代表支座的拉压状态。

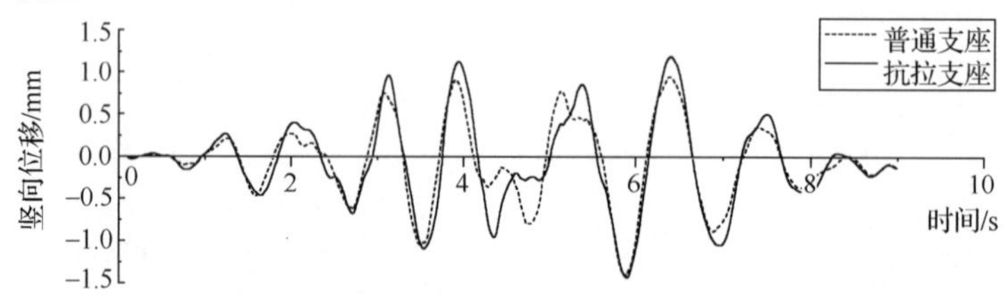

图 D.81　9 度单向 AW 设防地震作用下普通支座与抗拉支座竖向位移时程对比

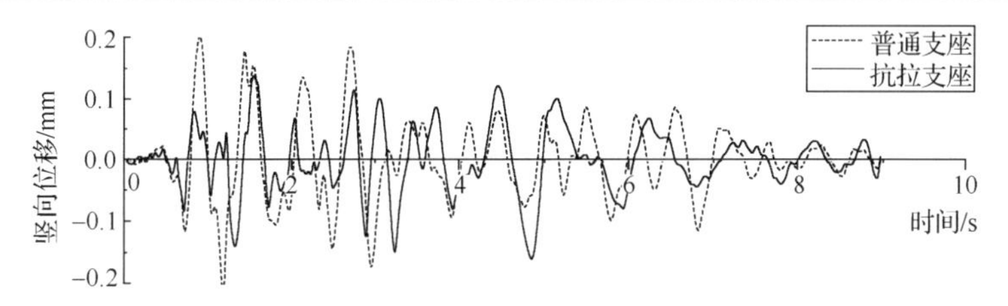

图 D.82 9 度双向 Northridge 多遇地震作用下普通支座与抗拉支座竖向位移时程对比

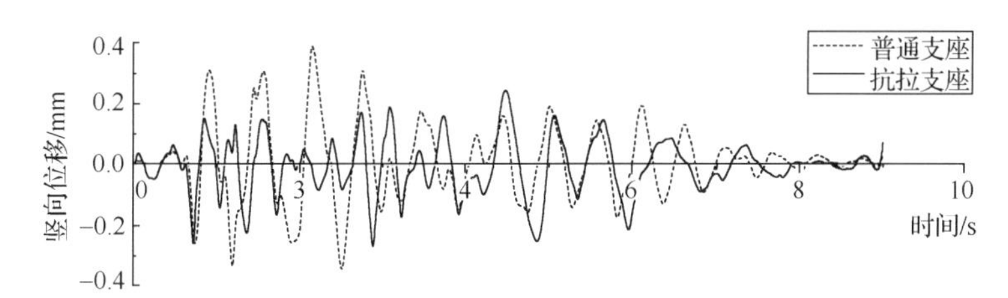

图 D.83 9 度双向 Northridge 0.4g 地震作用下普通支座与抗拉支座竖向位移时程对比

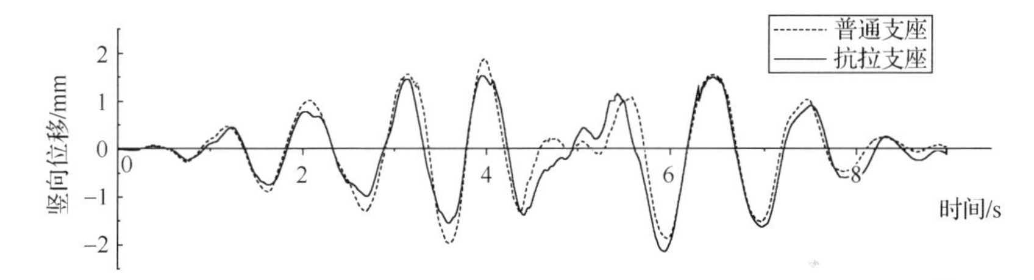

图 D.84 9 度单向 AW 罕遇地震作用下普通支座与抗拉支座竖向位移时程对比

由图 D.81 可知，结构在安装抗拉装置前后，在不出现拉应力的 9 度单向 AW 设防地震作用工况下，抗拉装置的增添对支座的竖向时程基本无影响，即对支座的竖向运动基本无影响(由于安装抗拉装置的工况，上部结构已损伤与普通支座的对应工况有所区别，故支座竖向位移数据略有区别在可接受范围内)。由图 D.82 和图 D.83 可知，结构在安装抗拉装置前后，双向地震作用工况下，装有抗拉装置的支座竖向时程与普通支座的竖向时程有较大差别，说明抗拉装置在双向地震作用产生扭转的情况下会对结构的竖向运动产生一定的影响。进而考虑到支座的水平滞回性能是否也会受到影响，故根据试验结果绘出多遇地震作用及 0.4g 地震作用下支座的水平滞回曲线见图 D.86 和图 D.87。由图可知，安装抗拉装置后，橡胶支座的刚度及屈服荷载变化不大，支座的最大水平位移所对应的剪力略有减小。由图 D.84 并结合图 D.85 可知，在支座出现拉应力的工况下，安装抗拉装置后，支座的竖向位移反应略有减小，可见抗拉装置能起到一定的抗拉作用。

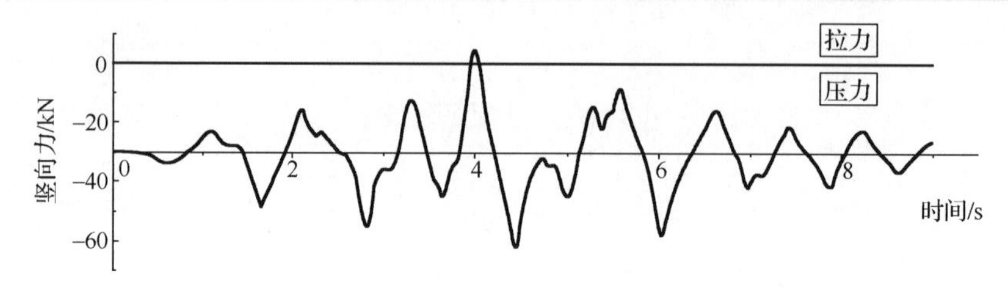

图 D.85　9 度单向 AW 罕遇地震作用下支座竖向力时程

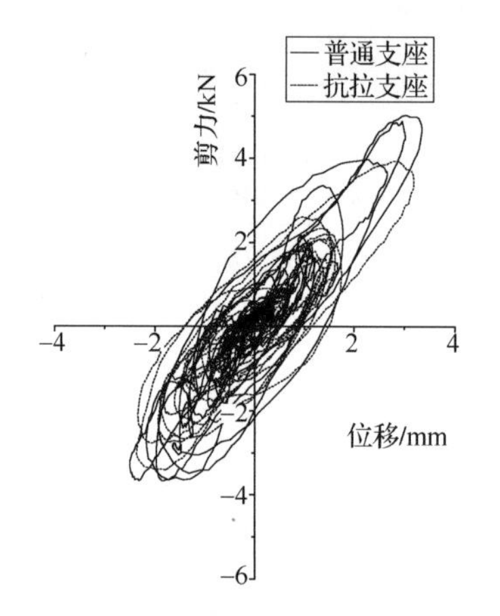

图 D.86　9 度双向 Northridge 多遇地震作用下支座滞回曲线对比

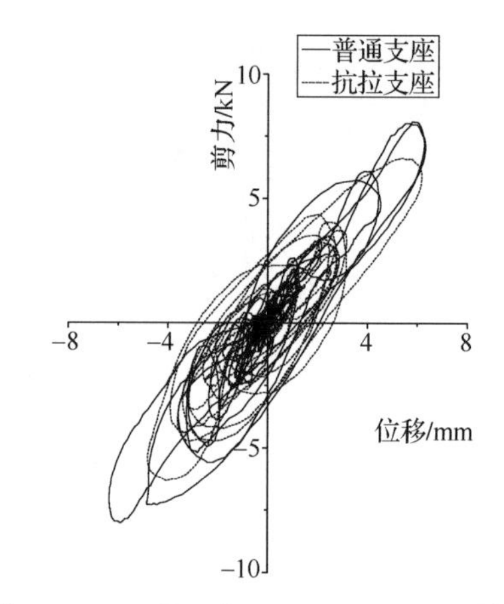

图 D.87　9 度双向 Northridge 0.4g 地震作用下支座滞回曲线对比

D.8.2　抗拉装置对上部结构的影响

1. 动力特性

安装抗拉装置前后结构自振特性变化的对比见表 D.42，由表 D.42 可知，结构前三阶频率在安装装置前后变化很小，最大差值仅有 1.24%，可见安装抗拉装置后对结构基本的动力特性基本不会产生影响。

表 D.42　安装抗拉装置前后结构自振特性对比

序　　号		一	二	三
第五次白噪声	频率/Hz	1.59	1.59	1.55
	阻尼比/%	10.36	7.89	6.01
	振型形态	*X* 向平动	*Y* 向平动	扭转
安装抗拉装置				
第六次白噪声	频率/Hz	1.56	1.61	1.55
	阻尼比/%	11.56	6.49	5.98
	振型形态	*X* 向平动	*Y* 向平动	扭转
频率差值/%		1.89	1.24	0.00

2. 隔震层位移

安装抗拉装置前后，隔震层的位移对比见表 D.43。由表 D.43 可得，带抗拉支座结构的隔震层位移比普通支座结构隔震层的位移略大，原因主要为上部结构经过大震后已产生累积损伤，对应工况频率下降情况见表 D.44，故装有抗拉装置的结构位移反应比普通支座略大。

表 D.43 普通支座结构与带抗拉支座结构隔震层位移对比(mm)

位置	B9NX		B9NY		B9CX		B9CY	
	24	46*	25	47*	26	48*	27	49*
隔震层	10.79	9.54	9.21	13.11	7.89	8.76	9.70	11.59
差值/%	11.54		29.76		9.85		16.34	
位置	B9AX		B9AY		F9NXY		A9NXY	
	28	50*	29	51*	8	57*	19	58*
隔震层	10.40	11.18	11.31	12.68	3.48	4.34	6.38	7.60
差值/%	7.00		10.77		19.78		16.03	

注：带*的工况为与普通支座同一工况的带抗拉支座的工况

表 D.44 普通支座结构与带抗拉支座结构频率对比(Hz)

位置	B9NX		B9NY		B9CX		B9CY	
	24	46*	25	47*	26	48*	27	49*
隔震层	1.6875	1.4531	1.6875	1.4844	1.6875	1.3750	1.6563	1.4531
差值/%	13.89		12.04		18.52		12.27	
位置	B9AX		B9AY		F9NXY		A9NXY	
	28	50*	29	51*	8	57*	19	58*
隔震层	1.6406	1.4844	1.6094	1.4531	1.9531	1.2656	1.7813	1.2500
差值/%	9.52		9.71		35.20		29.83	

3. 楼层剪力及倾覆力矩

安装抗拉装置前后，楼层剪力分布见图 D.88 和图 D.89，倾覆力矩分布见图 D.90 和图 D.91。由试验结果对比可得：带抗拉支座结构的楼层剪力及倾覆力矩与普通支座结构变化趋势基本一致，但数值略大。若是结构损伤造成，结构刚度变小，装有抗拉支座的上部结构剪力与倾覆力矩应该比普通支座的略小，而试验中出现略大情况，部分原因可能是安装抗拉装置后，支座的运动受到摩擦力等因素的阻碍，建议进一步加强研究，保证支座运动顺畅。

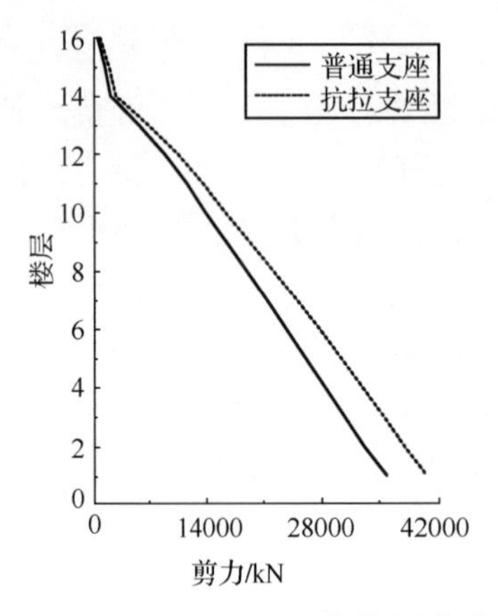

图 D.88　工况 B9CX 下 X 向楼层剪力分布

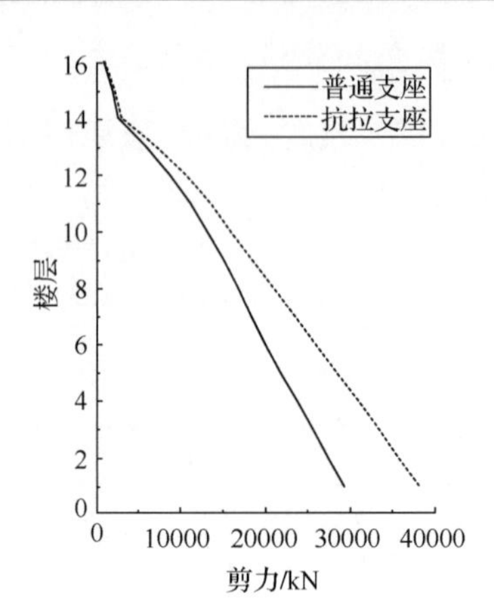

图 D.89　工况 B9AX 下 X 向楼层剪力分布

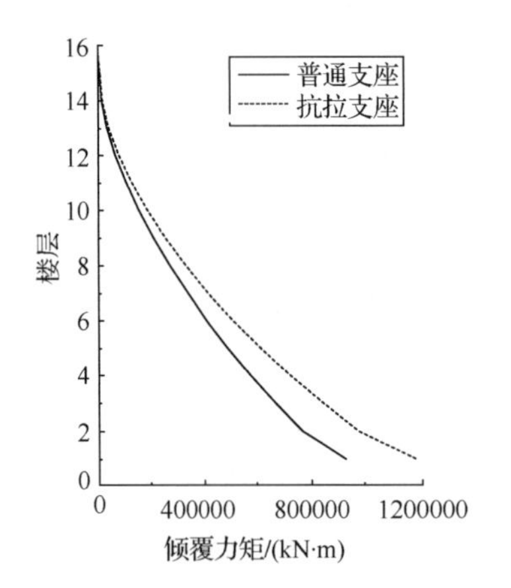

图 D.90　工况 B9CX 下 X 向倾覆力矩分布

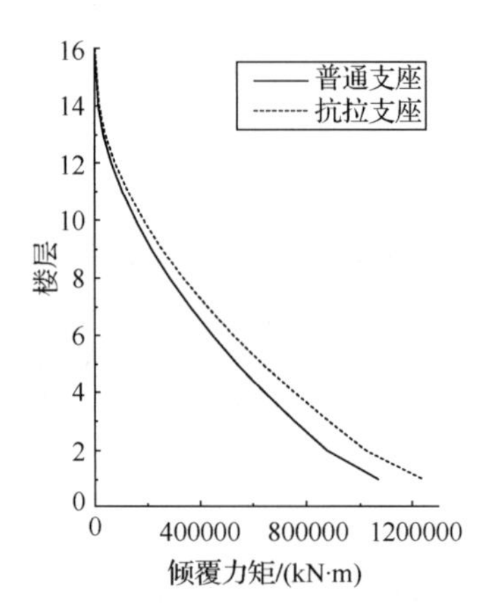

图 D.91　工况 B9AX 下 X 向倾覆力矩分布

D.9　结　　论

同济大学土木工程防灾国家重点实验室振动台试验室设计、制作、进行了西昌某高层隔震结构的缩尺模型模拟地震振动台试验，通过对试验现象的观察以及对试验数据的分析、整理，可得以下结论。

D.9.1　结构动力特性

模型结构初始状态前三阶振型频率分别为 1.96Hz(*Y* 向平动)、2.02Hz(*X* 向平动)、2.25Hz(扭转)。模型结构的低阶振型的振动形态主要为整体平动和扭转；模型结构频率随输入地震动幅值的加大而降低，随着结构破坏加剧，模型实测阻尼比逐渐增大；在完成9罕遇地震试验阶段后，模型结构前两阶平动频率分别降低至1.59Hz(*X*向平动)、1.59Hz(*Y*向平动)，*X*、*Y*向频率降幅分别为21.22%、18.94%；在完成装有抗拉装置的所有试验工况后，模型结构前两阶频率分别降低至1.27Hz(*X*向平动)、1.57Hz(*Y*向平动)，*X*、*Y*向频率降幅分别为37.02%、19.94%。

由模型试验结果推知原型结构初始前三阶自振周期分别2.44s、2.33s、2.08s，对应的振型分别为*Y*向平动(一阶)、*X*向平动(二阶)、扭转(三阶)。

D.9.2 结构地震反应与震害预测

在9度多遇地震作用下，按加载顺序依次输入Northridge波单向、Chichi波单向、AW波单向、Northridge波双向、Chichi波双向，地震波输入结束后用白噪声扫频，发现模型自振频率*X*向降幅为1.65%，*Y*向降幅为0.21%，频率变化很小，模型表面基本未见明显裂缝，结构基本属于弹性阶段。*X*向最大层间位移角为1/807，*Y*向层间位移角为1/836，满足《高层建筑混凝土结构技术规程》(JGJ3—2010)限值1/800的要求，能够满足我国现行抗震规范“小震不坏”的抗震设防标准。

在峰值0.4*g*地震试验阶段各地震波输入顺序基本同多遇地震，地震波输入结束后用白噪声扫频，发现模型结构自振频率在*X*和*Y*方向分别下降3.10%和0.30%，频率变化较小，模型表面基本未见明显裂缝，结构基本属于弹性阶段。

在9度设防地震试验阶段，多处框架梁端出现轻微裂缝，部分框架柱底端出现水平开裂。结构自振频率在*X*和*Y*方向分别下降6.10%和4.20%，结构在一定程度上已开始产生损坏。

在9度罕遇地震试验阶段，多处框架梁梁端出现裂缝，上级出现裂缝的部分梁端裂缝延伸，部分柱底及楼板出现新裂缝，此外10～12层剪力墙上均出现较多裂缝。结构自振频率在*X*和*Y*方向分别下降21.22%和18.94%，下降幅度较大，说明结构已出现较多裂缝。*X*向、*Y*向层间位移角分别为1/103、1/104，满足《高层建筑混凝土结构技术规程》(JGJ3—2010)限值1/100的要求，能够满足我国现行抗震规范“大震不倒”的抗震设防标准。

综上所述，西昌某高层隔震结构满足现行规范抗震设防要求。

D.9.3 隔震效果

上部结构首层加速度放人系数均小于0.5，且设防地震作用下台面输入0.61*g*，模型结构首层的最大加速度记录为0.251*g*，小于0.3*g*。反推原型，即原型9度0.4*g*地震作用下，结构首层的加速度输入为0.167*g*，小于0.2*g*，结构隔震层上受到的地震作用降为原来的一半，达到上部结构可减1度设计的要求，达到预期的隔震效果。

在9度罕遇地震作用下，原型结构隔震层的最大水平位移为405.37mm，小于

0.55D=440mm（D 为最小隔震支座直径，本工程采用隔震支座最小直径为 800mm）及 3Tr=444mm（Tr 为最小隔震支座的橡胶层总厚度）中的较小值，满足抗震规范的要求。

综上所述，西昌某高层隔震结构可满足预期的隔震效果。

D.9.4　抗拉装置研究

结构在安装抗拉装置前后，在不出现拉应力的单向地震作用下，抗拉装置的增添对支座的竖向时程基本无影响。在支座出现拉应力的工况下，安装抗拉装置后，支座的竖向位移反应略有减小，可见抗拉装置对结构的竖向受拉可起到一定的限位作用。双向地震作用工况下，装有抗拉装置的支座竖向时程与普通支座的竖向时程有较大差别，说明抗拉装置在双向地震作用产生扭转的情况下会对结构的竖向运动产生一定的影响，进而考察支座的水平滞回性能后，支座在安装抗拉装置前后，支座的滞回曲线较为接近，达到水平极限位移对应的剪力略小。此外，增加抗拉装置后，上部结构的剪力及倾覆力矩略有增大，说明抗拉装置运动中产生的摩擦力可能会对结构的反应产生一定的不利影响。总体来说，抗拉装置在单向地震动输入下，对隔震支座的基本运动影响不大，在双向地震动输入下，支座的运动与无限位状态下略有差别，但对支座的水平滞回性能影响不大，基本认为抗拉装置可发挥预期目标。但建议进一步研究减少支座运动中产生的摩擦力等不利因素。

D.9.5　结构设计建议

根据西昌某高层隔震结构模拟地震振动台试验现象和数据分析后得出：整体结构满足现行规范 9 度抗震设防要求，通过隔震技术，可以将上部结构按 8 度设计。但考虑到增加抗拉装置试验结束后，由于累积损伤，结构频率下降较快、某些部位发生较大的破坏，故建议对以下重要部位结构设计应予以重视，以改善结构的抗震性能。

具体建议如下：

(1) 应重视 10 层至大屋面剪力墙的设计验算。

(2) 抗拉装置在单向地震作用下，对支座的竖向运动基本无阻碍作用，但双向地震下，安装装置前后略有区别，故建议进一步完善设计方式及方法保证抗拉装置活动顺畅。